雍树墅 著

宋代古琴

曲词中的伦理思想研究

SONGDAI GUQIN QUCI ZHONGDE
LUNLI SIXIANG YANJIU

江苏人民出版社

图书在版编目(CIP)数据

宋代古琴曲词中的伦理思想研究/雍树墅著. --南京:江苏人民出版社,2024.3
ISBN 978 - 7 - 214 - 27585 - 1

Ⅰ.①宋… Ⅱ.①雍… Ⅲ.①古琴-唱词-伦理思想-研究-中国-宋代 Ⅳ.①B82-092

中国版本图书馆 CIP 数据核字(2022)第 187036 号

书　　　名	宋代古琴曲词中的伦理思想研究	
著　　　者	雍树墅	
责 任 编 辑	金书羽	
特 约 编 辑	解冰清	
装 帧 设 计	许文菲	
责 任 监 制	王　娟	
出 版 发 行	江苏人民出版社	
地　　　址	南京市湖南路 1 号 A 楼,邮编:210009	
照　　　排	江苏凤凰制版有限公司	
印　　　刷	江苏凤凰数码印务有限公司	
开　　　本	652 毫米×960 毫米　1/16	
印　　　张	19	
字　　　数	229 千字	
版　　　次	2024 年 3 月第 1 版	
印　　　次	2024 年 3 月第 1 次印刷	
标 准 书 号	ISBN 978 - 7 - 214 - 27585 - 1	
定　　　价	98.00 元	

(江苏人民出版社图书凡印装错误可向承印厂调换)

目 录
Contents

绪　论

第一节　选题缘由及意义

在 3000 多年的古琴发展史中,作为"八音之首"的琴,经历了从"法器""礼器""道器"到"乐器"的转变。从历代琴论文献和相关古籍的记载中都可见学者对琴学思想的探究与讨论,尽管琴学思想受到道家学说和佛教因素的影响,但其学术血缘主要在儒家思想中,并主导着古琴在历史发展中的地位。可以说,古琴作为儒家思想的一种载体,其命运与儒家礼乐教化思想的兴衰程度是成正比的,儒学兴则琴学盛。古琴艺术作为一种社会意识形态,受社会环境、政治背景和道德观念的影响,是对其所赖以生存的经济基础和社会现实的反映。由于琴乐的伦理思想主要体现在其词部分,古琴曲谱通常有词的被称为"琴歌",弹琴者通常一边抚琴一边吟唱,即使是没有词的琴曲,也能够通过"解题"①去探析琴曲中的伦理思想。故本书以宋代古琴曲词作为研究对象,选取部分具有代表性的古琴曲词挖掘其中蕴含的伦理思想。

一、众器之中,琴德最优

嵇康在《琴赋》中说:"众器之中,琴德最优。"古琴是中华民族最具代表性的传统乐器,是当今中国唯一进入人类口头和非物质

---

① "解题":最早出现在蔡邕所著《琴操》一书中,写在琴曲标题之后、曲谱之前,是对琴曲的内涵、音乐形象及形象之外的寓意、思想等进行说明的文字。

文化遗产的中国名器,曾是孔门弟子修身授业的载"道"之器,因为古琴蕴含着一种深刻的思想内涵,故而儒家推崇以其修身养性以至于"道"。也正是对于琴以载"道"、艺成于"德"思想的追求,成就了琴作为"八音之首""众器之中,琴德最优"的崇高地位。就现存器乐范围而言,没有一件乐器的综合积累、人文完善可以与古琴齐肩。首先,古琴不仅是一种传播音乐的乐器,更承载着源远流长的历史和博大浩瀚的中国文化,居"琴棋书画"文人高雅艺术四艺之首。古琴不仅象征着传统士之精神、境界与情操,更成为中华民族人文素养和文化自信的重要来源。其次,古琴音乐是世界上唯一3000年不曾中断的一门传统音乐,是文人音乐的代表,而中国文人极富特色的人生哲学(外儒内道)在古琴音乐中得到了最大的发挥。在提倡"士无故不彻琴瑟"的传统琴乐文化中,弹琴俨然已成为传统文人修身养性的途径,将能弹琴、弹好琴作为自己高尚道德情操的精神追求①,是士精神的一种体现,是对道德的一种坚守,是对正始之音的一种推崇,也是对孔子乐教思想"兴于诗、立于礼、成于乐"的践行。

二、宋代儒学兴,琴学义理盛

宋代不及汉唐富强,却呈现出一种在军事政治上贫弱与经济文化上繁荣的复杂的社会形态,因而也造就了宋代在我国历史发展进程中的特殊地位。宋代文化空前进步,文学、艺术、理学、史学等硕果累累,是我国文化发展史上的高峰,"华夏民族之文化,历数千载之演进,造极于赵宋之世。后渐衰微,终必复振"②。在思想方面,宋代继唐代实行崇儒、尊道、礼佛的儒道佛三教并存的政策后,"援道入儒""援佛入儒",批判而又融合了佛教、道教,继承而且发

---

① 于珊珊:《对古琴艺术传统的认识与发展思考》,《交响(西安音乐学院学报)》,2013年第3期。
② 陈寅恪:《金明馆丛稿二编》,上海:上海古籍出版社,1980年,第245页。

展了儒学,是中国封建哲学发展的一个高峰①。在新儒学的影响下,琴学义理俱盛,呈现出一幅"为往圣继绝学,为万世开太平"的广阔胸怀。宋代实行"右文政策",以儒家思想作为治国方略,迎来了与文人士大夫共治天下的盛世,而宋代的文人士大夫多兼有学者、诗人、琴人、画家、政治家的特质,他们通过闻道、悟道、乐道的方式去探寻古琴艺术之境界,以"理"作为情感的依据,推崇具有道德教化和明道意义的古琴来表达对修身、齐家、治国、平天下的追求。由于宋代理学家主张"性即是理"和"心即是理"的不同思想,因此,对琴"艺""德""道"关系的认识与界定也不同。以程颐、朱熹等为代表的理学家主张"性即是理",认为琴是一种载"道"之器,应追求其中蕴含的"理"而最终落实到"成德"。以陆九渊等为代表的理学家主张"心即是理",提出"艺即是道,道即是艺"②的思想。无论是"性即是理"还是"心即是理"的理学主张,反映在以乐传教的最终价值指向上是以古琴修身养性以至于"道"的学问。此社会文化背景孕育着古琴与琴学义理的发展,当积淀着深厚的中华优秀传统文化和人文精神的古琴遇上这一巅峰文化时代,最终也达到兴盛时期。

三、近代古琴文化的衰微

明清至近代以来,中国社会历经巨变,传统文人群体逐渐消失,古琴也逐渐脱离高雅艺术的背景,逐渐失去了文人赖以生存的人文环境(传统文人以经史子集为其知识结构,诗词歌赋为其文字游戏,琴棋书画则是他们的高雅艺术)。如今专业琴人已有别于传统文人,古代专业琴人偏少,不以琴为生的爱好者偏多,如陶渊明、范仲淹、欧阳修、苏轼等。如今古琴文化遭遇新式文化的强烈冲

---

① 冯友兰:《中国哲学史新编》(下),北京:人民出版社,2001年,第31页。
② (宋)陆九渊,(明)王守仁:《象山语录》《阳明传习录》,上海:上海古籍出版社,2000年,第101页。

击,其生存面临新的危机,如琴派与琴社的衰败、琴家与琴人的阙如(2002年古琴"申遗"的申报书中,统计全国能够熟练掌握古琴技艺的琴家只有数十人,而在这十多年中,已有多数故去,如王迪先生、李禹贤先生、刘正椿先生、林友仁先生、成公亮先生等)、琴学研究的滞后等诸多方面。这些均严重影响了古琴文化在当代的发展。

　　总的来说,宋代古琴曲词中伦理思想的研究,具有现实意义、理论意义和历史意义,其现实意义主要体现在宋代的齐家治国、书院乐教和化民成俗三方面;理论意义主要是丰富了古琴琴道思想的研究内容、弥补了传统伦理思想的研究内容、创新了传统乐教的研究内容;历史意义则体现在对儒家传统伦理的继承、是新儒学影响下的伦理诠释创新,同时也为明清古琴曲词的伦理思想奠定基础。

第二节　国内外研究现状

一、 原始文献

　　我国最早用文字记谱保存下来的琴曲是唐代的《幽兰》①,但在古代的经史典籍中就可以找到关于古琴文化、思想和意义的文献。我国第一部刊印的琴谱是明代的《神奇秘谱》②,而公元元年后就出

---

① 我国著名古曲《幽兰》的第5段,现保存于东京博物院。此曲为唐代丘明所传,距今已1500年左右,此琴谱使用最古老的文字记谱,也是目前唯一所见的琴曲文字谱。此曲所表现的是孔子周游列国,而思想终不能被接受,途中见到杂草间的兰花,引起内心深处的感伤:兰花本是优雅高尚品质的象征,却被忽视而遗忘于此,自己于天下有益的思想理念同样遭冷遇。这是一种借物咏怀、借景抒情的创作方式。此时关切只在于天下的治乱、民生的福祸。

② 现存最早的古琴谱集《神奇秘谱》有很高的史料价值。明宁王朱权(公元1378—1448年)著,明太祖朱元璋第17子,13岁被封宁王,是中国文化史上极有贡献的一位重要人物。经朱权屡加校正,历时12年之久,于1425年成书。全书共收琴曲62首,分上、中、下3卷。

现了论述古琴文化、思想和意义的文章。尽管古代琴乐已无法欣赏,但从存见的原始文献中可知,研究古琴思想体系的原始文献比研究古琴音乐本体的材料要更加丰富,为了研究方便,本书把这些材料归为四类。

第一类材料是从不同主题的古代典籍中搜集有关琴(瑟①)的记录或论述。

琴的产生应不晚于公元前 10 世纪,关于琴的最初存在形态及其文化地位、艺术性质的文献记录在《尚书》中。《舜典》中讲到"八音克谐",此八音中"丝"即代表了琴,"歌咏言"表明了诗表达人的思想,歌是言(也就是诗)的表现方式。"神人以和"表示八种乐器共奏,达到无比和谐的境地。《益稷》中"搏拊琴瑟以咏"说明了击器打着节拍,以琴、瑟伴奏一起歌咏而"弦歌",从而请到了祖先神灵。从《尚书》的记载中可见上古时期琴参与敬神和祭祖等重要活动,是巫师祭祀时沟通人神的"法器",是"德协天地人神"的反映,也是天人合一思想的原始雏形,而这也为琴的尊贵地位奠定了基础。

《诗经》作为我国第一部诗歌总集,是反映当时社会生活、思想感情的史料,其中有 7 首诗涉及了琴,可以从不同角度了解西周至春秋前期琴在社会中的状态及地位。"窈窕淑女,琴瑟友之。"(《关雎》)此句写出了"君子"对"淑女"的倾慕之情,他们通过弹奏琴瑟来传递感情。"树之榛栗,椅桐梓漆,爰伐琴瑟。"(《定之方中》)此

---

① 瑟,中国传统拨弦乐器。体积相较琴而言要大许多,构造要简单得多。瑟有 25 根弦,长短、粗细都一样。每根弦架在一个独立的、可活动的雁柱上,调弦则通过向左或向右推动来实现。瑟用双手演奏,同时触拨位于雁柱右侧的琴弦。由于瑟体积大而重,不易移动,所以演奏时被置于一对低矮的木制架上。在东周时期,琴瑟用于乐队合奏,也用于独奏。自东晋(公元 317 年—420 年)起,瑟作为独奏乐器的传统已消失殆尽,主要因为一种新的乐器"筝"的出现,其构造与瑟有几分相似,但体积较小且操控方便。

句可见琴瑟是复兴国家不可缺少的一部分，说明琴在春秋时期国家政治与精神中的重要地位和作用。"琴瑟在御，莫不静好。"（《女曰鸡鸣》）这首诗中的"琴瑟"已从《关雎》中恋爱追求的象征升华到夫妻间的恩爱寄托了，也说明了春秋时期琴瑟进入了寻常百姓之家。"我有嘉宾，鼓瑟鼓琴。鼓瑟鼓琴，和乐且湛。"（《鹿鸣》）这是贵族士大夫在宴会时所歌唱的，说明琴在上层贵族们之间起到联络沟通感情的作用。"妻子好合，如鼓琴瑟。"（《堂棣》）此句以琴瑟为喻，引衬家庭和睦来歌颂手足之情。"鼓钟钦钦，鼓瑟鼓琴，笙磬同音，以雅以南，以籥不僭。"（《鼓钟》）此首表现了鼓钟瑟琴笙磬籥等乐器及作舞的实际行为，证明琴在雅乐中的存在。"四牡骓骓，六辔如琴。觏尔新昏，以慰我心。"（《车辖》）这是对迎娶新人所驾车的马匹的歌唱与赞美，以琴瑟来比喻车驾的六匹骏马，协调听命，侧面反映琴瑟在当时人们心目中的价值。

《周礼·春官·宗伯》中记述了祈天地、祭鬼神的乐中用到琴瑟。"云和之琴瑟，《云门》之舞。""空桑之琴瑟，《咸池》之舞。""龙门之琴瑟，《九德》之歌，《九韶》之舞。"结合其背景便可知，冬至时在圜丘祭天使用"云和之琴瑟"，舞《云门》；夏至时在方丘祭地使用"空桑之琴瑟"，舞《咸池》；在宗庙中祭祖使用"龙门之琴瑟"，歌《九德》，舞《九韶》。《周礼·春官·宗伯》还记载了当时乐师们的职责。在乐师的 19 种不同的身份中，瞽矇执掌演奏诸事项中有鼗箫及抚琴瑟之歌和琴瑟的演奏责任。据《左传》所载，琴的社会地位及影响有更明显的提升，琴瑟对于自我修养的重要作用被强调。从"先王之乐，所以节百事也"（《昭公元年》）可见，此时的琴已超越《诗经》中愉悦气氛、谐和关系的作用，进而调节制约为政者的种种行为了，"君子之近琴瑟，以仪节也，非以慆心也"的观点被提出。《乐记》记载："昔者舜作五弦之琴，以歌南风；夔始制乐，以赏诸侯。"《礼记·曲礼》记载的"士无故不撤琴瑟"正与这一历史时期思想和实际相符合。此时,琴成为对贵族阶级施以政治教化时的"礼器",逐渐普及到士阶层,抚琴成为儒家士君子修身养性的每日必修之课,琴是坚持道德情操的"道器",也是地位尊贵的象征,所以无重大变故之日必须有琴瑟相伴,琴成为社会生活和个人生活的重要部分。从《成公九年》记载的钟仪①和《襄公十四年》记载的"师曹鞭之,公怒,鞭师曹三百"可见,这一时期有了明确的专职琴师,钟仪是身为乐官的"伶人",师曹是教襄公爱妾学琴的琴师,具有教琴职责,也具有惩罚的权威。《昭公二十年》记录了齐国重臣晏子以琴为例论述君臣之间的正确关系,晋昭公说:"唯据与我和",晏子说:"若琴瑟之专一,谁能听之? 同之不可也如是。"他指出了"和"与"同"有本质上的差异和相互关系,"和"是有歧异而相协调,"同"是无差别而浑一。有异而和,相反相成,可以去其"否"而达到政治清明、人民安宁。

孔子是我国历史上伟大的琴家之一,以"诗、书、礼、乐、易、春秋"为教,此"六艺"中乐即弹琴弦歌。直接记载孔子与琴关系的先秦文献并不多,但可以从《史记·孔子世家》和《论语》中的记载侧面了解到琴瑟在孔子心目中的地位。《史记·孔子世家》记载孔子被困于陈蔡之间"讲诵弦歌不衰。"《论语·阳货》记载:"子之武城,闻弦歌之声。""乐云乐云,钟鼓云乎哉?"《论语·述而》记载:"子食于有丧者之侧。未尝饱也。子于是日哭,则不歌。""子与人歌而善,必使反之,而后和之。"从以上记录可见,孔子或抚琴,或鼓瑟而弦歌,被困于陈蔡仍弦歌不辍,体现了"士无故不撤琴瑟"的精神,这里的"故"应该可以理解为孔子遇丧者之事则不弦歌或弹琴。孔子对琴的坚守不是一种形式,而是以"志于道,据于德,依于仁"的精神与思想作为其核心,正如孔子对乐舞《韶》的评价:"子谓韶,

① 钟 仪(生卒年待考),春秋时期楚人,史书记载最早的古琴演奏家,世代为宫廷琴师。

'尽美矣,又尽善也。'"(《论语·八佾》)

墨子对乐持"非乐"之态度,在《墨子》的《非乐》篇中将琴瑟与大钟、鸣鼓、竽笙并列,论乐固然令人愉悦,但因"上考之不中圣王之事,下度之不中万民之利"而反对乐,墨子认为圣王享受乐不能有助于治国,而普通百姓抚琴弦歌也无益处,因为并不利于其生活,所以要加以反对。该记录可以说明此时琴瑟已经成为民间普通人家休养身心和愉悦心情的乐器了。但是,荀子也列举了琴瑟等乐器来论辩,以反驳墨子的"非乐"说,荀子《乐论》中记载:"我以墨子之'非乐'也,则使天下乱;墨子之'节用'也,则使天下贫。"荀子认为"人君"是治理国家的中心,要保证安定、强化"天下之本"的上下尊卑秩序,故"为之钟鼓管磬琴瑟竽笙,使足以辨吉凶、合欢定和而已,不求其余。"所以一定要撞起大钟,敲起大鼓,吹起笙、竽,弹起琴、瑟,用以满足人们的听觉需要,即"以塞其耳",这也显示了当时的治国者对琴的重视。

韩非所著《韩非子·十过》中记载了一则关于琴的正面事例,用以说明"奚谓好音"。"十过"是韩非警示人君治国之道的十种严重过失,其中第四过"四曰不务听治而好五音,则穷身之事也。"韩非以师涓①为卫灵公弹奏琴曲《清商》未毕而师旷②制止之事为例,而判明其是"亡国之音",事实上清商即表示将传统商音升高半个音阶,是以 C 为宫音调式中不稳定的音。《吕氏春秋》中所记载"高山流水遇知音"伯牙与子期的故事,子期从伯牙的琴声中听出了"巍巍乎若太山""汤汤乎若流水",恰就说明了琴乐自身的表现力,而琴乐的表现力是需要弹琴者和听琴者都具备一定的音乐和文化修养才能"知音",这也是子期死后伯牙"终身不复鼓琴,以为世无足复为鼓琴者"的原因。《荀子·劝学篇》中所言:"伯牙鼓琴而六

---

① 师 涓(生卒年待考),我国春秋时期卫国著名音乐家。
② 师 旷(公元前 572 年—532 年),字子野,又称晋野。春秋时著名乐师。

马仰秣"，也反映了琴在当时已从合奏乐器中独立出来，是以纯器乐独奏而表达精神和意境的。

第二类材料是关于古琴的"专著"。

古琴的"专著"，也就是有关古琴的专门性的论说在《汉书》中提到 4 部，《隋书》中提到 7 部，但至宋代就已失传了，然存见汉至清代的古琴专著仍有多部，特别是随着明代印刷术的发展，关于古琴的琴学、思想和乐本体等专著文献迅速增加，现列举几部具有代表性的著作如下：

存见最早的古琴专著是汉代儒学家扬雄（公元前 53 年—公元18 年）所著的《琴清英》。《琴清英》专言琴，《汉书·艺文志》著录有"扬雄所序三十八篇"中《乐》之四篇之一。清《玉函山房辑轶书》称此书"清英尤言菁华"，其所录的《琴清英》只有六节：一、"昔者神农造琴……"；二、"舜弹五弦之琴……"；三、"尹吉甫学伯奇至孝……"；四、"雉朝飞操者……"；五、"晋王谓孙息曰子鼓琴能令寡人悲乎……"；六、"祝牧与妻偕隐作琴歌云……"。今人的研究记录（范煜梅《历代琴学资料选》）与清《玉函山房辑轶书》所录六节相同，主要记述琴的重要历史及重要琴曲。

桓谭（公元前 23 年—公元 56 年）所著《新论·琴道篇》是专言琴事的篇章。桓谭是汉代一位重要的琴人，他"好音律""善鼓琴""博多通"，《后汉书·桓谭传》记载他是成帝时大乐令之子。《琴道篇》未完成，而后汉章帝命班固续成，可见甚以此书为重。《琴道篇》中第一次将琴的形制与五弦的宫商角徵羽五声音阶的关系明确。先秦时期琴曲题材主要是畅、操、弄、引四种，而《琴道篇》中将琴曲的两种题材"畅"和"操"作了解释，"达则兼善天下，无不通畅"故谓之"畅"，"穷则独善其身而不失其操"故谓之"操"，由此引申出琴的性质"通万物而考治乱"和"琴德最优"的地位。此外《琴道篇》中也列举了部分题材为"畅"和"操"的琴曲，如《伯夷操》《文王操》《尧畅》等。

蔡邕(133年—192年)所著《琴操》是存见我国最早记述古代琴曲内容的专著。蔡邕是我国琴史上一位重要的且有极大贡献的琴家,其所著《琴操》和《琴赋》是音乐史上宝贵的文献,具有重要的历史意义。《后汉书》载蔡邕少年时即博学,一生著述100余篇,善琴而被皇帝征召,用灶中良材制成焦尾琴等事迹,留有名传千古的琴曲"蔡氏五弄":《游春》《渌水》《幽居》《坐愁》《秋思》。《琴赋》主要是讲琴的演奏技法和乐的表现力,而《琴操》汇集了"歌诗五曲""十二操""九引""河间杂歌"21章,记述了古代47首汉代以前的琴曲内容,但只有琴曲的标题、琴曲作者介绍、琴曲的意义等方面的文字,没有曲谱。已知的《琴操》有多个版本,但以《平津馆丛书》校本为佳。

嵇康(224年—263年)有奇才,有思想,精于乐律,是"竹林七贤"中最有影响者之一,《晋书》有传,且有临刑弹《广陵散》之绝响。在其所著《琴赋》中说:"众器之中,琴德最优。"故以最优的琴为题写作此赋。他认为乐"可以导养神气""宣和情致",以至于"处穷独而不闷"。《琴赋》中,嵇康运用多角度、多情境来描写、评说琴乐之尊贵优美和广博的影响力,其重心在于琴乐对于人思想、精神的作用,而没有对琴曲的内容、思想、感情作论述。《琴赋》中列举了"上古名曲""四方之曲""所宜之曲"以及当时通行的"谣俗"之曲等。

朱长文(1038年—1098年)所著《琴史》是我国历史上为古琴而撰写的第一部专门性史书。该书按史书列传的写法编撰,全书分为6卷,卷1至卷5汇集146位,附见9位,共155位琴人的事迹。其中卷1依时代顺序叙述尧、舜、禹等历代帝王以追溯古琴思想源头;卷2收录了师旷、师襄、伯牙、钟子期等宫廷乐师或民间琴人之琴事;卷3记录汉、魏、晋时期帝王、将相、文人雅士,如汉高祖刘邦、淮南王刘安、司马相如、刘向、桓谭、蔡邕等琴人琴事;卷4论述了魏晋南北朝、隋唐时期古琴艺术的发展,更是当时文人文化的再现,收录了陶渊明、董庭兰、薛易简等文人琴家琴事;卷 5 收录宋太宗、朱文济、范文正公、赵阅道等宋代琴人琴事;卷 6 则为琴学专论,包含《莹律》《释弦》《明度》《拟象》《论音》《审调》《声歌》《广制》《尽美》《志言》和《叙史》11 个部分。《琴史》于清代乾隆四十九年被收录于《四库全书》,被称为"凡操弄沿起制度损益无不咸具,采撷洋博,义词雅赡,视所作《墨池编》更为胜之"①。因此,《琴史》也是一部研究古琴文化和琴乐伦理思想的具有很高价值的专著。民国时期儒商周庆云主编了《琴史补》《琴史续》,是对宋代朱长文《琴史》遗漏部分的补充和延续,书中所有条目按年代排序并标明原始出处,其中增加了记录女性琴人的一章《闺秀》。

杨宗稷(1863 年—1932 年)所著《琴学丛书》是现代国人独立创作的全面研究古琴的唯一著作。第一版于 1911 年出版,共 32 卷,第二版于 1925 年出版,共 43 卷。作为当代琴家,又作为学校音乐教师的杨宗稷,尽其毕生之力完成了这部著作。本丛书内容相当丰富,涉及多个方面,分为 12 个主题,琴粹、琴话、琴谱、琴学随笔、琴余漫录、琴镜、琴瑟合谱、琴学问答、藏琴录、琴瑟新谱、琴镜续、幽兰和声等。其中琴粹、琴谱、琴镜等主题对琴曲的研究颇多,如对《幽兰》和《流水》这样的古曲进行了特别的研究。此外,除了以上 12 个主题,书中还包括一些音乐理论和乐律等方面的内容。

第三类材料是关于古琴的"琴谱"。

古琴的"琴谱"即供弹琴者学习的手册,主要分为"原始本"和"衍生本","原始本"琴谱数量很少,现存琴谱大部分是"衍生本",是从不同的"原始本"和其他材料中进行的内容摘录和整理,或许还会加入撰写者本人的思想组合而成。琴谱的主要部分是琴

---

① (清)永瑢等:《四库全书总目》(上册),北京:中华书局,1965 年,第 970 页。

曲。① 但在琴谱的介绍性章节中会有关于琴学的研究,通常琴谱作者拥有广博的文化知识,故其琴学思想的研究对古琴曲词伦理思想研究尤为重要。琴谱的内容一般按固定模式编排,第一部分:序文;第二部分:凡例;第三部分:关于古琴历史的章节;第四部分:关于古琴音乐理论的长篇论述;第五部分:关于音的含义的章节;第六部分:关于抚琴的指法和说明。每一首曲谱都配有序、跋和批注来介绍和解释乐曲的含义,下面列举几部琴谱加以说明。

明代朱权(1378 年—1448 年)著《神奇秘谱》(又称《曜仙琴谱》)是现存最早的一部古琴谱集,有很高的史料价值。历时 12 年之久,于 1425 年成书。全书共收录琴曲 62 首,分上、中、下三卷。上卷称《太古神品》,收录 16 首作品,中、下卷称《霞外神品》,收录 48 曲。其中上卷的 16 首琴曲都作有详尽的题解,并对其渊源作了介绍。中下卷 48 曲中收录了历代部分著名琴曲,如汉代的《雉朝飞》、晋代的《梅花三弄》、南北朝民歌《乌夜啼》、唐代的《大胡笳》、南宋的《潇湘水云》《樵歌》等具有旺盛的生命力而长期活跃于琴坛的琴曲,《霞外神品》是根据宋代浙派的一部收录了 400 余曲的《紫霞洞琴谱》和元代《霞外琴谱》一书而编写的,继承了历史上声望最高的传谱,此谱共收录《广陵散》《高山》《流水》《阳春》《酒狂》《获麟》等 63 首琴曲,具有很高的使用价值和史料价值。

徐祺所著《五知斋琴谱》,共 8 卷,是清代出版的琴谱中最好的一部,也是现存流传最广的琴谱。徐祺历 30 年精思而成,其子又注入多年心血,得于 1722 年刊印。该琴谱由徐祺徐俊父子及其友人共作序文 6 篇,在绪论中包含了丰富的内容,主要是关于古琴的

---

① 唯一例外的是《与古斋琴谱》,祝凤喈著,1855 年版。在这部琴谱中没有一首琴曲,整部书全是一段段关于制琴的短小说明,还包括一些关于古琴音乐理论的议论。

历史和琴道思想。在琴曲方面并没有新作,但徐祺秉持"重视传统,更注意创新"的理念改编了其所列出的古曲,其曲由徐祺演奏,谱由其子和弟子们按其鼓琴的方法记录而成,在旁注中记录演奏的节奏、心情等内容。

《琴曲集成》是中华书局于 2010 年出版的,由当代著名琴家查阜西先生、吴钊先生整理的大型古琴资料汇编,全书 30 册收集了从六朝时期至清末民初,共 142 部琴谱。1956 年查阜西主持了全国古琴采访调查,此次调查走访了 21 个省,访问了 86 位琴家,收集了 270 多首琴曲,正是在此调查基础上才整理并编印了《琴曲集成》琴学史料著作,为我们了解、研究唐宋 1300 余年以来的琴曲及继承和弘扬古琴艺术与古琴文化提供了珍贵的文献资料。

第四类材料是宋代琴学思想研究的文献。

表一　宋代相关文献

作者	著作(或论文)	主要内容	刊物或出版社
朱长文	《琴史》	汇集先秦至宋初 155 人有关琴的记载并作介绍	中华书局 2010 年
郭茂倩	《乐府诗集》	收集了历代乐府诗歌最完备的总籍	中华书局 1979 年
袁桷	《琴述》收录于《清容居士集》	是《琴史》的补充,实际调查收集宋代琴曲流传情况	浙江古籍出版社 2015 年
崔遵度	《琴笺》收录于《宋史》	主述琴面上 13 徽位的使用	中华书局 1985 年
刘籍	《琴议》收录于《太古遗音》	是对儒家思想的继承,强调琴乐教化作用,将古琴演奏分为琴德、琴境、琴道三层次	中华华侨出版社 2017 年
陈敏子	《琴律发微》收录于《琴书大全》	包括制曲通论、凡例、起调毕曲等	中国书店出版社 2016 年

作者	著作（或论文）	主要内容	刊物或出版社
则全	《节奏、指法》收录于《琴苑要录》	从理论上总结了演奏的经验，并绘部分指法手势图	垒叶斋 2017 年
成玉磵	《论琴》收录于《琴书大全》	就北宋政和间琴坛状况进行了广泛的评论	中国书店出版社 2016 年
赵希旷	《赵希旷论弹琴》收录于《琴书大全》	就"近世学者专务喝声，或只按书谱"两种偏见提出了意见	中国书店出版社 2016 年
碧落子	《斫琴法》收录于《琴苑要录》	认为唐代张越、雷琴只规定琴的尺寸，"不言调声之法"很不足	垒叶斋 2017 年
朱熹	《琴律说》收录于《朱文公文集》卷 66	我国第一部琴律专论，以琴律的演算来寻找琴律与天地之道、人伦之道的相通之处，证明"理"在琴中	四部丛刊初编
朱熹	《楚辞集注》	南宋时期首见《胡笳》琴曲记载于《楚辞集注·楚辞后语》卷 3 之中	中华书局 1991 年
苏轼	《杂书琴事》收录于《苏轼文集》	虽然仅是十则简短的记载，却体现了文人琴思想的大致轮廓	中华书局 1986 年
范仲淹	《与唐异处士书》收录于《全宋文》第 18 册	反映了范仲淹的琴乐观点，涉及古琴与心性修养的联系	上海辞书出版社 2006 年
欧阳修	《送杨寘序》收录于《全宋文》第 34 册	反映了欧阳修对琴乐的认识："声之至者，能和其心之所不平。心平，不和者和，则疾之忘也宜哉"	上海辞书出版社 2006 年
姜夔	《白石道人歌曲》收录于《琴曲集成》第 1 册	书中保留了文字谱、减字谱、俗字谱三种记谱方法，是一部重要的古典文献，具有很高的史料价值和学术价值	中华书局 2010 年

表二 近现代相关文献

作者	著作（或论文）	刊物或出版社	出版时间
周庆云	《琴史续》《琴史补》	梦坡室藏本	1913 年
任孟舒	《乐圃琴史校》	中国音乐研究所出版（油印本）	1959 年
查阜西	《历代琴人传》（宋元）	中国音乐研究所出版（油印本）	1965 年
查阜西	《存见古琴曲谱辑览》	文化艺术出版社	1958 年
许 健	《琴史初编》	人民音乐出版社	1982 年
饶宗额	《宋季金元琴史考述》	台北《清华学报》	1960 年新 2 卷琴史 1 期
丁承运	《宋代琴调研究》	《河南大学学报》	1987 年第 5 期
苗建华	《古琴美学思想研究》	上海音乐学院出版社	2006 年
吉联抗	《宋明音乐史料》	上海文艺出版社	1986 年
章华英	《宋代古琴音乐研究》	中华书局	2013 年
张艳	《宋代古琴之美》	文化艺术出版社	2017 年
刘蓝	《二十五史音乐志》	云南大学出版社	2015 年
吴钊	《中国古代乐论选辑》	人民音乐出版社	2011 年
李祥霆	《古琴综议》	中国人民大学出版社	2013 年
范煜梅	《历代琴学资料选》	四川教育出版社	2013 年
徐利华	《宋代雅乐乐歌研究》	人民出版社	2017 年
曾美月	《宋代笔记音乐文献史料价值研究》	上海音乐学院出版社	2013 年
高罗佩	《琴道》	中西书局	2013 年
林西莉	《古琴》	三联书店	2009 年
郑俊辉	《朱熹音乐著述及思想研究》	人民教育出版社	2010 年

续　表

作者	著作(或论文)	刊物或出版社	出版时间
马如骥	《潇湘水云及其联想》	复旦大学出版社	2015 年
老桐	《古琴之道》	九州出版社	2018 年
张斌	《宋代的古琴与文学》	复旦大学博士学位论文	2006 年
张娣	《中国古代琴道思想研究》	武汉大学博士学位论文	2011 年
范晓利	《儒教与琴理》	中国艺术研究院博士学位论文	2015 年
司冰琳	《中国古代琴僧及其琴学贡献》	中国艺术研究院博士学位论文	2007 年
赵頔	《中国古琴艺术的"天人合一"自然观研究》	山东大学博士学位论文	2016 年
胡斌	《现代认同与文化表征中的古琴》	上海音乐学院博士学位论文	2009 年

二、国内研究综述

现代学者对于古琴的研究成果颇丰,却鲜有立足伦理学视角进行研究的,尽管多数研究成果是基于音乐学的角度或文化学的角度,但对本选题仍然有一定的参考价值。通过中国知网数据库分别以"古琴"和"琴学"为关键词进行文献检索,可以发现,新中国成立 70 周年以来(1949 年—2019 年),有关研究古琴的论文约 1900 篇,研究琴学的论文 200 余篇,另有多领域研究古琴的专著 200 余部。总的来说,虽然宋代古琴曲词中的伦理思想没有得到足够重视,但仍然出现了较为可观的研究成果,这些成果对深入本课题研究具有重大的启示意义。概言之,主要表现在以下几个方面:

第一,宋代古琴曲词创作者的伦理思想研究。

琴曲的道德教化思想主要体现在琴词部分,即使是没有词的琴曲,也能够通过"解题"而探析。此类研究成果主要有:朱舟的《我国南宋大琴家郭沔》(1980),该文认为,郭沔所创作的琴曲"抒发了他眷恋祖国的思想感情,在民族危难沉重的时刻,这样激发人们爱国情操的音乐,无疑是具有积极意义的"①。许健的《琴史新编》(2012),该书认为,宋代姜夔创作的琴曲"《古怨》借用佳人薄命来哀叹时势多变,隐约地吐露出对国势危亡的关心"②。章华英的《宋代古琴音乐研究》(2013),该书认为,宋代毛敏仲有《樵歌》《渔歌》《山居吟》《列子御风》《庄周梦蝶》等作品,其琴曲反映了宋代琴人"是故君子之于琴也,非徒取其声音而已,达则可以观政焉,穷则于守命焉"的观点③。这些研究成果揭示了宋代古琴曲词中蕴含的道德意识和道德情感,这些道德意识和道德情感具有鲜明的爱国主义特征,探讨了爱国主义思想、爱国主义情感与古琴曲词的关系。

第二,宋代古琴文化中的伦理思想研究。

宋代实行"右文政策"以儒家思想作为治国方略,迎来了与文人士大夫共治天下的盛世,文化也达到了登峰造极的高度,在新儒学的影响下琴学义理俱盛。此类研究成果主要有:朱坚坚的《琴:中国历史文化精神的显现》(2003),该文认为,"宋代古琴受到官方的重视与文人的关系密切,文人士大夫则把琴视为修身、齐家、治国、平天下的理想代言人,甚至视为文人的标志之一"④。刘笑岩的《古琴音乐与宋代"士群体"的人格精神》(2010),该文认为,"在宋代特殊社会历史背景下,古琴艺术闪现出更加璀璨的光辉,鼓舞着

---

① 朱舟:《我国南宋大琴家——郭沔》,《四川音乐》1980 年第 5 期。
② 许健:《琴史新编》,北京:中华书局,2012 年,第 176 页。
③ 章华英:《宋代古琴音乐研究》,北京:中华书局,2013 年,第 346 页。
④ 朱坚坚:《琴:中国历史文化精神的显现》,《黄钟(中国·武汉音乐学院学报)》2003 年
　第 2 期。

文人雅士的爱国情怀和对民族传统文化的继承,反映出不同于汉唐的新历史风貌"[1]。宋万鸣的《论宋代程朱理学视域下的琴学观》(2020),该文认为,"宋儒将琴乐上升至天理自然的层面,并于琴音中体悟'天地生意',促使体道之人进入浑融万象,与道为一的境界,赋予了道德主体以审美的价值。理学家将抚琴纳入理学涵养功夫层面,藉习琴实现正己修身、发明本心、体悟天理的目的"[2]。这些研究成果揭示了宋代琴学与理学的关系,初步探讨了理学教化思想贯注于古琴文化中的内容、方式和特点。

第三,宋代琴道中的伦理思想研究。

作为"八音之首"的琴,是儒家乐教思想的载体,是士阶层修身养性,坚持道德情操的"道器"。此类研究成果主要有:张新民的《琴道文化与乐教理想》(2008),该文认为,以欧阳修等人将琴乐寄托于生命理想为例,"说明文人雅士通过自己的艺术实践生活绵延了琴道文化"[3]。宋德玉、陈亚敏的《琴道文化与和谐社会——谈儒家乐教与和谐社会的关系》(2010),该文认为,"琴道文化具备修身养性、教化天下、天地之和的意义,蕴含了人与人的和谐、人与自然的和谐的主旨。儒家乐教陶冶心灵,促使身心和谐;促使天人合一,促进人与自然和谐;可提升个体人格、促进社会和谐"[4]。林斯瑜的《"琴道"考源》(2011),该文认为:"'琴道'体现了儒家用音乐塑造完美人格的追求,它将琴当作修身养性之器,注重的是对宇宙世界的体察和对自身心灵的感悟,认为琴乐的主要作用是让人的

---

① 刘笑岩:《古琴音乐与宋代"士群体"的人格精神》,《西华师范大学学报(哲学社会科学版)》2010年第1期。

② 宋万鸣:《论宋代程朱理学视域下的琴学观》,《浙江艺术职业学院学报》2020年第2期。

③ 张新民:《琴道文化与乐教理想》,《艺术百家》2008年第1期。

④ 宋德玉、陈亚敏:《琴道文化与和谐社会——谈儒家乐教与和谐社会的关系》,《大众文艺》2010年第7期。

内心平和而不是让人获得娱乐的享受"①。潘贤杰的《浅探朱子与古琴——从琴律、琴曲、琴器、琴铭、琴诗、琴学思想说起》(2019)，该文认为，"从朱子题写在'太古遗音琴'上的琴铭来看，朱子认为琴是君子修养之物，可培养人的中和性情，从而让人克制愤怒，抑制嗜欲"②。这些研究成果揭示了琴道的内容，认为宋代琴道本质上就是修身养性之道，就是教化之道，在变化气质以成人的道德教化实践中，琴道发挥了重要作用。

三、 国外研究综述

(一) 古琴在日本传播的情况

1677 年心越禅师③东渡日本寻求避难时携带了三张古琴，其中最著名的一张琴是明代精品"虞舜"，第二张琴名为"素王"，第三张琴名为"万壑松"，从此开启了古琴在日本的传播。心越到达日本后便开始传授琴学，使用《东皋琴谱》和《松弦馆琴谱》教授了数十位弟子，其中人见竹洞④和杉浦琴川⑤两位弟子取得了较大成就，成为真正高水平的古琴家。此外，心越还向弟子传授斫琴工艺，与我国制作古琴不同的是，日本制作的古琴没有灰胎，只有普通的漆涂抹，所以就不会产生"蛇腹断""流水断"，这些断纹会赋予古琴琴体雅致之美，且灰胎也具有保护琴体的作用，使其千年不坏。心越的

---

① 林斯瑜：《"琴道"考源》，《文化遗产》2011 年第 1 期。
② 朱贤杰：《浅探朱子与古琴——从琴律、琴曲、琴器、琴铭、琴诗、琴学思想说起》，《艺术研究》2019 年第 6 期。
③ 心越(1639—1695)，原名蒋兴俦，在杭州永福寺出家为僧，是具有很高文化修养的僧人，又是聪慧的画家、诗人、金石学家和琴人。1676 年东渡日本，1677 年到达长崎兴福寺。
④ 人见竹洞(1620—1688)，名节，原为中医郎中，后潜心研究中国文学，被任命为儒官，协助圣堂校长林春斋编写史书《续本朝通鉴》。
⑤ 杉浦琴川，名正职，是隶属于德川幕府的儒家学者，以技术高超的中国琴师而闻名。1704—1711 年，出版了《东皋琴谱》。

弟子们又教授琴曲给新一代的弟子,因此17—19世纪,琴学在日本开始走上欣欣向荣的道路,1770—1780年,琴学在江户的风雅之士中盛行起来。1789—1817年,琴学在日本达到鼎盛期。甲午战争的爆发冲淡了日本人对古琴的兴趣。20世纪初,古琴在日本也基本消声成为稀奇的古董。著名荷兰汉学家高罗佩曾以"内传"和"外传"两条路径将日本原始资料中琴师和弟子谱系进行整理,编制出一张《中国古琴传统在日本传承的历史谱系图》①。(见下图)

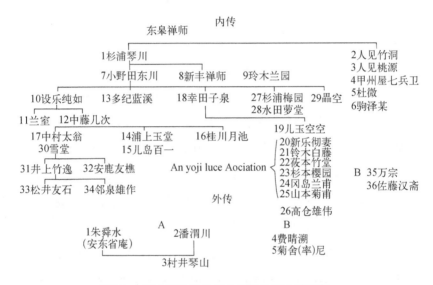

图1 中国古琴传统在日本传承的历史谱系图

此谱系图中有最重要的几部文献:日本琴学家新乐间叟于1813年所著《琴学传授略系》的手稿,收录于《琴学心声》的日本手抄摘录中,也收录于高罗佩著《中国雅琴及其东传日本》一书中;日本汉学家中根淑撰写《七弦琴之传来》的文章,收录于其著作《香亭遗文》中;在《东皋全集》中可查阅到《琴曲相传系谱》;还有两部手稿集,现为日本学者中山久四郎收藏。此外,现当代不乏日本学者

———————————
① (荷)高罗佩著,宋慧文等译:《琴道》,上海:中西书局,2013年,第229页。

对古琴的研究,如牛岛忧子于 1997 年根据著名古琴演奏家成公亮先生在日本举行的古琴独奏会,总结出此次演奏会在了解中国传统文化、独特的演奏音色和方法、珍贵的古代乐器等方面给日本人留下了深刻的印象,文中说到日本的古琴研究者岸边成雄博士认为:"古琴最早从中国传到日本,是平安时代(公元 8 世纪至 12 世纪)"①。日本古琴研究者栂尾亮子也对琴乐的打谱进行过调查。

(二)古琴在西方国家的情况

从 20 世纪开始,在移民的华人中就有带古琴到国外的情况,流传最多的是梅庵派②的子弟,一些人到了美国,便教了很多梅庵派的学生。近年来,对古琴感兴趣的外国人越来越多,如在美国成立了北美琴社、在英国伦敦成立了幽兰琴社,并定期举行活动。在瑞典、瑞士、澳大利亚等国都有琴人。刘彦认为在美国琴人眼中"琴是中国最具有'国际化'的音乐,具有学术和反思精神上的吸引力,因此古琴音乐是一种不存在文化界限的音乐形式"③。美国人唐世璋痴迷古琴文化,研究、翻译、阐释饶宗颐《宋季金元琴史考述》,并把《神奇秘谱》中 63 首琴曲全部进行打谱,这在我们国内都很少见;瑞典著名汉学家林西莉,自 20 世纪 70 年代起致力于汉语教学,并通过书籍、报纸杂志和电视节目介绍中国文化、历史、语言和社会。她出版多部有关中国的著作,1989 年出版的《汉字王国》和 2006 年出版的《古琴》,双双获得瑞典最高文学奖——奥古斯特文学奖,这两部书也成为中国人初识甲骨文和学习古琴的宝典;瑞士人郭茂基精通汉语,热爱古琴文化,至今还坚持用丝弦弹琴;荷

---

① 牛岛忧子:《日本人眼中的中国古琴—成公亮古琴独奏会给当代日本人的印象》,《人民音乐》1997 年第 5 期。
② 梅庵派是传统古琴艺术的重要流派。起源于清末,开创人王宾鲁、徐立孙,采诸城琴艺,融民乐西乐,衡古今而成派,位于古都南京鸡鸣寺北麓北极"梅庵"。
③ 刘彦:《古琴在美国的生存状态一瞥》,《南京艺术学院学报(音乐与表演)》2009 年第 2 期。

兰人高罗佩除了对古琴有很深的研究,著《琴道》(1941年)外,还对"琴棋书画"中的"书"与"画"有很深的研究,著有《中国绘画鉴赏》(1958年)、《书画说铃》(1958年)、《米芾〈砚史〉》(1938年)。

除此之外,在西方还有一些研究古琴的著作,欧洲出版的第一部详细描述中国音乐的书籍是 J. J. M. Amiot: *Mémoires sur la Musique des Chinois tant Anciens que Modermes*)(钱德明:《中国音乐古今记》,巴黎,1780年)。西方研究者获取中国音乐信息的权威著作有 J. A. van Aalst: *Chinese Music*(阿理嗣:《中国音乐》,上海,1884年;北京,1933年再版)、G. Soulié: *La Musiqu en Chine*(苏利埃:《中国音乐》,巴黎,1911年)。此书与阿理嗣的《中国音乐》相比显示了巨大的进步,更具科学性。还有包括对大量中国乐器准确描述的名录 A. C. Moule: *A List of the Musical and Other Sound-Producing Instruments of the Chinese*(慕阿德:《中国乐器综录》,上海,1908年),强调音乐与文化和思想关联的 L. Laloy: *La Musique chinoise*(拉卢瓦:《中国音乐》,巴黎,1903年),还有 M. Courant: *Essai historique sur la musique classique des Chinois, avec un appendice relaifià la musique coréenne*(库朗:《中国雅乐研究》,巴黎,1924年)等等。

四、 相关研究述评

总之,以往关于宋代古琴曲词中伦理思想的研究取得了一定成果,研究范围涉及面较广,研究内容丰富,研究方法多样,也提出了一些有价值的观点,具体体现在揭示了宋代琴曲作品的道德教化思想内容及其特点;探讨了宋代古琴文化与理学教化思想的关系;分析了宋代琴道与修身养性的关系;发掘了宋代琴学中展开道德教化的方式。但由于此问题的研究尚处于起步阶段,因而仍然存在需要进一步研究的空间,主要有:第一,未能系统地发掘、梳理出宋代古琴曲词中伦理思想的文献和内容。由于琴以载"道"的特性，琴一直被视为修身成人的重要道器，而当前的研究成果多数停留在乐本体层面挖掘其中的伦理思想。第二，未能深入地分析、研究宋代古琴曲词中伦理思想的性质、价值和不足。当前研究成果比较注重于研究宋代琴学中道德教化思想的内涵及其教化方式，而对于其道德教化思想的性质、价值以及存在的不足之处未进行深入分析与探讨。第三，未能全面地、深入地、科学地探讨宋代古琴曲词与伦理思想的关系。古琴作为儒家乐教思想的载体，始终发挥着"乐"作为一种综合性艺术的道德教化功能。然而当前研究未能将宋代古琴作为一种具体的"乐"的内容与形式全面地、深入地、科学地探讨其与道德教化思想的关系。第四，未能揭示、展现宋代古琴曲词中伦理思想的当代价值。宋代琴学中突出提倡"道重于乐"，始终将"琴道"置于首位，突出导志和移人的乐教功能，而对其中蕴含的道德伦理及其当代价值却鲜见论述。

本书将以现有研究成果为基础，以现有研究的不足为契机，立足于伦理学原理，系统地、深入地展开探讨宋代古琴曲词中伦理思想，对其中蕴含的道德教化思想的内涵、方式、特质进行研究，并深入挖掘其对当代社会道德教化的价值。

第三节 研究思路及内容

一、研究思路

在研究背景中，在对古琴从上古至民国时期的发展、变化与转变进行了简要的梳理，对文献来源和研究现状进行了分析之后，便可发现在前人研究的基础上，选择"古琴"作为研究对象的相关内容成果丰硕，但值得进一步拓展或深挖的地方也还有很多。

琴乐的伦理思想主要体现在琴词部分,故本选题以宋代古琴曲词作为研究对象,选取部分具有代表性的古琴曲词以挖掘其中蕴含的伦理思想。从纵向来说,选取了有着300余年历史的宋代作为研究的时间段;从横向来说,选取了琴学(包含琴曲、琴谱、琴词、琴论、乐律、琴派、琴器等)中的琴曲和琴词作为研究对象,分析其中蕴含的伦理思想。从关键词"宋代""古琴曲词""伦理思想"来看,本选题是涉及历史学、琴学和伦理学等相关领域的交叉学科研究。历史学的角度强调古琴曲词的时代特点;琴学的角度突出本选题的研究内容是古琴曲词;伦理思想则是本选题立足于伦理学视角而研究的核心,即古琴曲词中所蕴含的伦理思想。由于宋代嗜琴群体的多样性,故文章选取宋代嗜琴群体中的代表性人物,也即选取具有代表性的宋代帝王、儒学家、琴家琴士、文学家等作曲、填词、或喜好的琴曲琴词来挖掘其中蕴含的伦理思想,在此基础上探讨其伦理思想的内容、特质、价值指向及与儒家乐教的关系等。

二、 研究内容

宋代古琴曲词所蕴含的伦理思想集中而又典型地体现在王道政治、孝道思想、爱国思想、友谊观以及英雄观这五个方面。从根本上讲,这是由儒家乐教精神所决定的。在儒家那里,乐绝非纯粹愉悦身心的表演技艺,而是承载教化世道人心的一种道艺,乐是儒家开展道德教化的重要手段,所以尤其受到重视。宋代古琴曲词作为一种典型的乐教形式,自然与当时传统社会的主流伦理价值观相一致,故此,这五个方面也就自然成为宋代古琴曲词所关注的重点。当然,宋代古琴曲词伦理内涵非常丰富,也有一些其他关注的问题,但主要就是围绕王道政治、孝道思想、爱国思想、友谊观以及英雄观这五个方面着重展开。因此,本研究拟就这五个方面分专章来详述,以窥探宋代古琴曲词伦理之内涵。

本书除绪论和结语外,主要分为 6 章论述,第 1 章宋代古琴曲词伦理思想之生成背景,第 2 章宋代帝王古琴曲词中的王道政治思想,第 3 章宋代儒学家古琴曲词中的孝道思想,第 4 章宋代琴家琴士古琴曲词中的爱国思想,第 5 章宋代文学家古琴曲词中的友谊观,第 6 章宋代民间古琴曲词中的英雄观。

第 1 章宋代古琴曲词伦理思想之生成背景。其中第 1 部分梳理了从先秦至明清时期古琴曲词伦理思想的发展轨迹;第 2 部分从琴的形制、斫琴工艺、琴人、琴曲、琴派、琴论思想等方面分析了宋代古琴艺术繁荣的概况;第 3 部分从政治因素、经济因素、文化因素三方面来分析宋代古琴艺术繁荣的原因。

第 2 章宋代帝王古琴曲词中的王道政治思想。本章选取在琴学上具有代表性成就的宋太宗和宋徽宗,以及他们所作《万国朝天》曲和《大晟乐》,分析其中蕴含的王道政治思想,其内涵主要体现在以史为鉴,继续统一全国;以民为本,重视劝课农桑;尊孔崇儒,推行文官政治;雅颂汪洋,追求天下一统;其与儒家乐教的关系主要体现在"乐"通伦理之教化、"乐"通政治之功效、"乐"通王道之推行。

第 3 章宋代儒学家古琴曲词中的孝道思想。本章选取了宋代儒学家范仲淹所喜好的琴曲《履霜操》与南宋朱熹首次收录的琴曲《胡笳》,分析其琴词中蕴含的孝道思想,其内涵主要体现在孝与悌并重、忠与孝两全。其孝道思想的理学特质主要体现在"孝"的理学诠释、"乐"的理学气质。

第 4 章宋代琴家琴士古琴曲词中的爱国思想。本章选取了宋代著名琴家郭沔所作琴曲《潇湘水云》和江湖琴士姜夔所作琴曲《扬州慢》,分析其曲词中蕴含的爱国思想,其内涵主要体现在坚贞的民族气节、深沉的故土之思、文人的忧患意识。其爱国思想的独特倾向体现在"亡国之音哀以思"和"遗民泪尽胡尘里"两方面。

第 5 章宋代文学家古琴曲词中的友谊观。本章选取了宋代文学家欧阳修与苏轼所填琴曲《浪淘沙》和《醉翁操》之琴词，从"知音之谊"和"师友之谊"两种友谊伦理的形态来分析其中蕴含的友谊观，其内涵主要体现在同道相合，并立则乐；以文会友，以友辅仁；朋友有信，久而敬之。其友谊观的价值指向体现在琴以载道之琴禁和艺成于德之琴心两方面。

第 6 章宋代民间古琴曲词中的英雄观。本章选取了在民间流传中具有代表性的琴曲《楚歌》和《文王思舜》，分析其曲词中所蕴含的民间英雄崇拜与英雄人格的内涵，主要体现在志存高远，勇于开创；杀身成仁，舍生取义；孝悌力田，以德报怨。最后分析其在民间的教化方式、内容与特点。

最后结语部分将挖掘宋代古琴曲词中伦理思想的当代价值。这主要体现在提升个人的道德修养，培养君子人格，进而促进和谐社会的建设。首先，加强古琴文化的广泛传播，提高其认知度；其次，促进"学院派"与"民间派"传承的结合，充分发挥其优势；最后，架起政府与琴人之间沟通的桥梁，建立合作关系。

第四节　研究方法及创新

一、 研究方法

通过对本书研究思路的梳理和研究内容的分析，可以发现本书是历史学、琴学、伦理学等相交叉的选题，因此主要的研究方法如下：

首先是文献分析法。此法的根本目的是确保论证的文献来源权威、文献依据精准，科学地、历史地、客观地掌握古琴文化产生、发展、演变，从古代经史子集、相关琴论、琴学的典籍文献研究着

手,梳理出与琴相关的记载,从文献中的基本观点、伦理思想、重要
人物等入手,并通过这些记载来分析其背景,分析琴曲和琴词中的
伦理思想在不同历史阶段的演变,提炼出其在宋代所蕴含的主要
伦理思想。同样,在使用后人对宋代琴曲研究的相关文献时,则要
加入版本学的研究方法,因为传世宋代琴曲大多可见于明清时期
的琴谱,而明清出版印刷业的繁荣导致有些琴谱或琴曲有数十种
的版本,又存在一定的差异,所以将文献分析法与版本学研究法有
效结合,以文献分析法为主,版本学研究法为辅。

其次是历史考察法。"史者何? 记述人类社会赓续活动之体
相,校其总成绩,求得其因果关系,以为现代一般人活动之资鉴者
也。"①在梁启超先生的论述中,历史是人类过去活动的痕迹,史学
家将这些痕迹活化,使今日能再现过去之时代。音乐史的研究是
历史学研究之一,古琴音乐是众多音乐门类的一种,运用历史的眼
光看待琴史中古琴文化的发展、变迁与转型也是非常重要的。"历
史学所研究的,乃是从外在的史实考订深入他们的内心深处,即他
们的精神活动以及人文动机。"②结合本书的研究内容,就是将目光
投向古琴琴曲和琴词发展、变化的历史长河中,且锁定其在宋代社
会、经济、文化等背景之下蕴含的伦理思想,寻找思想产生的哲学
动因以及思潮变迁和发展的土壤。

最后是跨学科综合研究法。琴产生以后,历经 3000 多年的发
展与变化,始终与中国哲学、诗歌辞赋、文人风尚等方面有着千丝
万缕的联系,本书是历史学、琴学、伦理学等跨学科的选题,因此也
需要一种综合的视角和方法,即将历史学、琴学、伦理学融于一体
的综合研究法。此外,具体的研究中还将涉及思想史的研究方法、
比较分析的方法、伦理学与文本阐释相结合、文本阐释又与社会历

① 梁启超:《中国历史研究法》,上海:上海古籍出版社,1998 年,第 1 页。
② 朱本源:《历史学理论与方法》,北京:人民出版社,2006 年,第 2 页。

史分析相结合等多种方法的有机融合。不可否认，这些方法彼此独立又相互融通，需要重视学科之间的交叉和融合等问题。

二、 研究创新

（一）研究视角的创新

目前，从所见文献可发现有关古琴的研究，众多学者是从艺术学、音乐学、美学、文学等角度出发，而对于古琴文化与中华优秀传统文化的研究，只是选择某一方面的内涵进行研究，例如研究古琴艺术和"天人合一"的自然观等，少有学者从伦理学的视角去研究。所以本书将立足于伦理学的视角，研究宋代古琴曲词的伦理思想。

（二）研究内容的创新

现有文献中少见立足于伦理学视角，以古琴曲词为内容的专门性研究，但琴乐的伦理内涵主要是通过其琴词部分而展示的，故本书的研究内容正是"宋代古琴曲词"，"宋代"强调古琴曲词的时代特点，研究对象是"文人琴"，也即指把古琴当作儒家乐教的教化手段，以琴修养自身、依凭精神、寄托理想，而将琴的艺术性和乐本体视为琴的附属物。

第一章 宋代古琴曲词伦理思想之生成背景

公元960年,赵匡胤发动"陈桥兵变",取代后周称帝,定都汴梁,建立宋朝,后又历10余年征战,结束了残唐、五代十国的混乱局面,使中原和南方各地复归统一。宋太祖深感武将对皇权的潜在威胁,于是建国初始,一方面通过"杯酒释兵权"等一系列措施来削弱武将的兵权、制约武将的钱谷、夺回武将的精兵;另一方面,采取重用文官,谏者无罪的"右文政策",以儒家思想作为治国方略,迎来了与士大夫共治天下的盛世。在这样的背景下,宋代不仅经济、农业、手工业迅速发展,还迎来了文化、艺术等领域的繁荣。中国古代四大发明中的火药、指南针、印刷术此三项都在北宋完成。在艺术领域,戏曲、词曲、器乐等文艺形式的发展超过唐代,琴曲艺术的发展达到了中国历史上的兴盛时期。

第一节 古琴曲词中伦理思想的发展轨迹

一、先秦两汉时期

上古时期,古琴是巫师祭祀时沟通人神的"法器",是"德协天地人神"的反映,也是天人合一思想的原始雏形。黄帝"大合鬼神,作为清角。"(《韩非子·十过》)"舜为天子,弹五弦之琴,歌《南风》之诗,而天下治。"(《淮南子·泰族训》)"古之圣帝明王所以正心、修身、齐家、治国、平天下者咸赖琴之正音是资焉。"①《神人畅》和《南风畅》存见两首以"畅"为题材的古琴曲。"和乐而作者,命之曰畅,达则兼济天下之谓也。"②"谢希逸琴论曰:'神人畅唐尧所作。尧弹琴,神降其室,故有此弄。'"③"南风之熏兮,可以解吾民之愠兮。南风之时兮,可以阜吾民之财兮。"④相传舜弹五弦之琴,歌南风之诗,作出了这首使天下治的《南风畅》。

周代,古琴已不再是王者与巫师专用,成为对贵族阶级施以政治教化时的"礼器",琴逐渐普及到士阶层,成为儒家士君子修身养性,坚持道德情操的"道器"。"士无故不彻琴瑟。"(《礼记·曲礼篇》)"君子之近琴瑟,以仪节也,非以慆心也。"(《左传·昭公元年》)自"礼崩乐坏"后,宫廷"乐悬"制度功能的丧失,导致古琴从合奏乐器中独立出来,由于它的载"道"特性,逐渐成为文人生活的象征,琴与儒的关系得到进一步发展。而此时,它的艺术性却成了附属物,其核心则被独特的思想体系取代,此时,琴以载"道"的观念逐渐形成。当时的琴乐现已无法听到,但从古籍记载得知其演奏的方式,是"博拊琴瑟以咏",(《尚书·益稷》)用击器打着节拍,以琴、瑟伴奏歌咏而"弦歌"。从"三百五篇孔子皆弦歌之,以求合韶武雅颂之音"⑤可见,《诗经》是和乐相结合的作品,是"弦歌"的一种。现存孔子所作琴曲《幽兰操》《龟山操》《将归操》《获麟操》等。

在经历了秦"焚诗书,坑术士"之后,儒家六艺之教,乐亦失,官学再无乐教。至汉代"大一统"的背景下封建社会得以空前发展,

---

① (清)程允基:《诚一堂琴谱》(《琴曲集成》第 13 册),北京:中华书局,2010 年,第445 页。
② (宋)朱长文:《琴史》卷 1,钦定四库全书本。
③ (明)汪芝:《西麓堂琴统》(《琴曲集成》第 3 册),北京:中华书局,2010 年,第 229 页。
④ (明)谢琳:《谢琳太古遗音》(《琴曲集成》第 1 册),北京:中华书局,2010 年,第 274 页。
⑤ (汉)司马迁:《史记·孔子世家》卷 47,北京:中华书局,2006 年,第 329 页。

统治阶级在"罢黜百家,独尊儒术"后确立儒家思想的主导地位,使得礼乐教化思想也重新得到了重视,"琴"作为圣贤之器、雅正之德音的代表,汉儒们尊其为"乐之统""八音之首",琴系于"正心"之功能得到充分发挥。这一时期,学琴练琴被视为通往"道"的智慧之路,而琴"道"的根源主要来自儒家思想。从司马迁《史记·乐书》、桓谭《新论·琴道》、扬雄《琴清英》、班固《白虎通义·礼乐》、应劭《风俗通义·声音》、蔡邕《琴操》、刘向《琴说》等文献记载可知,汉儒们从琴论思想、乐教功能及琴的形制等方面为琴量身定制了一套思想体系。与此同时,琴曲艺术上的发展也颇丰,不仅琴曲数量增多,内容更丰富,而且琴曲题材和演奏形式也更多样化。汉代琴曲具有富于故事性以及和歌唱相结合的两大特点,存见琴曲有《大风歌》《聂政刺韩王曲》《别鹤操》《昭君怨》《饮马长城窟》等。

二、 魏晋至隋唐时期

在儒家乐教思想中,魏晋至隋唐是儒家乐教思想的衰微期。魏晋时期,南北分裂,战乱频繁,生灵涂炭,士阶层对从人生苦难中解脱与对逍遥境界的寻求,成为魏晋以来人生哲学的重大课题。此时,士阶层逐渐抛弃传统哲学中一些过于拘泥的道德说教,由原来"士志于道"的精神转向一种"淡泊宁静"的精神,用自己的生命意义来支配自己的行为,陶渊明和"竹林七贤"中的嵇康、阮籍等便是其典型的代表。但此时却是琴乐发展的一个高峰期,琴以载"道"的思想由教化性转向了艺术性,体现在琴乐的艺术审美之中,反映了一种更深沉的生命关照和追求道家游心与逍遥的一个过程,融入了"反其天真也""大音希声"等道家因素的古琴艺术便超出了儒家乐教的教化范围。魏晋士人在琴的基础上又增加了书(书法),提炼出"左琴右书"来作为文人身份的象征。存见琴曲有嵇康的《广陵散》、阮籍的《酒狂》、王徽之与桓伊的《梅花三弄》等。

此外,还有反映道家思想的琴曲《庄周梦蝶》《列子御风》《颐真》等。

隋唐时期,强大而统一的国家政权促进了文化的交流,尤其是中外之间各艺术领域的交流与融合,著名的《霓裳羽衣曲》便是汉族和北方少数民族音乐结合的产物。唐代建立了由大乐署、鼓吹署、教坊、梨园组成的音乐机构,也发展出了燕乐、清商、西凉乐、高丽、扶南、龟兹、疏勒、康国、安国、高昌乐等十部乐,在大宴百官或国宾时举行的仪式上演奏。在与外族的交流中,胡乐也随之传入,代表性乐器便是羌笛与琵琶。此时在国内兴起的乐器则是筝(现称古筝),历史上有过八篇《筝赋》,说明筝的发展非常充分,且赢得文人士大夫以至众民的激赏。唐代宫廷不喜琴乐,《羯鼓录》曾记载玄宗听琴未毕,便叱琴师出,而召花奴为其羯鼓之事。唐代儒学衰蔽而佛学昌,儒家乐教思想并无新声产生,一部分士人坚守传统儒家乐教的精神,但更多可见的是琴乐在社会文化和外来音乐影响下受到的冲击和冷落,如白居易的《废琴》诗中所言:"玉徽光彩灭,废弃来已久。"刘长卿的《听弹琴》诗中也写道,"古调虽自爱,今人多不弹"。在这种冲突与共存之下,却出现了多位著名职业琴家,如赵耶利、董庭兰、崔遵度等。在斫琴工艺方面,则出现了历史上著名的吴地所斫之张越琴,四川雷氏家族所斫之雷琴,且影响深远,尤受宋儒们珍赏。存见琴曲是在民族音乐文化交流基础上发展而来的《大胡笳》《小胡笳》《渭城曲》(后更名为《阳关三叠》)。

三、 两宋至明清时期

宋代结束了唐末、五代混乱的局面,重新恢复了统一,经济、农业、手工业均有发展,我国古代四大发明中的三项(火药、指南针、印刷术)都在宋代完成。重文抑武的国策,商品经济的发达,儒家思想的复兴等,都为古琴艺术的繁荣奠定了客观基础,此时儒家乐教思想与琴乐传承俱盛,伦理出新,呈现出一种圣贤气象。在儒道佛三教相融的情形下,琴论思想在汲取了儒道佛因素后,形成了以"琴者,禁也"为代表的传统儒家琴论思想、以"大音希声"为代表的道家琴论思想、以"攻琴如参禅"为代表的佛家琴论思想。这一时期古琴艺术的繁荣不仅表现在琴论思想的丰富,还表现为嗜琴作曲群体的多样性,我国历史上第一个琴派——浙派诞生,第一部关于琴的史学专著《琴史》诞生,另有袁桷的《琴述》、崔遵度的《琴笺》、刘籍的《琴议》、陈敏子的《琴律发微》、则全和尚的《节奏、指法》、成玉磵的《论琴》、碧落子《斫琴法》等从美学、律学方面论述的著作诞生。宋代思想家也与琴有着紧密的联系,如范仲淹最爱弹《履霜操》、欧阳修著《三琴记》、苏轼著《杂书琴事》和多首琴诗、朱熹著《琴律说》等。宋代的琴曲较之前朝更加丰富,存见相关的资料也较多,其中《白石道人歌曲》是存见唯一完整且附有古工尺谱的宋代琴乐文献,具有极高的史料价值。琴曲创作主体也呈现出多样化的特征,皇室、儒学家、文学家、琴僧、琴派、江湖琴士等都有相关琴曲留存,如《大晟乐》《胡笳》《潇湘水云》《醉翁操》《浪淘沙》《普庵咒》《扬州慢》等。

明清时期,承宋代古琴艺术的繁荣继续发展,此一时期琴派林立,琴谱骤增,琴人众多。明代琴派以浙操徐门和虞山派为代表,清代则以广陵派为代表。由于明代印刷术的发展,明清时期琴谱刊印的数量骤增,出现了以《神奇秘谱》《大还阁琴谱》《太古遗音》《五知斋琴谱》《与古斋琴谱》等等为代表的重要琴谱,其中我国第一部古琴曲集《神奇秘谱》成刊于明初(1425 年)。明清琴人众多,据许健《琴史新编》中言,清代琴人"仅见于记载的就超过千人"[1]。明清还出现了抗清琴人群体和工匠琴人群体。在琴论思想上,明代出现了探讨演奏美学问题的著作,如冷谦的《琴声十六法》和徐

---

[1] 许健:《琴史新编》,北京:中华书局,2012 年,第 263 页。

青山的《溪山琴况》等；李贽在阳明心学的影响下提出"琴者，心也，琴者，吟也，所以吟其心也"（《焚书》）的重要命题。清代则出现了探讨演奏、创作、琴律、歌词等方面的著作，如庄臻凤的《琴学心声·凡例》、戴源的《鼓琴八则》、蒋文勋的《琴学粹言》等，清人论琴有"儒派"之说，但随着明清时期儒家乐教思想的衰微，琴学传教也逐渐走出了人们的视野，琴艺则成为人们的娱乐项目，虽然琴曲作品较多，但新作和成功之作并不如宋代，特别是琴曲歌词发展的艺术成就不高且流传不广。这一时期的代表性琴曲有《平沙落雁》《渔樵问答》《鸥鹭忘机》《梧叶舞秋风》等。

随着封建帝制的瓦解，民国至新中国成立初期琴艺独存但也几近消亡。面对古琴生存状况的危机，通琴儒者一方面仍坚持传统琴学主张，另一方面也以复兴琴学为己任。这一时期琴家以周庆云、查阜西、管平湖为代表，1920 年周庆云在上海举办了规模较大、影响范围较广的多地区的琴人会议，以推动琴学复兴，并散发了其主编的《琴史补》《琴史续》（是对宋代朱长文《琴史》遗漏部分的补充和延续）、《琴书存目》《琴操存目》等琴学著作。1936 年查阜西等人创办了今虞琴社，编有《今虞琴刊》，定期组织全国各地琴人从事琴学研究。1956 年查阜西主持了全国古琴采访调查，此次调查走访了 21 个省，访问了 86 位琴家，收集了 270 多首琴曲，并编印了《存见古琴曲谱辑览》《琴曲集成》《琴论辍新》等琴学史料著作。管平湖先生则在古琴演奏实践中从事传统名曲的发掘整理与演奏，1977 年其被誉为"地球之音"的代表作《流水》随着"旅行者 2 号"探测飞船被发射到太空，这也意味着古琴发展进入了阳光明媚的春天。2003 年，古琴被联合国列为人类口头和非物质文化遗产，终于从严冬的冷门进入了初夏的温暖，且时而有热风酣畅之快。

第二节　宋代古琴艺术繁荣的概况

一、古琴的发展

（一）琴的变迁

琴，最先展现给人的是其外在的形态，这被称为琴的形制。根据斫琴者不同，琴的形制名也不同，如伏羲所制琴称"伏羲式"琴、神农所制琴称"神农式"琴、春秋时期著名的琴师师旷所制琴称"师旷式"琴、孔子所制琴称"仲尼式"琴等；此外还根据琴之形状而命名，如蕉叶式琴、落霞式琴、连珠式琴等。琴，自上古时期诞生以来，其形制历经多次变迁于汉魏之际基本定型，此后的琴式虽然名字相同，但琴的形制风格会随着不同朝代的文化思想的影响而产生差别，如"唐圆宋扁"，如宋代儒学的复兴，反映在琴的形制上则是"仲尼式"琴的普遍流行。

> 琴之为器，起于上皇之世，后圣承承，益加润饰。其材则钟山水之灵气，其制则备律吕之殊用。可以包天地万物之声，可以考民物治乱之兆，是谓八音之舆，众乐之统也。[1]

通过宋代书学理论家朱长文所著《琴史》序一中的第一段内容，可以了解琴的起源、传承、制琴之材、社会功能等。琴之为器，其起源可以追溯到上古时期，琴创制后，由历代的圣人继承、改进、发扬光大。谁创制了琴？"伏羲作琴，神农作瑟。"[2]从汉代《世本》和宋代《太古遗音》的记载看出，琴最早是由伏羲创制，另《吕氏春

---

[1] （宋）朱长文著，方木鱼编著：《琴史》，南京：江苏凤凰文艺出版社，2017年，第1页。
[2] （汉）宋衷：《世本·作篇》，北京：中华书局，2008年，第35页。

秋》《琴操》等也有关于伏羲、神农、尧、舜制琴之说(表1-1):

表1-1　古琴创制者一览表

创制者	典出文献
伏羲	宋衷《世本·作篇》　蔡邕《琴操》 马融《长笛赋》　田芝翁《太古遗音》
神农	刘安《淮南子·泰族训》　扬雄《琴清英》 桓谭《新论·琴道》　应劭《风俗通义·声音第六》
舜	司马迁《史记·乐书》　陆贾《新语·无为》 《礼记·乐记》
朱襄氏	吕不韦《吕氏春秋·古乐》

制琴之材"钟山水之灵气",琴制成后"则备律吕之殊用",即可发挥弹奏乐曲的作用。凝聚山水灵气的上等木材可参见《诗经·鄘风·定之方中》的记载:"树之榛栗,椅桐梓漆,爰伐琴瑟。"《太古遗音》也有记载:"'伏羲见凤集于桐,乃象其形'削桐木'制以为琴'。"由此可以看出制作琴的材料是桐木和梓木,古代的琴面是由桐木所制,底板是由梓木所作,发展至今也有斫琴师采用老杉木。弹奏琴时其声可"包天地万物",即可以模拟万物之声,还可以"考民物治乱之兆",即考证社会治乱兴衰,因此,人们把琴奉为乐中之王和"八音之舆",称其是"众乐之统也。"

琴,自产生以来经历了3000多年的发展,其形制丰富多样且寓意深厚。明代袁均哲所著《太音大全集》记载琴的形制有38种之多,清代徐祺所著《五知斋琴谱》中则记载了46种,这其中大部分都是在宋代及以前出现的,自琴之形制基本定型以来,虽然古人常以制琴者姓名和琴之形状为琴命名,但不管琴为何种形制,其琴体结构是基本相似的。

　　琴长三尺六寸六分,象三百六十日也,广六寸,象六合也。

又上曰池,下曰岩。池,水也,言其平。下曰滨,滨,宾也,言其服也。前广后狭,象尊卑也。上圆下方,法天地也。五弦象五行也。大弦者,君也,宽和而温。小弦者,臣也,清廉而不乱。文王武王加二弦,合君臣恩也。宫为君,商为臣,角为民,徵为事,羽为物。①

汉代蔡邕著《琴操》,对琴之形状进行了描述,从以上引文可知,琴长约三尺六寸六分,象征一年三百六十五(六)天,折算约长一百二十厘米,岳山部位宽约二十厘米,龙龈部位宽约十五厘米,厚约六厘米,“象六合也”代表了宇宙六合,即天、地和四方。琴面呈弧形凸起象征天,琴底扁平象征地。从“五弦象五行也”和“昔者舜作五弦之琴,以歌《南风》”②都可以看出琴最初只有五根弦,象征五行金、木、水、火、土,后来文王被囚于羑里,思念其子伯邑考,加弦一根,是为文弦;武王伐纣,加弦一根,是为武弦,合称文武七弦琴。琴有十三个徽位,象征一年有十二个月,另加一个闰月。蔡邕按照《礼记·乐记》的思路将五音与社会人事划等:宫为君,商为臣,角为民,徵为事,羽为物。

上古时期琴的形制经历了几次变迁才得以在汉魏之际基本定型,西汉早期琴的形制和春秋战国时期琴的形制一脉相承,琴体结构基本相同。从 1978 年在湖北随县战国时期曾侯乙墓出土的十弦琴(图 1-1)、1993 年在湖北荆门郭店出土的战国中期的七弦琴(图 1-2)、1973 年在湖南长沙马王堆出土的西汉七弦琴(图 1-3)可以看出,先秦时期的琴体积较小,琴长分别为 67 厘米、82.1 厘米、82.4 厘米;分“半箱式共鸣箱”和琴尾两部分;面板与底板还不

---

① (汉)蔡邕:《琴操》,南京:江苏古籍出版社,1988 年,第 1 页。
② (汉)郑玄注,(唐)孔颖达疏:《礼记正义》卷 38,李学勤主编:《十三经注疏》,北京:北京大学出版社,1999 年,第 1099 页。

是一个整体,只有演奏时才合在一起,底板是平的;没有灰胎;没有徽位;没有"龙池"和"凤沼"以供出音;琴尾稍窄;只有一个雁足,所有的琴弦都系在这个雁足上,又称"独枘琴"。

图1-1　1978年湖北随县战国中期曾侯乙墓出土的十弦琴

图1-2　1993年湖北荆门郭店出土的战国中期的七弦琴

图1-3　1973年湖南长沙马王堆出土的西汉七弦琴

　　1973年湖南长沙马王堆出土的西汉七弦琴,是西汉至唐初的800年间,琴形制发生重大变革的时代,尽管没有这一时期琴的实物出土,但是遗留的石刻、画像和弹琴乐俑可以佐证。图1-4汉弦歌俑、图1-5汉抚琴俑中的弹琴乐俑均把琴置于双膝之上,用双手抚琴,此时的琴形体像瑟,尾部装有弦枘,琴尾已不再向上倾斜,琴体上宽下窄,侧边上厚下薄,底面已经黏合,"半箱式共鸣箱"已发展成为"全箱式共鸣箱"。从南朝陵墓画像砖"竹林七贤与荣启期"(图1-6)可见嵇康与荣启期所抚之琴均已有十多个琴徽,与现代所见之琴相差无几了。

图 1-4　汉弦歌俑　　图 1-5　汉抚琴俑　　图 1-6　"竹林七贤与
（四川资阳出土）　　（四川绵阳出土）　　　　　　荣启期"

　　七弦琴尾部独枘的出现至消失，意味着当时解决了瑟型独枘
琴底板中空，没有办法安装弦枘的技术难题，唐宋时期，琴枘一分
为二，分装在琴底两边成为雁足，琴四周开始变薄。这是距东汉不
到两百年的又一次琴制革命，在古琴漫长的发展史上是翻天覆地
的大变革，经历了对自身传统否定之否定的脱胎换骨后，琴由上古
形制到传世定型琴制的转型已告完成，出土乐俑见证了这种巨变。
唐代琴乐在社会文化和外来音乐的影响下饱受冲击，一度被冷落
置之。而此时古琴成了文人潜心钻研的乐器，无论是在琴的数量
上还是质量上都达到了空前的程度，斫琴工艺得到了大发展，使得
琴的制作在选材、造型、斫制等各项工艺中都累积了丰富的经验。
唐代以雷琴与张琴为重，也即四川雷氏家族所斫的雷琴，江南吴地
张越所斫的张越琴。

　　　　琴岳不容指，而弦不㪇……琴声出于两池间，其背微隆，若
　　蕰叶然，声欲出而隘，徘徊不去，乃有余韵，此最不传之妙。[1]
　　　　所以为异者，岳虽高而弦低，弦虽低而不拍面。按若指下

────────────

[1]（宋）苏轼:《杂书琴事·家藏雷琴》（曾枣庄、刘琳主编《全宋文》第 91 册），上海:上海
　辞书出版社，2006 年，第 46 页。

无弦,吟振之则有余韵。①

苏轼在其《杂书琴事·家藏雷琴》和蒋克谦在其《琴书大全》中都曾引用了黄处士②语来描述雷琴的特点。正因为雷琴较同时代其他琴而言,有诸多优点,所以在唐代精妙的雷琴才受到喜爱与追求。据考证,目前存见真正的唐代雷琴不过 10 余床,历代有大量仿制雷琴。故宫博物院所藏"九霄环珮"琴、"大圣遗音"琴都是唐琴中最著名的,同样日本正仓院所藏一床"金银平脱"琴也是著名的唐琴。

> 唐贤所重惟张雷之琴,雷琴重实,声温劲而雅,张琴坚清,声激越而润。③
> 又尝见越人陶道真畜一张越琴,传云古冢败棺杉木也,声极劲挺。④
> 吾家三琴,其一传为张越琴,其一传为楼则琴、其一传为雷氏琴、其制作皆精而有法……⑤

这是古代文献中对江南吴地张越琴的记载。《琴苑要录·斫琴记》载张越琴"坚清",琴声"激越而润"。《梦溪笔谈》中载沈括曾在越人陶道真处所见一床张越琴,老杉木所制,其声极劲挺。欧阳修所著《三琴记》载他藏有三张琴,其中一张是张越琴,十三个琴徽都是金徽,琴声宽畅而悠远。唐琴是宋儒们所喜好与追求的,若能

---

① (明)蒋克谦:《琴书大全》(《琴曲集成》第 5 册),北京:中华书局,2010 年,第 118 页。
② 黄处士:名延矩,字垂范,唐眉阳人也。少为僧,性僻而简,常言:家习正声,自唐以来待诏金门,父随僖宗入蜀,至某四世矣。
③ 瞿氏铁琴铜剑楼:《琴苑要录》,垒叶斋,1614 年(2017 年复印)。
④ (宋)沈括:《梦溪笔谈》,北京:中华书局,2016 年,第 95 页。
⑤ (宋)欧阳修:《三琴记》,见《欧阳文忠公集》卷 63。

拥有一张唐琴,便已视如珍宝,荣幸至极,而欧阳修家藏三张唐琴,可见他对琴的珍爱和对琴乐的热爱。唐琴尚有十余床存世,而张越琴则多见史载,稀见实物。古琴前辈吴钊先生著《中国古琴珍萃》,收录了163张历代存世的名琴,并对每一张琴进行详细的介绍。在此163张名琴中,唯有一床张越琴,现为吴门琴家老桐先生所藏。

著名古琴鉴定专家郑珉中先生撰文《两宋古琴浅谈》说到,"北宋初期的官琴'虞廷清韵'和唐代官琴'大圣遗音'无论是形式风格还是断纹都很相似。"郑先生认为"北宋初年的官琴曾一度完全继承了唐琴的风格特点"①。北宋时期多以雷琴和张越琴为模板制造官琴,将其奉为斫琴工艺之圭臬。北宋中期,从碧落子②著《斫琴法》(收录于《琴苑要录》)可见,宋琴的形制开始有自己的特点:"唐圆宋扁""耸而狭"。

从明代琴谱《古音正宗》和清代琴谱《德音堂琴谱》的记载中可以见到"唐圆宋扁"的说法。唐"万壑松"琴式旁写了"古云唐圆",宋"昭美"琴式旁写了"古云宋扁"。看来,唐代以圆润饱满为美的审美观在古琴制作中也得到了体现。"宋扁"则是相较于唐琴形制的饱满而言,琴面平直,琴沿和琴角的轮廓清晰。琴的通厚(肩处)、肩阔、岳山、中空、侧板厚等位置的尺寸缩小了,可以从碧落子的《斫琴法》记载中看到:

……是越之面厚过个法之五分,木肉既多,只增重浊,安有清快? ……夫琴之为度,肩阔则面平,侧面厚大,体之穹窿常过底之四分,若越之琴,面须圆肥,侧又太厚,则面平;恶其

① 郑珉中:《古琴辨伪琐谈》,《故宫博物院院刊》1994年第4期。
② 碧落子,名石汝砺,北宋广东人,少颖敏、明乐律、以琴为学。

面平,又加圆肥,则木肉之势不得不厚矣。①

"唐圆宋扁"的特点也可通过图 1-7 宋·石汝砺琴肩处剖面示意
图②、图 1-8 唐·张越琴肩处剖面示意图③、表 1-2 石汝砺和雷、
张琴尺寸表④看出。石汝砺琴之面板厚一寸三分,张越琴面板厚一
寸九分;石汝砺琴之底厚五分,张越琴之底厚四分,从这种比较可
以看出,石汝砺评价张越琴"面须圆肥,侧又太厚……则木肉之势
不得不厚矣",即他认为张越琴底仅厚四分,面板厚而底板薄,可能
导致按音浊而不清。

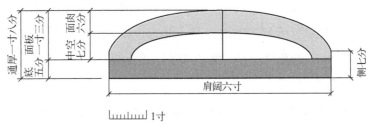

图 1-7　宋·石汝砺琴肩处剖面示意图

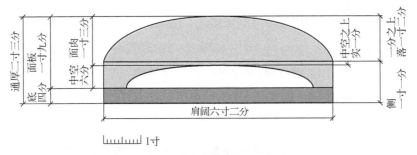

图 1-8　唐·张越琴肩处剖面示意图

---

① 瞿氏铁琴铜剑楼:《琴苑要录》,垒叶斋,1614 年(2017 年复印)。
② 隋郁:《〈琴苑要录〉斫琴文献探赜》,中央音乐学院硕士学位论文,2010 年,第 28 页。
③ 同上。
④ 隋郁:《〈琴苑要录〉斫琴文献探赜》,中央音乐学院硕士学位论文,2010 年,第 12 页。

表1-2 石汝砺和雷、张琴尺寸表

	石汝砺琴		雷、张琴			
	书中尺寸	省尺	书中尺寸	唐大尺	唐小尺	省尺
琴长	三尺六寸六分	114.192	三尺六寸六分	110.898	90.219	114.192
通厚（肩处）	一寸八分	5.616	二寸三分	6.969	5.6695	7.176
肩阔	六寸	18.72	六寸三分	19.089	15.5295	19.656
尾阔	四寸	12.48	四寸二分	12.726	10.353	13.104
岳高	四分	1.248	四分半	1.3635	1.10925	1.404
中空	七分	2.184	六分	1.818	1.479	1.872
面肉厚（肩处）	六分	1.872	一寸三分	3.939	3.2045	4.056
面板厚（肩处）	一寸三分	4.056	一寸九分	5.757	4.6835	5.928
侧厚（肩处）	七分	2.184	一寸一分	3.333	3.7155	3.432
中空（尾处）	六分	1.872	五分	1.515	1.2325	1.56
底厚（肩处）	五分	1.56	四分	1.212	0.986	1.248

宋琴形制特点之一是"扁"态，另一特点则为"耸而狭"，这一特点在南宋时期尤其是理宗朝较为突出。赵希鹄在《洞天青禄》中说当时的琴肩特点是"耸而狭"，也即肩在二徽之下，宽度也比较小。在《中国古琴珍萃》一书中，吴钊先生也曾提及"仲尼式"琴在南宋时期的特点是"耸而狭"和"琴体渐薄"等。林西莉在《古琴》一书中以"仲尼式"琴为例，将其在唐、宋、元、明、清时期的形制特点描述为："在唐朝时，琴面、琴底的肩部都很宽大，腰部浑圆；宋元间则将琴面做得又平又直，琴沿和琴角很醒目；明代时琴底又改得更平、更宽；到了清代琴肩则细窄起来"[1]。

综上所述，可以将宋代古琴的形制特点总结为：琴面由穹隆状逐渐发展为扁平状、琴体由厚实变得轻薄、整体琴身相对狭窄，呈现一副"清秀"模样。但是宋代古琴的这些特征，却不能仅仅归纳为宋代所特有，因为明清时期这些特点继续发展与变化，明代古琴琴底更加平和宽，清代古琴的肩更加细和窄，如故宫博物院所藏宋代海月清辉琴（仲尼式）。

从《中国古琴珍萃》历代存见的163张名琴中可以发现"仲尼

---

① （瑞典）林西莉著，许岚、熊彪等译：《古琴》，北京：三联书店，2009年，第114页。

式"琴式普遍流行。163张名琴中的琴式有"仲尼式"琴62张,占比38%。而这62张"仲尼式"琴中有7张宋琴,2张宋元之际的琴,其余53张"仲尼式"琴多为宋代以后所制。由此可见,"仲尼式"琴在宋代及之后是比较流行的形制。从"仲尼式"琴的琴名和制作者仲尼来看,此"流行"现象应与儒家伦理思想有着密不可分的联系。唐代,佛教、道教对儒家伦理思想形成了冲击,此时儒家伦理思想在纷争中求生存、在融合中求发展,为宋明理学伦理思想的诞生作了理论上的铺垫。唐代中后期韩愈提出"儒家道统论",认为"尧、舜、禹、汤、文、武、周公、孔、孟"是道的传授系统而加以推崇之后,"仲尼式"琴才逐渐时兴。宋代理学在继承了"儒家道统"后,吸取道、佛思想,形成了融道德观、本体论、认识论为一体的思想体系,从而成为传统伦理学说发展最成熟的理论形态。此时,儒家伦理又获得了至尊的地位,"仲尼式"琴在此时大为流行,宋代以后的图像资料、书籍记载和传世古琴都可以佐证这一趋势。琴的形制虽有不同,但其构造基本相同,具体各部位和名称详见图1-9:古琴结构分解图,其中七条弦从一弦到七弦分别是:宫、商、角、徵、羽、变宫、变徵,即Do、Re、Mi、So、La、Ti、Fa七音。

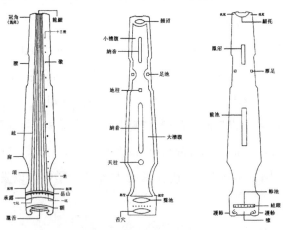

图1-9 古琴结构分解图

（二）曲的发展

宋代不如唐代强盛,宫廷官府的音乐机构衰减,而民间广大街市场所日益兴盛,出现了社会机构,如演出杂剧的"绯绿社"、演出清乐的"清音社"、编写唱本的"书会",也出现了一种重要的演出机构"勾栏",北宋时期汴梁有 50 多处勾栏和 10 多处瓦舍。在音乐方面出现了以北方杂剧、南戏为代表的戏曲艺术和以鼓子词为主的说唱艺术,同时以古琴为代表的文人音乐也有了显著的发展,琴坛上出现了欣欣向荣的景象。从琴曲的创作来看,不仅数量上比前代更丰富,而且题材上也比前代更多样化,调子和操弄是当时较流行的两种题材。

由于历史久远,保存下来的原始文献并不多,但从存见的两个曲目表中,也可以窥探出当时部分琴曲创作与演变的大致情况。第一个曲目表是宋代僧居月的《琴曲谱录》,收录于《琴学正声》[1]之中,共收入 223 首琴曲。第二个曲目表是《琴书·曲名》,收录于《琴苑要录》[2]之中,共收录 253 首琴曲。

这两份曲目表从收录琴曲的数量上来看,较唐初著录的琴曲数量均成倍地增加,而且宋代所作琴曲达一半之多,说明宋代琴曲创作有了显著发展。在比较这两份曲目表后,发现其异同之处有以下几点:

第一,都是按照时间顺序来排列的,也即按琴曲创作的年代编排。僧居月《琴曲谱录》中分为上古、中古和下古三个时间段。

　　　凡诸调弄,诸家谱录分为三古。若论琴操之始,则伏羲上古明矣。今并取尧制《神人畅》等诸曲为上古;秦始皇制《咏道德》为中古;蔡邕制《游春》等五弄为下古。先贤既分,今亦别之于左。[3]

---

① (清)沈琯:《琴学正声》(《琴曲集成》第 14 册),北京:中华书局,2010 年,第 3 页。
② 瞿氏铁琴铜剑楼:《琴苑要录》,垒叶斋,1614 年(2017 年复印)。
③ (宋)僧居月:《琴书类集》(《说郛三种》第 1 册),北京:中国书店,1986 年,第 632 页。

僧居月以"尧制《神人畅》等诸曲为上古",为方便叙述,现将这一时期定义为先秦时期;"秦始皇制《咏道德》为中古",中古即指秦汉时期;"蔡邕制《游春》等五弄为下古",下古则指东汉以后。《琴书·曲名》中琴曲分三部分收录,但没有明确具体的时期或代表作,仅从琴曲曲名的编排来看,基本与僧居月《琴曲谱录》相同。

第二,僧居月《琴曲谱录》中收录的223首琴曲与《琴书·曲名》中收录的253首琴曲相比较,有相同曲目195首。存见僧居月《琴曲谱录》但不见于《琴书·曲名》中的琴曲有31首,如表1-3:

表1-3　存见僧居月《琴曲谱录》但不见于《琴书·曲名》中的琴曲

《千金清》	《长乐声》	《十仙游》	《皇甫》	《楚歌》	《陇头》
《欢乐操》	《走马吟》	《仙人劝酒》	《碎玉门》	《思亲吟》	
《幽兰》	《鹍鸡吟》	《秋夜闻猿》	《明君》	《晚角》	
《回风操》	《猛虎行》	《秋风落叶》	《寒山吟》	《虞姬》	
《野老倾怀》	《梁甫引》	《出塞》	《三清若贺》	《无射商九弄》	
《楚引》	《胡笳吟》	《入塞》	《猿度碧涧》	《吊三闾》	

存见《琴书·曲名》但不见于僧居月《琴曲谱录》中的琴曲有49首,如表1-4:

表1-4　存见《琴书·曲名》但不见于僧居月《琴曲谱录》中的琴曲

《高德操》	《三士穷》	《仙人欢乐》	《游宫》	《士游》	《塞山湖》	《夏玉清》
《畎亩操》	《渡河操》	《洞中春》	《游岳》	《飞凫游》	《范增碎玉斗》	《醉翁吟》
《箕山操》	《思归引》	《崔子渡河》	《游仙》	《习龙游》	《苏武归汉》	《君臣庆会》
《临深操》	《曾子归耕》	《青春乐》	《游云》	《狡兔操》	《秋声》	《高柳闻蝉》
《杏坛》	《朝天鹤》	《白驹》	《游电》	《采花》	《清溪弄》	《鹤鸣九皋》
《凤凰来仪》	《仙人乐》	《琴引》	《隐士游》	《度关山》	《古涧松》	《雪涧闻猿》
《高山》	《离洞云》	《志失志》	《凤云游》	《江南春》	《白露滴金盘》	《采真游》

第三,两份曲目表中都没有收录南宋时期的琴曲,因此只能反

映北宋时期琴曲的发展与变化。《琴书·曲名》成书晚于僧居月的《琴曲谱录》，其新增的 49 首琴曲中，能够确定为北宋时期的作品有：《醉翁吟》《隐士游》《君臣庆会》《亚圣操》《思贤操》《文王思舜》等。

第四，同一琴曲不同时期曲名的演变。如琴曲《广陵散》，东汉时就有记载，其题材内容源于先秦时期的《聂政刺韩王》(蔡邕《琴操》)，在历史上也被称为《报亲曲》，嵇康在《琴赋》中所列此琴曲名为《广陵止息》。但在这两份曲目表中，《琴曲谱录》记载为《刺韩王操》，《琴书·曲名》记载为《刺韩伯》，而在《琴曲谱录》下古部分又记载为《广陵散》，总之，无论曲名变化几何，实质都是同一首琴曲。此外，在曲名的演变过程中，还出现曲名详略之分，如《琴曲谱录》记载为《离骚九拍》，到了《琴书·曲名》中则成了《离骚》。

第五，宋代琴曲一般有四种题材：一种是传统题材的作品；一种是广为传播的名家作品；再一种是具有当代特色的调子；最后一种是现存最早的两首琴歌[1]。从曲目表中也可以看到某些传统叙事题材琴曲的演变，如唐代有《大胡笳》和《小胡笳》，到了宋代又出现了《胡笳》(最早见于朱熹的《楚辞集注》)，在曲目表中还有"蔡琰作"《别胡儿》和《忆胡儿》等。调子是北宋盛行的题材，也即我们通常所熟悉的带有词的琴歌，在曲目表中可见《江上闻角》《范增碎玉斗》《沙塞晚晴》《丁生化鹤》等。操弄通常指不带词的纯琴曲，在曲目表中可见带有"畅、操、弄、引"结尾的琴曲名，基本就是属于操弄题材的大型琴曲。南宋时期浙派琴家的创作与演奏，把操弄题材的琴曲发展到了一个更高的水平，此时流行操弄，而调子的地位则逐渐衰落了。

---

[1] 许健：《琴史新编》，北京：中华书局，2012 年，第 164 页。

二、琴人的概况

宋代是一个属于文学的时代，属于艺术的时代，也是属于儒学的时代。琴，在这个时代有着特殊的地位。在宫廷、江湖、山林、僧院都有着古琴的袅袅之声。从北宋初到南宋末，都有统治阶级、名公巨卿、逸民隐士、道冠僧侣、寒门儒生弹琴、斫琴、作曲、填词、咏歌的身影。下文将从不同群体中寻找宋代好琴、善琴等与琴有缘之人。

首先，宋朝皇帝好琴。最高的统治者热爱琴乐，自然对琴乐的发展与兴盛起到促进作用，同时也起到提倡与鼓励的作用。宋初，朝廷设有琴院，并设有琴待诏，他们不仅为帝王弹琴，还负责收集散落民间的各类琴谱，对琴谱的保存与琴乐的兴盛具有积极的意义，这些琴谱也为我们今天学习与研究宋代古琴艺术及琴论思想提供了极其重要的文献资料。在皇宫中，不仅皇帝嗜琴，太子与后妃们也同样好琴。开国皇帝宋太祖爱好收藏琴，著名的"虞廷清韵"琴正是他的收藏。宋太宗赵炅，尚文好诗，喜唱痴琴，《琴史》载：

> 又制九弦琴、五弦阮歌诗各一篇，琴谱二卷，九弦琴谱二十卷，五经阮谱十七卷，藏于禁阁，副在名山，又尝作《万国朝天》《平晋》二乐曲，圣制乐章各五首，曲名三百九十首。[①]

宋太宗给七弦琴加二弦，制九弦琴和 20 卷九弦琴谱，作乐曲《万国朝天》和《平晋》，还制乐章各 5 首，共 390 首。夏、商、周以来，汉孝元帝善弹琴、孝章帝善议琴，梁武帝论钟律、唐明皇琴曲理解不达雅，唯宋太宗制琴、作曲、抚琴，立开天辟地之功，留雅乐正声。

[①] (宋)朱长文：《琴史》卷5，钦定四库全书本。

宋徽宗赵佶，艺事超群，是历史上最为著名的皇帝艺术家。"上在藩潜时，独喜读书学画，工笔札，所好者，古器、山石，异于诸王。"①宋徽宗做了帝王后仍痴迷艺术。他精通音乐，尤其好琴，在位时设"大晟府"作《大晟乐》，广泛搜罗名琴，在宫中设"万琴堂"。宋徽宗善弹琴作画，传世名画《听琴图》（徽宗作画）和《文会图》（相传是徽宗作画，但也有人认为是画院代笔）便是最好的写照，现分别存于北京故宫博物院和台北故宫博物院。

宋高宗赵构，似其父徽宗，富艺术天资，精于琴与书，"被封康王之时，已属意丝桐"②。宋高宗常令宫中琴待诏黄震为其抚琴，并作《渔父词》15首。南宋太子赵竑好琴，后因权臣史弥远投其所好，献善琴美女使得赵竑贻误正事，造成其被废的悲剧。宋理宗在位40年后过世，因无子嗣遂传位于侄子赵禥，号宋度宗，后由理宗的皇后谢后代度宗执政，谢后好琴乐，在断送了南宋王朝的统治，被拘留到元大都当俘虏时，还带着琴师汪元量为其弹琴。

其次，宋代文人好琴。宋代以古琴为代表的文人音乐有了显著的发展，琴坛上欣欣向荣，出现了许多文人琴家，有时候他们也与职业琴家共同谱曲创作。宋代著名文学家欧阳修、范仲淹、苏轼、理学集大成者朱熹等人都与琴结下了不解之缘。

欧阳修师从孙道滋，著有《三琴记》，收藏了3张琴，分别为张樾琴、楼则琴和雷琴，均为传世名琴，皆为宋儒所求。欧阳修平日善弹《小流水》一曲，创作《晓莺啼》《隐士游》等曲。豪放派词风开创者苏轼，在琴学方面也有很深的造诣，多次为琴曲填词，与庐山道士崔闲合作创作，填词《醉翁吟》；给唐代琴曲《阳关曲》填词3种；著有《杂书琴事》10首等。范仲淹师承崔遵度，曾与师论"琴为何物？"师答："清厉而静，和润而远。"《老学庵笔记》载"范文正公喜

① （清）黄以周等：《续资治通鉴长编拾补》卷36。
② （宋）叶绍翁：《四朝闻见录》乙集《高宗好丝桐》，北京：中华书局，1989年，第81页。

弹琴,然平日只弹《履霜》一操,时人谓之范履霜"[1]。宋代理学集大成者朱熹著《琴律说》,提出"琴律",这是我国历史上第一次提出"琴律"一词;朱熹的《楚辞集注》记载着南宋以来可见最早的著名琴曲《胡笳》。

最后,浙派琴人传琴。浙派是中国琴史上第一个公认的琴派,源于北宋,盛于南宋,其所用的琴谱谓"浙谱",源自宋代宫廷所用的"阁谱",是通过北宋宰相韩琦之手传给其孙韩侂胄,再传与张岩,后传其琴师郭沔,其创立浙派。郭沔继承了"阁谱",又将其发扬为"浙谱",创作琴曲,教授学生刘志方,刘志方继而传授给徐天民、毛敏仲等人。从此,浙派琴曲影响甚远,至宋后的各朝代。南宋朝廷面对金、元政权的侵略,一味地忍让、求和、割地、赔款,百姓对这种丧失民族气节的屈辱做法万分愤慨,反映在琴坛上,则出现了一批爱国琴师,浙派琴家痛心疾首,通过作曲与演奏来表达爱国情感,如郭沔所著《潇湘水云》、汪元量为文天祥所作《拘幽十操》等琴曲。

此外,在北宋还有个特殊的好琴群体,那就是琴僧。朱文济,是当时号称鼓琴天下第一的著名宫廷琴待诏,慧日大师夷中是他的得意门生,夷中传琴给知白、义海,义海又传给则全和尚,则全和尚再传给钱塘僧赵旷。琴僧们也与文人多有交游,欧阳修曾听知白演奏后很满意,于是写下《送弹琴僧知白》一诗;则全和尚著《节奏、指法》,他传授的琴曲也广受欢迎;普庵禅师也创作了《普庵咒》,是目前所见为数不多的佛教主题琴曲。

三、 琴论的丰富

在宋代"礼兴乐盛"的背景下,琴学理论突飞猛进,无论从史学

---

[1] (宋)陆游:《老学庵笔记》,北京:中华书局,1979年,第117页。

角度、美学角度还是律学角度均可见宋代的琴论著作,其论述角度的多样性,内容的丰富性为我们研究宋代琴论思想打开了一扇明窗。

(一)第一部《琴史》的诞生

在我国历史上,为古琴而撰写的第一部专门性史书即宋代朱长文所著的《琴史》。从该书作者自序一的落款"元丰七年正月吴郡朱长文伯原序"可知,该书成于神宗朝公元 1084 年。此书按史书列传的写法编撰,共分为 6 卷,卷 1 至卷 5 汇集 146 位,附见 9 位,共 155 位琴人的事迹。其中卷 1 依时代顺序叙述尧、舜、禹等历代帝王以追溯古琴思想源头;卷 2 收录了师旷、师襄、伯牙、钟子期等宫廷乐师和民间琴人之琴事;卷 3 记录汉、魏、晋时期帝王、将相、文人雅士,如汉高祖刘邦、淮南王刘安、司马相如、刘向、桓谭、蔡邕等琴人琴事;卷 4 论述了魏晋南北朝、隋唐时期古琴艺术的发展,更再现了当时的文人文化,收录了陶渊明、董庭兰、薛易简等琴家琴事;卷 5 收录宋太宗、朱文济、范文正公、赵阅道等宋代琴人琴事;卷 6 则为琴学专论,包含《莹律》《释弦》《明度》《拟象》《论音》《审调》《声歌》《广制》《尽美》《志言》和《叙史》11 个部分。《琴史》于清代乾隆 49 年被收录于《四库全书》,被赞"凡操弄沿起制度损益无不咸具,采摭洋博,文词雅赡,视所作《墨池编》更为胜之"[1]。

《琴史》不仅是我国历史上第一部专门性古琴史专著,也是一部对于研究古琴文化和琴乐伦理思想具有很高价值的一本专著,笔者认为有如下原因:

首先,从作者朱长文的生平来看,朱长文出身于书香门第和琴学世家,高祖朱滋"涵德匿耀,乡人尊心"[2],不愿出仕;曾祖朱琼,

---

[1] (清)永瑢等:《四库全书总目》(上册),北京:中华书局,1965 年,第 970 页。
[2] (宋)朱长文:《朱氏世谱》(曾枣庄、刘琳主编《全宋文》第 93 册),上海:上海辞书出版社,2006 年,第 173 页。

曾仕于吴越钱氏;祖父朱亿,太宗朝后期应召入仕;其父朱公绰,早年从学于范仲淹,天圣八年(1030 年)举进士;朱长文,嘉祐元年(1056 年)举进士,嘉祐二年登进士乙科,年十九,因未至既冠之年而不能任官,两年后方得出仕。后因坠马致足疾,不愿从吏,归隐于家乡吴县,因所居园宅为乐圃,时人尊称朱长文为"乐圃先生"。

朱长文隐逸乐圃潜心研学 30 年之久,在《乐圃记》中曾介绍自己的生活:

> 余于此圃,朝则诵义、文之《易》,孔氏之《春秋》,索《诗》、《书》之精微,明《礼》、《乐》之度数;夕则泛览群史,历观百氏,考古人是非,正前史得失。①

作为书学理论家,朱长文精通经史、诗文、书法、琴学,著述颇丰,有《乐圃文集》100 卷,可惜南渡之时部分毁于兵火,后由其侄孙朱思收集遗文,编为《吴郡乐圃朱先生余稿》10 卷,现存明代抄本,藏于国家图书馆。传世著作有《吴郡图经读记》《墨池编》《琴史》,均收录于《四库全书》。

朱长文并不擅长抚琴,但因生于琴学世家而精通琴学。《琴史》载:

> 先祖尚书公,讳亿,字延年,越州剡县人也。少有雅趣,邃于琴道。卜居四明,有姊,以淑行婉质,尤工琴书,后赐号广慧大夫者也……广慧既入官掖,尚书被召对,鼓琴。太宗嘉悦,

---

① (宋)朱长文:《乐圃记》,《乐圃余稿》卷 6(曾枣庄、刘琳主编《全宋文》第 93 册),上海:上海辞书出版社,2006 年,第 162 页。

使待诏翰林。①

《琴史》卷 5 所载第 4 位琴人,便是朱长文的先祖尚书公朱亿,以及姑祖母广慧夫人,后段中还提到其舅舅惠玉。从记载相关内容中可发现朱长文琴学世家的渊源,首先朱亿其姊擅长抚琴与书法,受到吴越王的赞赏,后被召至京师为太宗演奏,太宗喜,并赐号"广慧夫人",后广慧夫人推荐朱亿入宫鼓琴,受太宗嘉赏,成为翰林院待诏。朱亿珍藏唐琴"玉磬",相传曾为白居易所珍爱,朱亿去世后,此琴被赠予朱长文的舅舅惠玉(惠玉学琴于朱亿),惠玉后来又赠予朱长文。

其次,从朱思所整理的诗文《乐圃余稿》可以看出,朱长文与范仲淹家族交往密切,如范纯仁(范仲淹次子)、范师道(范仲淹侄子)、范世京(范师道之子)等人;他与二程兄弟、苏州林希、林旦、名士张景修等也交往密切;朱长文与文坛名宿如苏轼、米芾更是好友。

元祐元年(1086 年)6 月,苏轼等人举荐他为苏州州学教授,称他:

> 不以势力动其心,不以穷约易其介;安贫乐道,阖门著书。孝友之诚风动间里,廉高之行著于东南。②

元祐八年(1093 年),朱长文被召为太学博士;绍圣四年(1097 年),改宣教郎,除秘书省正字,兼枢密院编修文字。宋哲宗元符元年(1098 年)疾卒。③

---

① (宋)朱长文:《琴史》卷 5,钦定四库全书本。
② (宋)苏轼等:《劄子》(四库全书《乐圃余稿·附录》),文渊阁四库全书本。
③ (宋)张景修:《朱长文墓志铭》(曾枣庄、刘琳主编《全宋文》第 93 册),上海:上海辞书出版社,2006 年,第 223 页。

朱长文卒后，宋代名士张景修为其作《墓志铭》，著名书法家米芾为其作《墓志》。宋哲宗嘉其清，赐绢百匹。

朱长文一生潜心研学，著书颇丰，追求学术，讲授儒学，实现了其经世致用的理想。其道德与学术驰名遐迩，正如宋代名士张景修为其作《墓志铭》："东南者以不见先生为耻，游吴郡者以不见先生为恨。"宋代著名书法家米芾在《乐圃先生墓表》中说道："著书三百卷。六经有辩说，乐圃有集，琴台有志，吴郡有续记。又著《琴史》"①。

最后，从《琴史》的写作角度看，朱长文主要从儒学的角度记述琴史，灌注深厚的儒学旨意，强调学琴要尊圣重道、崇古尚雅、观政易俗。朱长文认为古乐就是雅乐：

"古之音指，盖淳静简略，经战国暴秦，工师逃散，其失多矣"，秦后"淫俗之曲"，至唐人"各以声名家"，宋人"率造新声"，都是"去古益远"的创造，难望上古雅音之项背。②

朱长文认为琴乐可以用来"观政""为政"、迁善远罪、移风易俗，最终达成天下"太平之功"。他认为琴学须有益于世治，试图从琴乐实践的层面推动社会文化、风俗的改良。

《琴史》共6卷，卷1除了叙述尧、舜、禹等历代帝王以追溯古琴思想的源头，另记载周公、孔子等贤人有关的古琴事迹以确立古琴在儒家传统文化中的地位；卷2从收录的琴人琴艺传闻中，彰显古琴的雅正之德及其教化众民之用，琴乐可以使人精神振奋，不骄不躁，远离奢侈淫逸，乃至移风易俗，教人向善远恶；卷3从收录的帝

---

① （宋）米芾：《乐圃先生墓表》（曾枣庄、刘琳主编《全宋文》第121册），上海：上海辞书出版社，2006年，第65页。
② （宋）朱长文：《琴史》卷6，钦定四库全书本。

王将相文人雅士等琴人琴事,确立古琴为承载儒家正统文化的器乐,具有通天地神明、抚慰心灵之效用,亦多有古人以琴谏事之典故;卷4从收录的魏晋、隋唐时期的文人琴家琴事,论述古琴乃历代文人修身养性之乐器,具备以德润身之功用,故诸多文人与古琴交往颇深;卷5收录了宋代开国至神宗朝(1084年)间的8位琴人的琴事,如宋太宗、朱亿、范文正公、欧阳永叔等,以此说明在宋代文教昌明的背景下,上至皇族贵胄,下至士大夫阶层都孜孜不倦地追求文人趣味,将古琴纳入他们的政治理想。

综上所述,《琴史》不但是我国历史上第一部专门性的古琴史专著,有着极其重要的地位,而且《琴史》从儒学角度叙述,确立了古琴在儒家传统文化中的地位,是承载儒家正统文化的器乐,彰显了古琴的雅正之德和教化众民之用,作为历代文人修身养性之乐器,古琴在儒家文化中的特殊意义被强调。因此《琴史》是一部对于研究古琴文化和琴乐伦理思想具有很高价值的专著。

(二) 多学科《琴论》的产生

《琴史》是宋代琴学理论中最为闪耀的明珠之一,而《琴述》(袁桷著)在宋代琴学理论中同样是一颗闪耀的明珠,因为《琴述》从实际调查中搜集了宋代琴曲流传的情况,而且记叙了许多关键性的琴曲谱系的演变,恰与从古籍中摘录宋前史料的琴人列传《琴史》形成了互补。《琴述》的作者袁桷,字伯长,号清容居士,南宋咸淳二年(1266年)出生于官宦世家,元代五朝翰林,著名琴家。幼年学习"阁谱",后向浙派徐天民学习"浙谱",是浙派徐门琴操的重要传播者。《琴述》的写作动机是袁桷出于和黄依然共同的琴艺爱好,主动写给黄依然,告知其宋代谱系的变革,以解黄依然对谱系之惑,同时也为后人提供了研究我国琴史上第一个公认的琴派——浙派的渊源及其形成的史料,后被收录于袁桷的《清容居士集》。

从律学角度来看,宋代理学集大成者朱熹著《琴律说》,提出"琴律"①这一名词,尽管琴律的实践渊源来自先秦时期的钟律,但在我国历史上"琴律"这一名词则是在南宋时期首次被提出。朱熹琴律理论的形成是一个逐渐积淀的过程。他幼童时期深受家学音乐熏陶,可以说是生活在歌诗咏词、高低徘徊的酬唱之中。青少年时期,他拜师刘子翚习琴和琴歌、诗乐的吟唱。到了中青年时期,他主要研究《诗》乐和乐律。晚年他侧重于乐教、琴律、礼乐建设方面的思考。直至南宋孝宗朝淳熙十年后,其《诗》乐、乐律、琴律、乐教等方面思想才逐渐定型并趋于成熟。概言之,朱熹琴律理论主要包括如下几个方面:

第一,运用三分损益法计算五音十二律。

首先,计算五音在一条弦上的排列。朱熹说:"今人殊不知此,其布徽也,但以四折取中为法,盖亦下俚立成之小数。虽于声律之应若简切而易知,但于自然之法象慒不知其所来,则恐不免有未尽耳。"(《朱文公文集·琴律说》卷66)朱熹批评时人只知在"以四折取中为法"的操作层面来取徽与声、位相应,但并不知其中之理。"四折取中法"实质是运用传统工艺的"摺纸法"进行布徽的方法。取与琴弦长度一致的纸一条,对折取中点,即得琴面十三徽之中徽(七徽)之位,再对折取折点,即得四徽和十徽之位,继续对折可得五徽、九徽之位。朱熹认为"四折取中法"是简单的布徽之法,虽然与声律相对应,但今人多不知其来历,唯恐有不精确之处。所以他用三分损益法演算声、律、徽之间数的道理。"太史公五声数曰:九九八十一以为宫(散声);三分去一得五十四,以为祉(为九徽);三分益一得七十二,以为商(为十二徽);三分去一得四十八,以为羽(为八徽);三分益一得六十四,以为角(为十一徽)。"(《朱文公文

① (宋)朱熹:《朱文公文集》卷66,四部丛刊初编缩本。

集·琴律说》卷66）将其计算描述如下：81＊2/3＝54，表明将81的宫（散声）数乘以三分之二（三分去一）得54，即徵（祉）的律数，位于琴弦九徽之位；接着54＊4/3＝72，表明54的徵（祉）数乘以三分之四（三分益一）得72，即商的律数，位于琴弦十二徽之位；再由72＊2/3＝48，表明72的商数乘以三分之二（三分去一）得48，即羽的律数，位于琴弦八徽之位；最后由48＊4/3＝64，表明48的羽数乘以三分之四（三分益一）得64，即角的律数，位于琴弦十一徽之位。其次，计算十二律在一条弦上的排列。朱熹将琴长设为四尺五寸，以太史公九分寸法的约定"黄钟九寸为宫"起，运用三分损益法计算十二律在一条弦上的排列。"十二律数曰：黄钟九寸为宫（琴长九尺，而折其半，故为四尺五寸，而下生林钟）；林钟六寸为祉（为第九徽，徽内三尺，徽外一尺五寸，上生太簇）；太族八寸为商（为第十三徽，徽内四尺，徽外五寸，下生南吕）"。（《朱文公文集·琴律说》卷66）将其计算描述如下：9寸＊2/3＝6，表明将黄钟9寸之数乘以三分之二（下生）得6，即林钟之律数，位于徽内三尺，徽外一尺五寸，第九徽之位；6寸＊4/3＝8，表明林钟6寸之数乘以三分之四（上生）得8，即太簇之律数，位于徽内四尺，徽外五寸，第十三徽之位；根据十二律的生律顺序为：黄钟→林钟→太簇→南吕→姑洗→应钟→蕤宾→大吕→夷则→夹钟→无射→中吕，通过"下生"与"上生"以此类推便可计算出十二律在一条弦上的排列，以及所对应的琴徽之位。

第二，运用三分损益法计算并规定七弦散声之顺序。

朱熹说："盖初弦黄钟之宫，次弦太簇之商，三弦中吕之角，四弦林钟之徵，五弦南吕之羽，六弦黄清之少宫，七弦太清之少商，皆起于龙龈，皆终于临岳，其长皆四尺五寸，是皆不待按抑而为本律自然之散声者也。"（《朱文公文集·琴律说》卷66）如下表所示：

弦名	初弦	次弦	三弦	四弦	五弦	六弦	七弦
律名	黄钟	太簇	中吕	林钟	南吕	黄钟清	太簇清
声名	宫	商	角	徵	羽	少宫	少商

在朱熹看来,每根弦上同样也是五声与十二律相呼应,他"以初弦五声之初言之,则黄钟之律固起于龙龈而为宫声之初矣"为标准,即"数八十一,律九寸,琴长四尺五寸",运用三分损益法计算第二弦至第六弦上的各个按音的位置。朱熹的论述中出现了"十三徽之左"的概念,"太簇则应于十三徽之左而为商(数七十二,律八寸,徽内四尺。)"(《朱文公文集·琴律说》卷66)学者陈应时经过计算认为"所谓'十三徽之左'的位置",是在全弦长的 8/9 处[1]。南宋时期并未发明徽分(暗徽)的记谱法,但作为琴家的朱熹已敏锐地察觉到初弦商音的准确位置应于十三徽之左,这具有重大的历史意义,为古琴徽分记谱法的出现奠定了基础,至此古琴音乐开始从纯律向三分损益律逐渐过渡,在明代乐律学家朱载堉的大力推动之下,徽分记谱法于清代初期出现,后因琴家徐上瀛刊《大还阁琴谱》而得到广泛使用,这标志着古琴音乐三分损益律的发展已经到达了成熟的阶段。

第三,以琴徽之位区分琴上三准。

朱熹说:"自七徽之后以至四徽之前,则五声十二律应亦各如其初之次而半之。四徽之后以至一徽之后,则其声律之应次第又如其初而又半之。"(《朱文公文集·琴律说》卷66)朱熹此处所言"七徽之后以至四徽之前"与"四徽之后以至一徽之后"实质为琴之中准和上准两个音区,七徽之左至十三徽为琴之下准音区,这样他便以七徽、四徽之位区分了琴上三准,分别为古琴的中音区、高音区和低音区,从而构成了七条弦上三个完整的八度按音。中准的

---

① 陈应时:《论证中国古代的纯律理论》,《中央音乐学院学报》1983 年第 1 期。

音高以下准的五声十二律音高律数皆半之,上准的音高以下准的五声十二律音高律数再半之。朱熹以一张琴的七条弦来计算,一至七弦有正声 15,少声 34,少少声 35,上准四徽至岳山之间可取少少声 25,六弦和七弦有少少少声 3,合一琴而计之共 112 声。他认为"七徽之左为声律之初,气厚身长,声和节缓,故琴之取声多在于此。"(《朱文公文集·琴律说》卷 66)下准音区之声"君子犹有取焉"。"过此则其气愈散,地愈迫,声愈高,节愈促而愈不可用矣。"(《朱文公文集·琴律说》卷 66)"过此"表示七徽至四徽之位,即中准音区之声所用甚少。而四徽之后以至一徽之后,即上准音区之声加促密耳,难取而用处希,是俗曲或繁曲所取用,君子并不适宜听之。

第四,以"自然和协"为调弦原则。

"调弦之法,散声隔四而定二声,中徽亦如之而得四声,八徽隔三而得六声,九徽按上者隔二而得四声,按下者隔一而得五声。十徽按上者隔一而得五声,按下者隔二而得四声。十三徽之左,比弦相应而得六声。"(《朱文公文集·调弦》卷 66)此段主要讲弹奏散声时每隔四根弦可以得到两组不同度的音,以及在不同徽位和按音与隔几弦散音相对应的正调调弦方法。"散声隔四而定二声"表示一弦散声宫音隔四根弦对应六弦散声少宫,二弦散声商音对应七弦散声少商,中徽(七徽)、八徽亦如此推。"九徽按上者隔二而得四声"表示左手按第一弦(宫弦)九徽徵声(隔第二、三根弦)对应第四弦(徵弦)散声,按第二弦(商弦)九徽羽声(隔第三、四根弦)对应第五弦(羽弦)散声,按第三弦(角弦)九徽三分少宫声(隔第四、五根弦)对应第六弦(少宫弦)散声,按第四弦(徵弦)九徽少商声(隔第五、六根弦)对应第七弦(少商弦)散声,十徽、十三徽之左亦如此推而得声。朱熹的正调调弦法秉承"自然和协"的原则,"求其天属自然,真诚和协",故他主张九徽、十徽和十一徽最为适合调弦,并详细描述了九徽、十徽、十一徽之三弦的调弦法。

朱熹一生论乐不辍,嗜好抚琴自娱,歌咏琴歌。他自创琴歌《招隐操》和《武棹歌》10首,并为《虞帝庙迎送神乐歌》填词,其一生所作诗词1000多首,《楚辞集注》中也收纳了多首著名琴歌。总之,朱熹的琴律理论是对数千年古琴音律的首次总结,在理论上将古琴音律纳入了律学的研究范畴。其中他将"四折取中法"这种操作层面的技术实践上升到理论层面,与门生蔡元定从理论上运用"十八律"共同解决了困扰古代乐律学家已久的"旋相为宫"问题,"有此十八律,则'十二律旋相为宫'之举,便可见诸实行。于保存古代乐制条件之下,复能'旋相为宫',真可称为最聪明之解决方法"[①]。这均体现了朱熹琴律的学术观,促进了乐律学研究的发展,也为当代传统乐律学理论研究和实践提供了珍贵的线索。

另陈敏子的《琴律发微》收录于《琴书大全》,也是一部论述律学的著作,主要由三部分组成。第一部分制曲通论,概述了琴曲的表现能力"缘辞而寓意于声",后期的琴曲则"于声而求意,所尚初不在辞",说明琴曲已从赋词中独立出来;第二部分制曲凡例,陈敏子认为只有懂得作曲规律的人,才能发挥琴的妙用。他指出在创作琴曲的过程中要遵循一定的方法和原则。第三部分起调毕曲,他认为在"主常胜客"的原则下,音调也要有变化对比,在时机上要"随即",在方法上要"婉转",使之"归于主调",从而保持主调的优势地位。陈敏子对于主音、主调的论述和近代作曲法中的部分原理几乎是相同的,所以《琴律发微》是他在琴曲创作达到新水平后进行的理论总结。事实上,陈敏子第二部分制曲凡例和第三部分起调毕曲的论述观点受到南宋徐理的影响较多,徐理精于音声算数,用20年写出《钟律》一书。

---

① 王光祈:《中国音乐史》,见于《王光祈音乐论著二种》,上海:上海世纪出版股份有限公司、上海书店,2011年,第60页。

从美学角度来看,崔遵度《琴笺》、刘籍《琴议》、成玉磵《论琴》都是有关古琴和琴乐审美的论述。崔遵度的《琴笺》是一篇专门性的琴论文章,作者进士出身,擅抚琴,范仲淹曾学琴于他,问"琴何为是?"崔公答:"清厉而静,和润而远。"后范仲淹进一步发展其观点。《琴笺》主要讲述了琴面十三个徽位的运用,否认了十三徽位是象征一年十二个月(另加一个闰月)和十二平均律的说法,认为声音并不根据人的主观意愿改变,而是事物的客观规律,他最早提出了"自然之节"的概念,努力探索十三徽形成的规律。

刘籍的《琴议》为我国传统音乐美学提供了丰富的资料。他把音乐分为声、韵、音三个程序,声的振动形成音,音之间规律的呼应关系构成韵,再依韵的变化组成乐。他论述了志、言、文、音的关系,达志即通过言、文、音的方式来表达思想感情;他认为音乐的艺术表现分为德、境、道三个层次。在古琴音乐中即表现为琴德、琴境、琴道三个层次。首先得有抚琴的技巧与风格;其次要运用形象思维构成意境;最后才能形成思想感情和人物性格,即古人常言之"琴道"。

成玉磵的《论琴》,对北宋政和(1111年—1117年)这6年之间的琴坛状况进行了广泛的评论,也是一篇较完整的具有代表性的琴论文章。《论琴》中可以找到古琴琴乐伦理思想的儒、道、佛因素。首先,在论述不同琴乐之间的风格时,他用"惟两浙质而不野,文而不史"来形容两浙地区的琴乐风格,此处"质"与"文"与"质胜文则野,文胜质则史,文质彬彬,然后君子"中两字含义相同[1],运用了孔子对于君子的审美标准"文与质的不过不及"来肯定两浙的琴派。其次,对琴人提出要求时,则显见庄子思想对其影响,他提出了要"自然冲融"。最后,成玉磵强调抚琴人要懂"悟道",并进一步提出

---

① (宋)朱熹:《四书章句集注·论语集注》,北京:中华书局,2011年,第86页。

了"攻琴如参禅"的理念。

从演奏理论角度来看,文章中有则全和尚的《节奏、指法》《赵希旷论弹琴》的有关论述;在斫琴方面,有碧落子的《斫琴法》及其他。

（三）存见最早的琴歌《古怨》

《古怨》是现有 300 多首琴歌中最早的一曲(图 1-10),作者姜夔,南宋时期著名的词人,婉约派词家代表人物,同时也精通诗、散文、书法和音乐。《古怨》收录于姜夔所著《白石道人歌曲》中,也是其中唯一的一曲琴歌且附有琴谱指法,另有 17 首自制歌曲均附有古工尺谱,是存见唯一完整的宋代琴乐文献,具有极其珍贵的史料价值,为后人研究宋代歌曲提供了宝贵的资料。

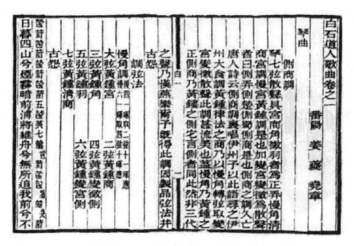

图 1-10　《白石道人歌曲·古怨》谱

琴七弦散声,具宫、商、角、徵、羽者为正弄,慢角、清商、宫调、慢宫、黄钟调是也。加变宫、变徵为散声者曰'侧弄',侧楚、侧蜀、侧商是也。侧商之调久亡……然非三代之声,乃汉燕乐尔。予既得此调,因制品弦法并《古怨》云。①

① (宋)姜夔:《白石道人歌曲》[《琴曲集成》(第 1 册)],北京:中华书局,2010 年,第 11 页。

从以上引文《白石道人歌曲·古怨》谱的前序来看,在该曲前,姜夔解释了侧商调调弦法的演变过程,侧商调是古老的调式,"侧商之调久亡。唐人诗云:'侧商调里唱伊州'"。侧商调相对于正调而言,可以演奏多调性的乐曲,而本曲也正采用了侧商调调弦法。姜夔同时还介绍了侧商调的调弦方法,"乃以慢角转弦,取变宫、变徵散声。"此定弦法突破了传统五声音阶的关系,其史料价值和艺术成就远超出作者的初衷。

从图1-10可见,《白石道人歌曲·古怨》的古琴减字谱对应着三段歌词,后由近代著名古琴演奏家查阜西先生根据《四库全书》本《古怨》为底本,参照前人张奕枢等人的谱本进行合参打谱,并进行多次修改,由许健先生记谱,现在可见查阜西先生打谱的《古怨》,其中无线谱、减字谱与歌词相对应。此曲名为《古怨》,似乎在叙古,但实际在抒发时怨。"世事兮何据,手翻覆兮云雨",此句感叹世事无常,变化多端;"过金谷兮,花谢委尘土",此句借晋代金谷园的典故,以古喻今,顾影自怜;"悲佳人兮薄命,谁为主?"此句作者悲叹自己的身世遭遇,多年应试未中,一生清贫。"满目江山兮,泪沾唇"则隐约地吐露对国势危亡的担忧。《古怨》多被认为是作者借佳人薄命、美人迟暮,以及联想家国命运来抒发自己内心的痛苦。

综观全曲的演奏,从寂静的日暮黄昏、烟雾茫茫的画面感开始,渐渐勾勒出漂泊无依和心恍无主的心情,此时音乐上出现似水波纹状的起伏,但整体画面依然平静而安详。接着,进入第二段,曲中开始融入人物的内心世界,音乐与歌词都采取了不对称的短句,与第一段结尾的"屡回顾"形成呼应。第一段到第二段的过渡同时使用缥缈的泛音,让人沉思默想。从歌词的内容看出,第三段是全曲的重点,音乐上也是本曲的高潮部分,曲调上有更大的起伏,来抒发自己内心的苦闷,又想冲破这怨气的压抑,最后作者得出了思考的结论"世事变化无常"。

(四) 记谱符号减字谱的定型

琴曲艺术的发展,传统琴曲的传播、继承与创新,都对琴曲的记谱方法提出了新的要求,唐中叶之前所使用的文字谱烦琐,因而不利于流传,目前所见最早的文字谱记载的琴曲《碣石调·幽兰》仅 4 段,却使用了 4954 个汉字来记录。记谱的简化与改进迫在眉睫,从文字谱到减字谱这种划时代的变革在唐中叶得以完成,在南宋时期得以定型与完善。

> 制谱始于雍门周、张敷,因而别谱不行于后代。赵耶利出谱两帙,名参古今,寻者易知:先贤制作,意取周备,然其文极繁,动越两行,未成一句;后曹柔作减字法,尤为易晓也。[1]

通过明代袁均哲著《新刊太音大全集·字谱》的记载可知,春秋战国时代齐国著名的琴家雍门周创制了古琴的指法,制作了琴谱,但是因为是别谱而没有流传下来,在这里"别谱"可以理解为不同于后来广泛流行的琴谱。从"然其文极繁,动越两行,未成一句"推测,唐代赵耶利所出的两帙琴谱应该是文字谱,另赵耶利生于北齐,经隋入唐,与丘明的轨迹有重合,丘明是目前所见世界上最古老的琴曲文字谱《碣石调·幽兰》的传抄人,生于南北朝时的梁,经陈入隋,卒于隋开皇十年(590 年),他和赵耶利应该都是文字谱的使用者。到了唐中叶曹柔创制了减字谱,这是一种简便而又利于传播的记谱法。南宋时期古琴减字谱记谱法定型并完善。

《碣石调·幽兰》原谱是唐代人丘明手抄的文字谱卷子,卷首和卷尾都标名为《碣石调·幽兰》,原件保存在日本京都西贺茂的

---

① (明)袁均哲:《新刊太音大全集》(《琴曲集成》第 1 册),北京:中华书局,2010 年,第 91 页。

神光院,是世界上现存最古老的琴曲乐谱,见图 1-11《碣石调·幽兰》谱(卷首部分)、图 1-12《碣石调·幽兰》谱(卷尾部分)。《幽兰》琴曲的内容主要是对孔子伟大思想和品德的崇敬,描写了孔子困于陈蔡志难酬的一种怀仁爱传王道未成的忧伤。此曲谱式古老,保存了原始的文字谱的记写方法,往往一个乐音要通过几句话才能说明白,如该谱卷首部分第一行:"耶卧中指十上半寸许案商。食指、中指双牵宫、商。"如果用减字谱表示,只用符号"萄"即可。文字谱虽然其文极繁,但是在当时却是最先进的记谱方法,也是减字谱的始祖,具有可贵的历史价值。

图 1-11　《碣石调·幽兰》谱(卷首部分)

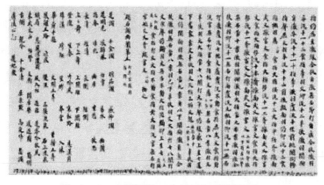

图 1-12　《碣石调·幽兰》谱(卷尾部分)

　　有的像"芍"字,有的像"茫"字,也有一个"大"字旁边"九"
字加上一勾,中间又添个"五"字,也有上头"五"字"六"字,又
添一个"木"字,底下又是一个"五"字。①

　　引文中看似"四不像"的天书,实质就是"琴谱",也即减字谱。
"一个'大'字旁边'九'字加上一勾,中间又添个'五'字",在古琴
减字谱中用一个符号表示,"_九五",称作大九勾五,弹琴时需要用右
手中指勾第五弦于一徽和二徽之间,左手大指则按第五弦的第
九徽。

　　唐中叶曹柔创制了减字谱记谱法,完成了文字谱到减字谱这
种划时代的变革。曹柔"乃作简字法,字简而义尽,文约而音该。
曹氏之功于是大矣"②。明代张大命在其所著《阳春堂琴经》的"字
谱源流"中对曹柔予以赞扬,认为字简而义尽的减字谱创制归功于
曹柔。减字谱创制后,晚唐时期陈康士等琴人整理出的大量的琴
谱得以传世,为宋代古琴艺术的发展奠定基础。减字谱的创制并
不是一蹴而就的,而是建立在历代大量前辈的研究、改进的基础
上。曹柔创制的减字谱在其初期并不成熟,不仅带有文字谱的痕
迹,而且有些相同的指法却有不同的说法,在明代蒋克谦的《琴书
大全》、宋代刘籍的《琴议》和日本部茂卿的《乌丝栏指法卷子》都有
相关琴曲指法的叙述,可以看见同一指法的不同说法。在明代宁
王朱权所著《神奇秘谱》中可见诸多不完善的减字谱,如下滑音
"注",有时候用"氵"表示,有时候用"主"表示,还有时候写成"从上
注下"等等;如出现套头指法符号"大间勾""叠蠲"等和一些生僻的
指法符号圆,而如今却很少使用,而这种套头指法和生僻古指法都
是右手的弹奏指法,这样右手的指法变化就特别多,左手相对来说

---

① (清)曹雪芹,高鹗:《红楼梦》(第八十六回),北京:中华书局,2005 年,第 685 页。
② (明)张大命:《阳春堂琴经》(《琴曲集成》第 7 册),北京:中华书局,2010 年,第 254 页。

就比较简略,这也是"声多韵少"的一种体现。以上这些不完善的减字谱所具有的特点,一般在唐末和宋初可见。

至北宋中期,减字谱得到进一步改进,从而更加简化,此时左手的指法也逐渐增多,与"声多韵少"的现象互补,但整体的记谱还不规范。从南宋姜夔的琴歌《古怨》的记谱和宋僧居月的《琴曲谱录》的记谱来看,此时记谱趋于规范统一,说明南宋时期减字谱基本定型,后经不断完善,最终走向成熟。定型后的减字谱音符,对左右手的指法、音位、虚实音分、弦序以及三种音色散音、泛音、按音等都标记精确,对律制也作了详细的记载,但是没有标注节奏。在琴谱的保存和传承方面,减字谱记谱法具有卓越的贡献,为后世提供了极其珍贵的琴学研究文献,存见600多首琴曲,共3000多种版本,都归功于减字谱记谱法。

第三节　宋代古琴艺术繁荣的时代背景

宋代古琴艺术的兴盛,是以重文抑武的基本国策为基础、以商品经济的空前发达为保证、以儒家思想的复兴为促进因素,如果说这些因素为其兴盛作好了外在的准备,那么古琴艺术自身的发展,古琴减字谱定型与完善,我国琴史上第一个公认的琴派诞生——浙派,这些因素都为古琴艺术的繁荣作好了内在的准备。

宋太祖赵匡胤建立宋朝后,至宋真宗、宋仁宗、宋英宗、宋神宗时期社会稳定,经济上繁荣自由,政治上开明且优待士人,艺术文化上更是盛极一时,而琴曲艺术的发展也达到了中国历史上的兴盛期。本节主要从政治因素、经济因素、文化因素等因素来分析宋代古琴艺术繁荣的时代背景。

一、 政治因素是古琴艺术发展的基础

公元 960 年,宋太祖赵匡胤通过"陈桥兵变,黄袍加身"建立了赵宋王朝。建国后,宋太祖在结束了唐末五代的长期战乱,吸取了唐"安史之乱"后因藩镇割据而导致政治动乱的经验与教训后,于建国第二年(961 年),一方面通过"杯酒释兵权"等一系列措施来削弱武将的兵权、制约武将的钱谷、夺回武将的精兵;另一方面采取重用文官,谏者无罪的"右文政策",以儒家思想作为治国方略,迎来了与士大夫共治天下的盛世。

(一)"杯酒释兵权"

宋朝给人以"积弱"的感觉,此种"积弱"表现在与辽、金、西夏的战争中节节退败,从繁华的汴京到江南临安的偏安一隅,从靖康之难到崖山海战,最后陆秀夫背着少帝赵昺投海自尽,十万军民跳海殉国。此种"积弱"反映了宋朝军事力量的薄弱,而这与宋朝的政治制度紧密相联。

建隆二年(961 年)七月,宋太祖宴请石守信、高怀德等一批开国将领,酒至半酣,宋太祖回顾了倚仗众位而龙袍加身之事,暗示大家应放掉手中的兵权,并透露自己日日不得安枕,表现出一副忧心忡忡的样子。众将问之才明白,宋太祖担心"这把龙椅,谁不想坐?"宋太祖好言劝告各位将领拿着俸禄归乡颐养天年。众将惶恐,纷纷称病辞职,之后宋太祖削弱武将石守信等人的兵权、制约他们的钱谷、夺回他们的精兵,这便是历史上著名的"杯酒释兵权"事件。宋太祖从唐末五代各王朝频繁的更迭和民不聊生的人间疾苦中,深感武将对皇权的潜在威胁,建国初,国家内部有割据势力的威胁,国家外部有契丹侵扰的重压,后周遗臣在中国南北建立了众多的藩镇型政权,互相征伐,王朝像变脸一般更替,生灵涂炭,有些甚至"及闻禅代,日夜

缮甲治兵"①。在这样的情况下,为了避免重蹈覆辙,宋太祖通过"杯酒释兵权"收兵权、管钱谷、夺精兵,将所收精兵编入禁军,禁军的调动、作战都受到皇帝的直接控制,以文臣代替武将,将中央权力集于皇帝一身,直接统属政事、军务和财政三大系统,另设御史台司监察,以控制科举取士权,不仅巩固了王朝的统治,而且也强化了中央集权。

宋太祖"杯酒释兵权"的措施对宋朝 300 多年的统治来说可谓是影响久远和意义非凡。"杯酒释兵权"及后一系列措施贯穿于宋朝 300 多年的统治,从其积极意义来说,在加强了宋朝的中央集权,巩固其统治地位后,为宋代政治清明局面提供了重要的前提条件;为宋代文官政治的兴盛提供了有利的机会;为宋代科技、文化、艺术等领域的发展提供了稳定的政治环境和良好的社会环境;为宋代经济的空前发达作好了准备。从其消极意义来看,统治者轻视与猜忌武将,打击其积极性,出现兵不识将和兵无常帅的现象,导致宋代军队战斗能力衰弱;宋代不仅大量任用文官而导致"冗官"现象的出现,增加了宋朝的财政负担,而且也带来了困扰皇权的敏感问题,即严重的"朋党"现象。

(二)"右文政策"

宋太祖本人是通过武人干政而获得皇位的,所以他对于武人干政带给国家和人民的灾难体会尤深,为了天下的长治久安,他认为必须彻底遏制武人干政,由文官来治理天下。宋太祖曾在太庙立下誓碑,令继承皇位的子孙,不得滥杀士大夫和谏事之官,而后继位的皇帝也基本遵循了以文治国的理念,于是士大夫们迎来了修身、齐家、治国、平天下的黄金时代。余英时先生认为,宋代士大夫群体是一种结构性的存在,并以儒家理念改良政治秩序,是对儒家"内圣外王"的某种实现。由此,余先生称,此前的汉、唐为之逊

---

① (宋)李焘:《续资治通鉴长编》卷 1。

色,后来的元、明、清也望尘莫及①。

自宋太祖以来,"右文政策"是宋朝实行 300 多年的一项基本国策,宋代重视科举,给予士大夫较高的政治待遇和优厚俸禄,重视文化事业建设,兴办学校,发展图书收藏、编撰和印刷。在重用文官,谏者无罪的"右文政策"保障之下,宋代对文人报以开放宽容的态度,士大夫的主体意识被空前唤醒,一时人才辈出,众多士子都能以天下为己任,这是宋太祖及其后继者主动抑制皇权才出现的局面,在历代帝王统治中实属难得。而宋太宗则从制度上弘扬文化,使文人得到重用,宋真宗继续这项政策,到了宋仁宗执政年间,才真正迎来了与士大夫共治天下的盛世。

宋代的皇帝与士大夫共治天下,是知识分子对皇权的有效制约,从宋代李焘所著《续资治通鉴长编》中宋太祖与宰相赵普之间关于官员的任免、赏罚升迁等问题的对话可见,宋太祖并不能完全按照自己的意见处理问题,大臣们的意见同样也要三思,这样便形成了对皇权的牵制作用,有效避免皇帝的独断专行。此外,皇帝在财权、军权方面也都受到士大夫的限制,甚至皇帝的生活事务方面,也受到士大夫的监督,如《续资治通鉴长编》所记载,庆历三年庚申,宋仁宗宠幸张修媛,谏官却以张修媛资薄而得厚宠不当,请求贬为美人。欧阳修也认为宋仁宗厚宠张修媛,恐是祸患之源。最后,宋仁宗只好答应谏官的请求。"帝许之。戊申,以张修媛为美人。"②这一切,似乎都可以看作儒学教化皇权的典范。

二、 经济因素是古琴艺术发展的保证

宋代"皇帝与士大夫共治天下"的基本国策,不仅有效地弱化

---

① 余英时:《朱熹的历史世界—宋代士大夫政治文化的研究》,北京:三联书店,2004 年,第 3—5 页。

② (宋)李焘:《续资治通鉴长编》卷 145。

了专制皇权,而且也促进了经济的繁荣。宋代新的经济关系的产生,刺激了农民的生产积极性,在农业、手工业、矿业、科技、能源等方面都取得了长足的发展,也为商品经济的繁荣奠定了基础。

（一）经济关系的更新

唐宋之际,正是我国封建社会土地制度发生重大的变革之际。土地从公有制演变为私有制,最后在宋代出现以土地私有制为经济基础的租佃制形式。自魏晋南北朝时期所形成的士族豪门,在当时战乱频繁,生灵涂炭的社会中不断遭受打击而退出了历史的舞台。这样原来士族门阀的部曲、佃客制度,一种农民对大地主高度的人身依附关系就逐渐瓦解了,取而代之的则是庶族地主与客户之间一种相对较弱的人身依附关系,也即土地租佃制。这种新型经济关系,一定程度上归还了客户的人身自由,使得他们拥有了迁徙的人身自由,也刺激了农民的生产积极性,并促进了宋代农业、手工业、矿业、科技、能源等方面的发展和商品经济的繁荣。

宋政府承认土地私有制的合法性,并通过法律形式给予保护,北宋初制定了《宋刑统》规定了侵占私田的惩罚,"诸在官侵夺私田者,一亩以下杖六十,三亩加一等;过杖一百,五亩加一等,罪止徒二年半,园圃,加一等"①。此条是对于官员侵占私田的惩罚,可见量多则罚重。宋政府也允许土地进行买卖和流转。在这种"田制不立,不抑兼并"的土地政策下,土地的租佃制也得到了充分发展,政府保护私田,承认其合法性,不阻止土地的买卖和流转,土地作为商品被自由买卖与兼并,其结果一方面是经济实力弱的农民们无地可种,另一方面是经济实力强的地主拥有大量土地,这时地主不再雇佣农民为其种田,而是将自己的土地出租给农民,形成一种主户与客户之间的契约关系,在法律上,主、客户之间的地位得到

────────────

① （宋）窦仪:《宋刑统》卷13。

认可,并相互依赖,双方共同约定客户在某个时间以商品、货币、定额或其他地租形式付给主户。有时候客户的身份也是双重的,一方面是客户,另一方面是主户,因为他可以进行土地的流转,把自己承租的大量土地再出租给其他人,"二地主"现象便应运而生了,此时土地所有权、土地经营权、土地使用权等权利处于分离状态。新的经济关系,降低了农民对地主的依附性,适应了生产力的发展要求,在一定程度上缓解了社会矛盾,提高了农民的生产积极性,促进了社会经济的发展,也是宋代空前发达的商品经济的一把关键钥匙。

(二)商品经济的繁荣

> 太平日久,人物繁阜……举目则青楼画阁,绣户珠帘。雕车竞驻于天街,宝马争驰于御路,金翠耀目,罗绮飘香。新声巧笑于柳陌花衢,按管调弦于茶坊酒肆。八荒争凑,万国咸通。集四海之珍奇,皆归市易。[1]

以上引文摘自宋孟元老著《东京梦华录》自序部分,作者曾在汴京生活 23 年,后因靖康之难到了南方住在江左,随年事愈高常思汴京当年之繁华,人情之和美,恐后生妄议汴京,失于事实,而著此书。从引文中可以看出以下信息:

首先,汴京城里人口密集,"宋徽宗大观四年,全国有20 882 258 户,每户以五口计算,人口当在一亿左右"[2]。这是宋代户数的最高记录,而汴京城人口约 150 万,就世界范围来看,毋庸置疑,在当时世界上已经是首屈一指的大城市。当时日本最大城

---

① (宋)孟元老撰,伊永文笺注:《东京梦华录笺注》,郑州:中州古籍出版社,2010 年,第19 页。

② 周宝珠、陈振:《简明宋史》,北京:人民出版社,1985 年,第 61 页。

市京都的人口是 20 万,阿拉伯国家伊拉克的首都巴格达 30 万人,其他欧美国家的首都没有一个人口是超过 10 万人的。

其次,汴京城里物业繁华,商品经济发达,形成了一个自由贸易的大市场,财政收入最高达 16 000 万贯文(约合 1.6 亿人民币),即使北宋后期也达 8000 到 9000 万贯文。全国各州郡之人都往京都汇集,世界各国的使者都和宋朝往来,调集了四海的珍品奇货,都到京城的集市上进行贸易。他们在不同行业从事着不同营生,有的经营饮食,如酒楼、茶肆等;有的经营住宿,如旅店等;有的经营手工业加工制作,如生产和生活工器具;有的屠宰家畜,瞧病救人,绘画雕塑;还有的授徒讲学、跨地贩物以及出售四海的珍品奇货。从 2007 年 12 月打捞的南宋古沉船"南海Ⅰ号"可见,通过海上之路进行贸易是宋朝与国外联系的方式之一,世界各国的使者都和宋朝往来,宋朝对外开放程度是较高的,这也许便是宋代造船技术和航海技术发达的重要因素之一。从"南海Ⅰ号"清理的约 16 万件文物可见当时宋朝商品外贸整体的出口量之大。从世界范围来看,无论是宋朝的人口数量、财政收入,还是对外贸易额都是处于世界前列的。

最后,汴京城里琴乐兴盛。汴京密集的人口和繁荣的商品经济也促进了艺术的发展,从引文可见新歌的旋律与美人的笑语,回荡在柳荫道上与花街巷口,箫管之音与琴弦之调,演奏于茶坊雅聚与酒楼盛宴。随着宋代民间广大街市场所日益兴盛,出现了一些音乐的社会机构;也出现了 种重要的演出机构"勾栏",汴京城里有 50 多处勾栏和 10 多处瓦舍;出现了以北方杂剧、南戏为代表的戏曲艺术和以鼓子词为主的说唱艺术。同时古琴音乐也有了显著的发展,琴坛上出现了欣欣向荣的景象,琴箫和鸣,演奏于文人雅聚的茶坊、酒楼。

三、 文化因素是古琴艺术发展的推动力

宋代实行重用文官，谏者无罪的"右文政策"，促进了文化的繁荣，至此，以古琴音乐为代表的文人音乐也有了显著的发展，这与唐宋之际文化史发展的背景紧密相连，下面从儒学的复兴和三教相融两方面来分析宋代琴乐兴盛的文化背景。

（一）儒学复兴

春秋战国时代，在思想文化领域中呈现出百家争鸣、百花齐放的局面，儒、墨、道、法是当时最主要的思想流派，儒家学说是孔子所创立的，在诸子百家学说中只是其中的一派。秦统一中国后，推崇法家；西汉时采纳董仲舒"罢黜百家、独尊儒术"的建议，至此，儒学成为国家的意识形态，经学也成为中国学术的主流。魏晋南北朝之际，社会矛盾激化，南北分裂，战乱频繁，玄学、道教和从印度传入的佛教相继兴起，儒家思想受到严峻的挑战，其外部原因看似受到道、佛思想兴盛的冲击，其内部原因正如学者吴小如所言："在佛老面前，儒家对宇宙、生死、心性等理论问题的解释与说明，总是显得那样粗糙"[①]。此时，士阶层对从人生苦难中解脱与对逍遥境界的寻求，成为魏晋以来人生哲学的重大课题，而佛老似乎更能成为其心灵的庇护所。隋唐之时，形成了儒、道、佛三足鼎立的基本格局。儒学不仅是一种学术，更是一种意识形态，是一种有关政治体制与其运行的社会意识形态，对人们的价值原则与信仰起到指导作用。儒学的衰弱直接影响到国家政治和社会生活秩序的维系和稳定，这时，崇尚儒学的士大夫便开始呼吁、倡导复兴儒学。

钱穆先生认为"治宋学必始于唐，而以昌黎韩氏为率"[②]。儒学的复兴，可追溯到唐代中后期，以韩愈为领袖的古文运动。文学

① 吴小如：《中国文化史纲》，北京：北京大学出版社，2002年，第121页。
② 钱穆：《中国近三百年学术史》，北京：商务印书馆，1997年，第2页。

上,他提倡用三代两汉文体取代魏晋以来的骈文;思想上,他推崇儒家的道德价值和社会理想。韩愈认为儒家之"道"与佛、老之"道"有本质区别。《原道》云:

> 吾所谓道也,非向所谓老与佛之道也。尧以是传之舜,舜以是传之汤,汤以是传之文、武、周公,文、武、周公传之孔子,孔子传之孟轲。轲之死,不得其传焉。①

儒学史上第一次自觉地提出"道统"的是韩愈,他认为的"道"是始自尧舜,代代相传,至孟子而绝。孟子之后,1000多年则无人接续,出现了道统的断绝。他视自己为儒家道统的继承人,表明其复兴儒学的决心,这也是唐宋之际复兴儒学的时代要求,为宋代理学之兴奠定基础。韩愈复兴儒学的理想,反映在琴坛上,便是参照汉代蔡邕所著《琴操》来为其中的十首古琴曲重新填词成《琴操十首》,他依傍先人,拟古代言,以己为道统之传承人,代古之圣贤抒发情感,弘扬仁义之目标(详见表1-5韩愈《琴操十首》②及蔡邕《琴操》原辞③)。

李翱,唐代古文运动的另一位积极参与者,在继承了《中庸》和《孟子》思想的基础上,深入探讨了人的性与情的关系问题,认为"人之所以为圣人者,性也。人之所以惑其性者,情也。"(《复性书》)他强调人性中的不善是情之所为,所以主张通过道德修养来达到"复性"的日的。这些观点主要来自儒家的经典文献,同时也吸取了道、佛之学,体现出新的特点,对宋明时期的心性之学产生了重要影响。

---

① (唐)韩愈著,钱伯诚导读:《韩愈文集导读》,成都:巴蜀书社,1993年,第61页。
② (唐)全唐诗:增订本(第5册),北京:中华书局,2005年,第3766—3768页。
③ (汉)蔡邕:《琴操》,南京:江苏古籍出版社,1988年,第6、7、8、9、10、12、13、14、15页.

表 1－5　韩愈《琴操十首》及蔡邕《琴操》原辞

琴曲	韩愈《琴操十首》			蔡邕《琴操》原辞
	题解	背景	歌词	
将归操	孔子之赵，闻杀鸣犊作。赵杀鸣犊，孔子临河，叹而作歌曰：秋之水兮风扬波，舟楫颠倒更相加，归来归来胡为斯。	《史记》子曰：君子讳伤其类也。夫鸟兽之于不义也，尚知辟之，而况秋丘哉。	秋之水兮，其色幽幽；我将济兮，不得其由。涉其浅兮，石啮我足；乘其深兮，龙入我舟。我济而悔兮，将安归尤。归兮归兮，无与石斗兮，无应龙求。	复我旧居，从吾所好，其乐只且。
猗兰操	孔子伤不逢时作。古琴操云：习习谷风，以阴以雨。之子于归，远送于野。何彼苍天，不得其所。逍遥九州，无所定处。世人暗蔽，不知贤者。年纪逝迈，一身将老。	蔡邕《琴操》子曰：夫兰为王者香，今乃独茂，与众草为伍，譬犹贤者不逢时，与鄙夫为伦也。	兰之猗猗，扬扬其香。不采而佩，于兰何伤。今天之旋，其曷为然。我行四方，以日以年。雪霜贸贸，荠麦之茂。子如不伤，我不尔觏。荠麦之茂，荠麦之有。君子之伤，君子之守。	习习谷风，以阴以雨。之子于归，远送于野。何彼苍天，不得其所？逍遥九州岛，无所定处者。世人暗蔽，不知贤者。年纪逝迈，一身将老。
龟山操	孔子以季桓子受齐女乐，谏不从，望龟山而作。龟山在泰山博县。古琴操云：子欲望鲁兮，龟山蔽之。手无斧柯，奈龟山何。	《史记》子曰：彼妇之口可以出走；彼妇之谒可以死败，盖优哉游哉，维以卒岁。	龟之氛兮，不能云雨。龟之枿兮，不中梁柱。龟之大兮，祗以奄鲁。知将隳兮，哀莫余伍。周公有鬼兮，嗟余归辅。	子欲望鲁兮，龟山蔽之。手无斧柯，奈龟山何。

续　表

琴曲	韩愈《琴操十首》			蔡邕《琴操》原辞
	题解	背景	歌词	
越裳操	周公作。古琴操云:于戏嗟嗟!非旦之力,乃文王之德。	蔡邕《琴操》越裳操者:吾君在外国也,顷无迅风暴雨,意者中国有圣人乎?故遣臣来。	雨之施物以孳,我何意于彼为。自周之先,其艰其勤。以有疆宇,私我后人。我祖在上,四方在下。厥临孔威,敢戏以侮。孰荒于门,孰治于田。四海既均,越裳是臣。	于戏嗟嗟!非旦之力,乃文王之德。
拘幽操	文王羑里作。古琴操云:殷道溷溷,浸疏颇兮。朱紫相合,不别分兮。迷乱声色,炎炎之惶兮。信谗言兮,使我愆兮。幽闭牢阱,遭我四人。出其言兮,忧勤勤兮。	《史记》崇侯虎谮西伯将不利于帝。帝纣囚西伯羑里。	目窈窈兮,其凝其盲;耳肃肃兮,听不闻声。朝不日出兮,夜不见月与星。有知无知兮,为死为生。呜呼,臣罪当诛兮,天王圣明。	殷道溷溷,浸法颇兮。朱紫相合,不别分兮。遂操临下土,在对明兮。讨篡除乱,诛逆王兮。
岐山操	周公为太王作。本词云:狄戎侵兮,土地迁移。邦邑迁于岐山,烝民不忧兮谁者知。嗟嗟奈何兮,予命遭斯。	《史记》古公:今戎伙所为攻战,以吾地与民,民之在我,与其在彼何异?其在我敌以我故战,杀人父子而君之,予不忍为。	我家于豳,自我先公。伊我承序,敢有不同。今狄之人,将使我战。民为我战,谁使死伤。彼岐有岨,我往独处。尔莫我追,无思我悲。	狄戎侵兮土地移,迁邦邑兮谁者知?适于岐兮,民不忧兮谁者知。呼嗟奈何兮,予命遭斯。

续　表

琴曲	韩愈《琴操十首》			蔡邕《琴操》原辞
	题解	背景	歌词	
履霜操	尹吉甫子伯奇无罪，为后母谮而见逐，自伤作。本词云：朝履霜兮采晨寒，考不明其心兮信谗言。孤恩别离兮遭斯愆，痛殁流顾兮知我冤。	郭茂倩《乐府诗集》伯奇"晨朝履霜，自伤见放，于是援琴鼓之而作此操。"	父兮儿寒，母兮儿饥。儿罪当笞，逐儿何为。儿在中野，以宿以处。四无人声，谁与儿语。儿寒何衣，儿饥何食。儿行于野，履霜以足。母生众儿，有母怜之。独无母怜，儿宁不悲。	履朝霜兮采晨寒，考不明其心兮不明其心。孤恩别离兮遭斯愆，肝何辜皇天兮遭斯愆，痛殁不同兮恩有偏，谁说顾兮知我冤。
雉朝飞	牧犊子儿七十无妻，见雄双飞，感之而作。本词云：雉朝飞兮鸣相和，雌雄群游兮山之阿。我独何命兮未有家，时将暮兮可奈何，嗟嗟暮兮可奈何。	蔡邕《琴操》：独沐子年七十无妻，出薪于野，见雉飞雌雄相随，感之，抚琴而歌。	雉之飞，于朝日。群雌孤雄，意气横出。当东而西，当啄而。随飞随啄，群雌粥粥。我虽获禄，又不如彼雉鸡。生身七十年，无一妾与妃。	雉朝飞，鸣相和，雌雄群游于山阿。我独何命兮未有家，时将暮兮可奈何，嗟嗟暮兮可奈何。
别鹤操	商陵穆子，娶妻五年无子，父母欲其改娶，其妻闻之，中夜悲啸，穆子感之而作。	郭茂倩《乐府诗集》将乖比翼兮隔天端，山川悠远兮路漫漫，揽衣不寐兮食忘餐。	雄鹄衔枝来，雌鹄啄泥归。巢成不生子，大义当乖离。江汉水之大，鹄身乌之微。更无相逢日，且可绕树相随飞。	痛恩爱之永离，叹别鹤以舒情。
残形操	曾子梦见一狸，不见其首作。	蔡邕《琴操》曾子曰：吾昼卧，见其身而不见其头，起而为之弦，因曰残形。	有兽维狸兮，我梦得之。其身孔明兮，而头不见其头。吉凶何为兮，觉坐而思。巫咸上天兮，识者其谁。	无歌辞。

"在文化的'近世化'过程中,中唐到北宋前期学术之间看上去似乎超历史的联结十分引人注目。古文运动中'唐宋八大家'的提法,最好地说明了北宋前期文化与中唐的嬗延关系"[①]。如果说,以韩愈为代表的儒生们发起的古文运动,是为儒学复兴从唐中晚期过渡到宋代开辟了道路,那么到了宋代,很快就形成了一股社会思潮。宋代实行的"右文政策",不仅有效地弱化了专制皇权,促进了商品经济的空前发达,而且对文人报以开放宽容的态度,士大夫的主体意识也被唤醒,一时人才辈出,众多士子都能以天下为己任。"宋初三先生"继续沿着韩愈提倡的古文运动道路,立志于道统的继承与道学的创建。至周敦颐、邵雍、张载、"二程"吸收佛教和道家的思辨方法,对传统道德进行了本体论的论证,后经朱熹等人的发展与完善,建立了理学的思想体系,使儒家伦理重新获得了至尊的地位。

(二)三教相融

东汉,本土出现的宗教道教,从印度传入中国的佛教,在遇见占据统治地位的儒家思想时,便一直相互排斥与竞争,直至相互吸收与相融。"南北朝时即有儒释道三教之目,至李唐之世,遂成固定之制度。如国家有庆典则召集三教之学士,讲论于殿廷,是其一例。自晋至今,言中国之思想可以儒释道三教代表之。"[②]魏晋时期是儒佛道产生冲突、相互融合的第一个时期。最初,三教各成体系,但社会教化功能基本相同,后来佛道两教为了调和与儒家思想的矛盾,便主动吸收其思想。

隋唐时期是儒佛道冲突、相互融合的第二个时期。唐初,由于统治者信奉佛教,此时的佛教势力十分雄厚,唐太宗、唐高宗、武则天、唐肃宗、唐德宗每隔 30 年奉迎一次佛骨舍利;唐中期,全国佛

① 陈来:《宋明理学》,上海:华东师范大学出版社,2004 年,第 17 页。
② 陈寅恪:《金明馆丛稿二编》,上海:上海古籍出版社,1980 年,第 250 页。

寺 4 万多所,僧尼约 30 万,占上千万顷土地,雇佣约 50 万农奴耕种,僧尼不用向国家纳税且免兵役,故占据了较多的社会资源,损害了国家和百姓的利益;"安史之乱"后,国力衰弱,中央权威受到严重挑战,藩镇割据,宦官专权,朋党比周,至唐宪宗元和二年(807年),宪宗要以国家的名义奉迎舍利到皇宫中供养,祈求国泰民安,五谷丰登和个人长生不老。此时,以韩愈为代表的崇尚儒家思想为正统的儒士们,愤然上书于宪宗,指出此事的不合理性,面对佛道对儒家思想的潜在威胁,儒士们绝不放弃原则,在唐中晚期恶化的政局威胁之下,儒家的维护者们认为维护儒家思想的正统性就是维护国体的尊严和维护国家的统一与帝王。与此同时,又出现了另一种文化现象,古文运动的提倡者们自己在吸收佛道的思想学说,李翱更是在自己的学说中融入了佛教因素,提出"性善情邪"的性情学说,除了坚持儒家的性善论,还融合了佛学中以"清明"论人性,妄、邪说人情的观点。

道教,因是本土生长的宗教,所以在其产生之时较容易地接受了儒学思想,在其发展的过程中,也逐步吸收与融合儒佛思想。早期的道教经典《太平经》中赞扬儒家三纲六纪的伦理准则,要求道教徒遵循"父慈、母爱、子孝、孙顺、兄良、弟恭"等宗法家族的道德。葛洪,是东晋时期一位由儒生转化成的著名道士,他吸收儒家思想建立道教思想体系,曾在《抱朴子》中这样评价儒道:"且夫养性者,道之余也;经世者,儒之末也。所以贵儒者,以其移风而易俗,不惟揖让与盘旋也"①。可见,葛洪想建立儒道互补,以道为本、以儒为末的学说。

宋代是儒佛道三教相融的时期。在本土宗教道教产生和佛教从印度传入中国之前,儒家思想已取得了作为国家意识形态的正

---

① (晋)葛洪:《抱朴子》卷 7。

统地位,对国家制度、社会生活、文化教育以及人们的思想观念等方面都产生了深刻的影响。当这种正统性受到来自佛教和道教的冲击时,儒家思想一方面极力维护自己的正统性地位,另一方面又在排斥佛教、道教的纷争中求生存、在融合中求发展。儒家思想有其自身的局限性,在宇宙观、心性论方面的论述均不如佛教和道教,汉代以来经学的封闭又限制了儒学的发展。佛教与道教都有着自己的长处,能够主动将自己的特点与儒家思想融合以求互补,儒学也吸收佛、道的基本思想。这就使得"中唐以后的中国文化有可能从'三教圆融'走向'三教归儒',实现宋代儒学的全面复兴和新儒学的崛起"①。一种更具系统化、理论化,并形成新形态的儒学——宋代理学产生了。宋代理学是在以传统儒学融合佛、道思想即"以儒家的道德伦理思想为核心,佛学的思辨结构作骨架,吸收老庄'道生万物'的宇宙观而建立起来的"②。

反映在琴坛上,此时儒家琴论思想与琴乐传承俱盛,伦理出新,呈现出一种"为往圣继绝学"的圣贤气象。在儒、道、佛三教相融的背景下,儒、佛、道思想也与古琴文化的伦理思想相融相通,形成了以"琴者,禁也"为代表的传统儒家琴论思想、以"大音希声"为代表的道家琴论思想、以"攻琴如参禅"为代表的佛家琴论思想。

---

① 朱汉民:《宋明理学通论——一种文化学的诠释》,长沙:湖南教育出版社,2000年,第57—58页。
② 贾顺先:《儒释道的融合与宋明理学的产生》,《四川大学学报》1982年第4期。

第二章　宋代帝王古琴曲词中的王道政治思想

五代十国，朝代频繁更迭，导致礼坏乐崩，雅乐丧失。尽管五代时期的宫廷雅乐对唐代宫廷雅乐有一定的继承，也有其自身努力发展的痕迹，但是终因王朝的统治时间较短无法真正建立起属于本朝的雅乐制度。宋太祖赵匡胤在结束了五代的战乱局面后建立了赵宋王朝，此时，礼乐的复兴也是赵宋王朝巩固国本、安定人心的重要文化措施，这一过程以复古思潮为主导，始于宋太祖建隆元年（960 年），至宋徽宗崇宁四年（1105 年）达顶峰。随着宋代宫廷雅乐和郊祀乐歌的复兴，作为雅乐代表的古琴深受统治阶级的喜好，由于"上之所好，下必从之"，在朝廷的倡导与帝王的推崇之下，常常可见皇室贵族、名公巨卿、逸民隐士、道冠僧侣、寒门儒生在宫廷、江湖、山林、僧院抚琴的身影。本章主要选取在琴学上有代表性成就的宋代帝王，分析他们作曲或填词的古琴曲词中所蕴含的王道政治思想以及与儒家乐教的关系。

第一节　儒家乐教与王道政治的关系

周公制礼作乐，建立了一套系统的礼乐典章制度，把人们的日常生活和国家军政、祭祀等方面都纳入了"礼仪"，确定了西周以"礼乐治天下"的政治方略。西周的礼乐文明是先秦儒学的根基，对传统封建社会的发展方向产生了极为深远的影响，始终是中国古代政治思想中的一项核心内容。"礼制"的建立,将礼乐与经邦治国之伟业紧密相连,之后"礼治"政治理念的产生形成了王道政治思想。"导民以礼,风之以乐",[①]"礼"主要规范人的行为准则,"乐"主要起教化作用,是安定人心的工具,是制度性和规范性的结合。"制礼作乐"所依据的制度与规范则成了王道政治的思想基础,"是故礼者,君之大柄也,所以别嫌明微,傧鬼神,考制度,别仁义,所以治政安君也"[②]。

一、"乐"通伦理之教化

在儒家的传统中,先王作"乐"是一件与国家命运紧密相连的大事,也是圣王统治的合法性与权威性的彰显。因此,本质上来说,制礼作乐的对象是圣人、先王;从技术上说,只有圣人与先王自己制作或命令乐官所作的诗乐舞才有正当性,这里所作的乐一般指"雅乐"。圣人、先王作乐可以追溯到荒远的神话时代,《吕氏春秋·古乐》篇则记载了多位圣王制乐的事迹:

> 士达作为五弦之瑟,以来阴气,以定群生。
> 葛天氏之乐,三人操牛尾,投足以歌八阕。
> 阴康氏作为舞以宣导之。
> 黄帝令伶伦制作乐律,命之曰《咸池》。
> 颛顼令飞龙作乐,命之曰《承雲》。
> 帝喾命咸黑作为声歌——《九招》《六列》《六英》。
> 帝尧立,乃命质为乐。
> 帝舜乃令质修《九招》《六列》《六英》,以明帝德。

---

① (汉)班固:《汉书》第 1 册,北京:中华书局,2007 年,第 43 页。
② (汉)郑玄注,(唐)孔颖达疏:《礼记正义》卷 21,(李学勤主编:《十三经注疏》,北京:北京大学出版社,1999 年,第 682 页)。

　　　　禹立，命皋陶作为《夏籥》九成，以昭其功。

　　　　汤乃命伊尹作《大護》。

　　　　武王乃命周公作《大武》。

　　南宋时期罗泌所著《路史》中，对《吕氏春秋·古乐》篇所记载的先秦时期的多位圣王作乐传说中的乐进行了总结：

　　　　葛天氏《八终》、祝融氏《属续》、朱襄氏《来阴》、阴康氏《来和》、伏羲氏《立基》、神农氏《扶犁》、黄帝《云门》、少昊《九渊》、高阳《承》、高辛《六厉》、帝尧之《章》、帝舜之《招》、帝禹之《夏》、女娲之《充乐》等等。[1]

　　因此可见，先秦儒家经典至后世的文献中，对于圣王制礼作"乐"反复强调，更加突出了"乐"的权威性。先王根据自己的意志作"乐"，可以保证儒家乐教内容的正当性，一定意义上发挥了圣王的道德模范作用，体现了国家所倡导的核心价值观。《乐记》中记载："凡音者，生于人心者也。乐者，通伦理者也"[2]。"音"的产生在人"心"，"乐"和人类社会关系的道理是相通的。

　　　　比音为乐，有金、石、丝、竹、干、戚、羽、旄，乐得则阴阳和，乐失则群物乱，是乐能经通伦理也。阴阳万物，各有伦类分理者也。[3]

　　　　故天子之为乐也，以赏诸侯之有德也。德盛而教尊，五穀

---

[1] （宋）罗泌：《路史》，北京：中国国家图书馆出版社，2003年，第49—56页。

[2] （汉）郑玄注，（唐）孔颖达疏：《礼记正义》卷37，（李学勤主编：《十三经注疏》，北京：北京大学出版社，1999年，第1081页）。

[3] （汉）郑玄注，（唐）孔颖达疏：《礼记正义》卷37，（李学勤主编：《十三经注疏》，北京：北京大学出版社，1999年，第1081页）。

时熟,然后赏以乐。①

　　因此,在《乐记》中可见"乐"被赋予了丰富的道德精神。古代圣王制"乐"是为赏给诸侯中有德行的人。同样的,在《乐记》中也描述了先王之乐与德的关系,"《大章》,章之也。"《大章》乐是用来表彰尧的德行。"《咸池》,备矣。"《咸池》乐是用以表示黄帝的德政普施于众人。"《韶》,继也。"《韶》乐是用以表示舜能够继承尧的德政;"子在齐闻《韶》,三月不知肉味。""子谓《韶》尽美矣,又尽善矣。"(《论语·八佾》)孔子对《韶》乐的热爱与高度评价,是因为《韶》乐用艺术美的形式表达了舜的美好道德。"《夏》,大也。殷周之乐,尽矣。"《夏》乐是用以表示禹能够把尧舜的德政发扬光大。《孟子·公孙丑》中记载了孟子引用子贡的话:"见其礼而知其政,闻其乐而知其德。"由于春秋时期各国的礼和乐都不同,所以子贡说见到一国的"礼"就知道它的政事,听到它的"乐"就知道它的德行了。这反映了儒家重视礼乐,认为乐与道德相通,"乐"自然具有"德"的意味。

　　《荀子·乐论》中记载:"故乐者,所以道乐也;金石丝竹;所以道德也;乐行而民鄉方矣。"荀子一方面主张乐是使人快乐的,认可乐的娱乐功能;另一方面则认为要用金、石、丝、竹等各类乐器来表现德行。"乐"得到了推广,人们的风俗习惯也就端正了,荀子特别关注"乐"的移风易俗的功能。《尚书·尧典》中记载:"夔,命汝典乐,教胄子,直而温,宽而栗,刚而无虐,简而无傲。诗言志,歌永言。声依永,律和声。八音克谐,无相夺伦,神人以和。"舜命夔制"乐"不仅要"神"和"人"都能享受到"乐"的优美与和谐,而且从政

---

① (汉)郑玄注,(唐)孔颖达疏:《礼记正义》卷38,(李学勤主编:《十三经注疏》,北京:北京大学出版社,1999年,第1099—1100页)。

治和道德意义上来说是为了实现社会教化。《乐记》中也记载先王制礼作乐"将以教民平好恶而反人道之正也",这是为了教导人们懂得好坏的道理,使人们回到做人的正道上面。"乐也者,圣人之所乐也;而可以善民心,其感人深,其移风易俗,故先王著作其教焉。"①"移风易俗,莫善于乐。"(《孝经》)"歌乐者,仁之和也。"(《礼记·儒行》)"(声)清浊、大小、短长、疾徐、哀乐、迟速、高下、出入、周疏以相济也,君子听之以平其心,心平德和。"(《左传·昭公二十年》)在儒家看来,"乐"是圣人所喜欢的,它可以使人心向善,用它可以感动人们的心灵,用它可以很容易转变社会的风俗习惯,所以先王设置了专门的机构来进行"乐"教。同时,"乐"较之礼、刑、政的刚性手段更具有"和"的特点,表现在"乐"的优美、中和、涵德等方面,是一种更为社会与百姓接受的教化形式。通过乐教机构推广"和乐"来完成对人们的教化,由此便可以改善社会道德状况了:"故乐行而伦清,耳目聪明,血气和平,移风易俗,天下皆宁"②。

二、"乐"通政治之功效

在儒家乐教的视域中,先王制礼作"乐"的目的不仅是因为"乐者,通伦理者也",可以实现其教化社会的作用,而且也是要实现"乐"与政通的政治目的。"王者功成作乐,治定制礼;其功大者其乐备,其治辩者其礼具。"③君王成就了伟业才作"乐",社会治理安定了才作"礼",功业大的君王所制定的"乐"更完备,政治清明的社会所作的"礼"更周全。君王制礼作"乐"以呼天地之命,彰显其统

---

① (汉)郑玄注,(唐)孔颖达疏:《礼记正义》卷38,(李学勤主编:《十三经注疏》,北京:北京大学出版社,1999年,第1103页)。

② (汉)郑玄注,(唐)孔颖达疏:《礼记正义》卷38,(李学勤主编:《十三经注疏》,北京:北京大学出版社,1999年,第1110页)。

③ (汉)郑玄注,(唐)孔颖达疏:《礼记正义》卷37,(李学勤主编:《十三经注疏》,北京:北京大学出版社,1999年,第1091页)。

治的合法性与权威性,奖赏诸侯以实现融洽的社会关系。

　　　　治世之音,安以乐,其政和。乱世之音,怨以怒,其政乖。
　　亡国之音,哀以思,其民困。声音之道,与政通矣。[①]

　　儒家以"安以乐""怨以怒""哀以思"等不同的声音来表达"政和"
"政乖""民困"等不同的社会政治状况,由此可见,声音的道理是和政
治息息相关的。同样地,就连中国古代"乐"中所使用的五声音阶宫、
商、角、徵、羽这些用以表示调高的名词,其音高的变化都表征着社会
政治中人事物的等级。《乐记》记载:

　　　　宫为君,商为臣,角为民,徵为事,羽为物,五者不乱,则无
　　怙滞之音矣……五者皆乱,迭相陵,谓之慢。如此,则国之灭
　　亡无日矣。[②]
　　　　郑卫之音,乱世之音也,比于慢矣。桑间濮上之音,亡国
　　之音也。[③]

　　由上可见,"乐"中所使用的五声音阶宫、商、角、徵、羽与社会
人事相对应而形成了"君臣说",其中宫、商、角三者的尊卑之序是
"君臣说"的核心,从"乐"的音高来说,宫音最低显雄壮,商音其次
显悲壮,角音最高显高畅而清和。这五种声音不发生混乱,就没有
弊败不和的"音"了,如果五种声音都发生了混乱,宫音乱象征国君

---

① (汉)郑玄注,(唐)孔颖达疏:《礼记正义》卷37,(李学勤主编:《十三经注疏》,北京:北
　京大学出版社,1999年,第1077页)。
② (汉)郑玄注,(唐)孔颖达疏:《礼记正义》卷37,(李学勤主编:《十三经注疏》,北京:北
　京大学出版社,1999年,第1078页)。
③ (汉)郑玄注,(唐)孔颖达疏:《礼记正义》卷37,(李学勤主编:《十三经注疏》,北京:北
　京大学出版社,1999年,第1080页)。

骄横,商音乱则象征官吏堕落,角音乱则象征人民怨恨,徵音乱则象征事役繁重,羽音乱则象征财物匮乏,五音相互排斥,放纵不拘,在这种情况下,国家灭亡也不远了。

"乐"就是这样一种可以通过社会所流行的音乐状态来窥探现实政治的"符号",那么对于"郑卫之音"和"桑间濮上之音"的形容"慢矣"和"亡国之音",其实也就是对郑国和卫国等国政治的一种现实批判,说明了"乐"与政治的关系,"乐"中正平和则国家兴盛。事实上,"乐"作为艺术的一种表达形式,其性质和内涵取决于时代因素,反映其赖以生存的经济基础和社会现实。

儒家乐教理论一直强调古今之辩,也就是古乐与新乐之争,在争论中古乐又是政治的象征物。儒家乐教视域下的"古乐""宫廷雅乐""雅颂之"都是古圣先王所制定并代代相传的包含了道德与政治意蕴的"德音"。而"新乐"通常指"世俗之乐""靡靡之音"等这种背离了先王之乐的道德与政治内涵,而追求"乐"本体的耳目声色。"王者致治,有四达之道,其二曰乐,所以和民心而化天下也。"[1]帝王治世有四种通达之道,其二便是"乐"。音乐可以和谐民心而感化天下,世世代代继承传统,故历代都要制乐。

魏文侯问子夏曰:"吾端冕而听古乐,则唯恐卧;听郑卫之音,则不知倦。敢问古乐之如彼,何也? 新乐之如此,何也?"[2]由此可见,不同的君王对待古乐所持有的态度是有差异的,魏文侯每次端冕听古乐(即雅乐,先王之正乐)总担心会瞌睡,听郑卫之音乐,则不知困倦,古乐何以朴素之如彼,使人不贪,至于卧也? 新乐何以婉美,使人嗜爱其乐,不知其倦?《孟子·梁惠王》中记载了孟子与齐宣王论"乐",齐宣王面带愧色地说自己好"乐",但所好并非"先

---

[1] (元)脱脱:《宋史》(《乐一》)卷 126。
[2] (汉)郑玄注,(唐)孔颖达疏:《礼记正义》卷 38,(李学勤主编:《十三经注疏》,北京:北京大学出版社,1999 年,第 1119 页)。

王之乐",而是世俗的"乐"。

从南北朝时期,特别是到了唐代,宫廷中对待古乐的态度发生了变化,一度使古之正乐陷入衰落期。究其原因,其一,当国家强盛之时,君主有远大的理想与抱负时,便不需要用雅乐彰显其德政,如汉武帝等;其二,当国家并非强盛,但音乐艺术水平已远超雅乐时,宫廷中对雅乐便产生排斥,而喜好新乐,如魏晋南北朝时期等。

儒家乐教视域下"乐"的政治功效,主要指"雅乐"的伦理和政治价值。也就是说,"'乐'的功能是要经艺术而政治,经优美而崇高,而所谓'崇高'就是实现政治价值、达成良好的政治社会"①。《乐记》中认为"乐"所实现的政治价值是达到良好的社会秩序和融洽的社会氛围:

> 是故乐在宗庙之中,君臣上下同听之则莫不和敬;在族长乡里之中,长幼同听之则莫不和顺;在闺门之内,父子兄弟同听之则莫不和亲。②

从引文中可见,"乐"无论在宗庙之中、乡里之中、还是闺门之内演奏都表现出"融和",这样一种"乐者,天地之和也"以及"和,故百物皆化"的状态,其政治功效表现为对政治社会良好秩序的维持,这也体现了先王制"乐"的政治价值。"审一以定和""审乐以知政,而治道备也。"(《乐记》)故"乐"也作为政治社会秩序的反映,也是政治评价的一种载体。汉代思想家董仲舒、司马迁等继承了先秦儒家的乐教理论,认为"雅乐"可以作为国家治理的重要政治手

---

① 朱承:《礼乐文明与生活政治》,北京:人民出版社,2019年,第315页。
② (汉)郑玄注,(唐)孔颖达疏:《礼记正义》卷39,(李学勤主编:《十三经注疏》,北京:北京大学出版社,1999年,第1145页)。

段之一,"乐者,所以变民风,化民俗也。其变民也易,其化人也著"①。"天子躬行明堂临观,而万民咸荡涤邪秽,斟酌饱满,以饰厥性。"②魏晋南北朝时期,阮籍所著《乐论》中认为:"故圣人立调适之音,建平和之声,制便事之节,定顺从之容,使天下之为乐者莫不仪焉。自上以下,降杀有等,至于庶人,咸皆闻之。歌谣者咏先王之德,颛仰者习先王之容,器具者象先王之武,度数者应先王之制,入于心,沦于气,心气合洽,则风俗齐一"③。这也是继承了儒家的乐教观点,主要肯定了圣人之教的政治功效。

三、"乐"通王道之推行

"乐"除了有通伦理和通政治的教化作用,还与王道密切联系,与用武力推行的霸道相对应。儒家的王道政治是一种理想的人类社会生活的构建,也是历代统治者所追求的一种政治目标。礼、乐、刑、政是古圣先王治理国家的不同手段,其中"礼"主要用以引导人们的意志,"政"用以统一人们的行为,"刑"用以防止人们做坏事,此三种治理手段都是一种强制性的刚性规范,使人们产生畏惧而遵循。"是故先王慎所以感之者,故礼以道其志,乐以和其声,政以一其行,刑以防其奸。礼乐刑政,其极一也。所以同民心而出治道也。"④但是"乐"用以调和人们的性情,相较而言则是一种柔性的手段,通过感化和熏陶而达到"乐同文,则上下和矣。""礼乐刑政,四达而不悖,则王道备矣。"(《乐记》)在国家治理中礼乐刑政都充分发挥了作用,而且互相不抵触,尽管方式不同,但其目的都是一

---

① (汉)班固撰,(唐)颜师古注:《汉书》第8册,北京:中华书局,1962年,第2499页。
② (汉)司马迁著:《史记》,北京:中华书局,2006年,第125页。
③ (魏)阮籍撰,陈伯君校注:《阮籍集校注》,北京:中华书局,1987年,第84—85页。
④ (汉)郑玄注,(唐)孔颖达疏:《礼记正义》卷37,(李学勤主编:《十三经注疏》,北京:北京大学出版社,1999年,第1076页)。

致的,就是要建立共同的社会观念,使社会生活得以稳定。

圣王明德,施行仁政,使用良善的伦理政治制度,臣将贤良,竭力辅佐君王,使得天下太平,百姓安居乐业。这样的理想社会需要建立在人人具有高尚的道德情操之上。这种高尚的道德情操一方面取决于自我的道德修养,另一方面则需要圣王的教化,以君王的盛德与仁政来使众民心悦诚服。在儒家看来,在王道政治的推行中,"乐"作为国家治理的柔性手段,是"礼、刑、政"这三种刚性治理手段的补充与调和,通过感化的方式来达到教化的目的能够更好地维护社会秩序,社会安定的局面便会出现了。"乐"的柔性化和感性化的教化特点,促使人们乐于去接受,"暴民不作,诸侯宾服,兵革不试,五刑部用,百姓无患,天子不怒,如此则乐达矣"①。这样"乐"的目的就达到了,社会的暴戾之气被消除了,四海之内的人都互相尊敬,用"仁"来爱护百姓,用"义"来教导百姓,那么这样国家就能治理得很好了,如此,便有利于王道政治的推行。

周公"制礼作乐"使"礼乐"政治化而产生了"礼治"的政治理念和政治制度,其纲纪规范主要包括五方面:建立幾服制;建立官爵制;完善井田制;提出具有政治意义的伦理道德;建立"礼治",敬天保民,明德慎罚。"制礼作乐"所依据的规范与制度则成了王道政治的思想基础,其所规范的等级社会结构则成了王道政治的现实需求,而中国古代第一部系统性的政治构想性典籍《洪范》为王道政治的推行提供了重要的思想基础。

《洪范》对汉、隋、唐、宋、元明、清等后世政治产生了深远影响,不乏多位帝王与学者著书研究,面对两宋时期内忧外患的政治局面,帝王对"王道"的推崇加之士大夫对"治道"的经世需求,使得《洪范》学研究兴起,出现了多位学者对《洪范》研究的著作,其中如

---

① (汉)郑玄注,(唐)孔颖达疏:《礼记正义》卷37,(李学勤主编:《十三经注疏》,北京:北京大学出版社,1999年,第1086—1087页)。

北宋宋仁宗著《洪范政鉴》,"该书承继汉唐灾异学说,沿袭历代《五行志》编撰体例,并践行于现实政治"①。此外,北宋时期如胡瑗、曾巩、苏洵、龚鼎臣、王安石等多位学者均有关于《洪范》研究的著作。朱熹认为《洪范》"是个大纲目,天下之事,其大者大概备于此矣。"(《朱子语类·尚书二》卷79)这反映出当时统治者需要树立权威的迫切心情,也希望复兴儒家的礼乐制度,通过"乐"这种柔性治理手段重建政治秩序而达到"乐同文,则上下和矣",也即《洪范》中一种自上而下的"彝伦攸叙"的政治秩序。

《洪范》全文由九部分组成,其中第五畴"皇极"是统治大法的中心,两宋时期的学者认为"皇极"是统治者作则的标准,因而对《洪范》研究的重点在"皇极","反对汉儒方士化神学之说"与"拘守汉儒方士化之说"②。自汉唐时期将"皇极"释义为"大中"之后,此种解释影响了数百年,南宋朱熹之前的学者著作中也多持此观点。《尚书正义》中提出"天下大为中正"的理想政治秩序,以教化政策作为实现"大中"价值准则的核心,"大中者,人君为民之主,当大自立其有中之道,以施教于民"③。"教"是自上而下由人君通过政治权力来施教;"化"是众民不断接受人君的"教"而向"大中"的价值准则转化,即"天下众民尽得中。""君有大中,民亦有大中,言从君化也。"④既然君王是要教化众民,那么君王自身应具有高尚的道德修养,以"德"为教化政策,使众民"效"和"慕"以达到"化"的目的。

朱熹以"极"为核心,强调人君以修身来"立极"的重要性,从内圣外王的角度提出了全新的"皇极"说,在《皇极辨》中明确将"皇

---

① 刘畅:《北宋〈洪范〉学兴起的"近因"—以〈洪范政鉴〉为中心》,《天府新论》2019年第5期。
② 刘起釪:《尚书学史(订补修订本)》,北京:中华书局,2017年,第267页。
③ (汉)孔安国:《尚书正义》,上海:上海古籍出版社,2007年,第459页。
④ (汉)孔安国:《尚书正义》,上海:上海古籍出版社,2007年,第460页。

极"的"大中之道"解释改变成"皇为天子,极乃极至。"吴震教授指
出,"汉唐至朱熹以前,'大中'说占据主流,意为将朱熹提出的全新
训解看作新旧'皇极'释义的分界"①。朱熹将"皇极"诠释为人君修
身立极建立起一种道德标准,体现了内圣外王的政治哲学理念。
那么这个标准人君如何通过修身以成为?《洪范》的第一畴"五行"
"顺五行、敬五事以修其身"提供了修身的方法,这也是朱熹《皇极
辩》中的修身法之一。"人君修身,使貌恭,言从,视明,听聪,思睿,
则身自正。"(《朱子语类·尚书二》卷 79)朱熹认为"五事"是人君修
身的直接方法。此外,《洪范》中"无偏无陂,遵王之义"反映了遵王
义者无过无不及,无偏而正,无不公。从传统的"公私"论出发,朱
熹在《皇极辨》中认为人君要去"私"而存"公"。《朱子语类》也记载
其在回答为君如何修身时,答曰:"只看合下心不是私,即转为天下
之大公。将一切私底意尽屏去。"(《朱子语类·学七》卷 13)

　　综上所述,王道政治的思想基础与周公"制礼作乐"所依据的
纲纪规范均来源于中国古代第一部系统性的政治构想性典籍《洪
范》。宋代帝王施行"乐"的道德与政治教化目的与《洪范》中"王道
政治"观一脉相承,反映了宋代回向三代与通经致用的普遍性政治
理想。"皇极"是一个实践性的概念,君王通过提升自己的修养来
建立一种道德标准从而教化众民,以实现"以德教民者,民亦以德
归之",正如《国语·晋语》曰:"夫德广远而有时节,是以远服而迩
不迁。"帝王德政广布,四时畅顺,庶民劳作有时,上下举止合礼有
节,那么遥远的异国方能来朝,臣民便能归顺而拥戴帝王,重土不
迁。所以,在王道政治的推行中,圣王因政治而作"乐",以"乐"作
为施政的手段,在追求乐和而政通这种理想的治理方式中,"乐"教
这种安定人心的怀柔之术是不可缺少的。

---

① 吴震:《宋代政治思想史上的"皇极"解释—以朱熹〈皇极辨〉为中心》,《复旦学报(社会
　科学版)》2012 年第 6 期。

第二节　宋代帝王与古琴艺术

西周时,周公制礼作乐,建立礼仪,将典礼所用之乐作为宫廷正声,这便是雅乐的起源,也是中国古代礼乐文明的衍生。"礼"主要规范人的行为准则,"乐"主要起教化作用,是安定人心的工具。至五代十国时期,朝代频繁更迭,导致礼崩乐坏,雅乐丧失。赵宋王朝建立之后,为巩固国本,礼乐的重建与复兴是宋太祖赵匡胤所面临的重要问题之一,宋太祖对雅乐的态度也奠定了两宋统治300多年时间宫廷雅乐和郊祀乐歌的发展与走向。

一、宫廷雅乐与郊祀乐歌的复兴

(一)宫廷雅乐的复兴

宋代宫廷雅乐的复兴,是建立在五代十国后周周世宗(954年—959年)的努力基础之上。"患雅乐凌替,思得审音之士以考正之。"[①]太祖郭威即位便改文武二舞名,改《十二和》乐名,改太常寺机构扩大其规模。被史家称为"五代第一明君"的周世宗柴荣即位后,便对礼乐进行了建设,修刑律,订历法,改善祭祀;准中书舍人窦俨奏,编制《大周通礼》和《大周正乐》,"自是雅乐之音,稍克谐矣"[②];命枢密使王朴定雅乐造律准,世宗下诏:

> 礼乐之重,国家所先。近朝以来,雅音废坠。虽时运之多故,亦官守之因循。遂使击拊之音,空留梗概;旋相之法,莫究指归。枢密使王朴,博识古今,悬通律吕,讨寻旧典,撰集拳声,定六代之正音,成一朝之盛事。其王朴所奏旋宫之法,宜依张

① (元)脱脱:《宋史》《乐一》卷126。
② (宋)薛居正等:《旧五代史》《乐志下》卷145。

昭等议状行。仍令有司依调制曲，其间或有疑滞，更委王朴裁
酌施行。[①]

王朴所经历的定音律、试音律、依调制曲制定雅乐造律准的过
程，也是周世宗朝进行雅乐建设的关键，同时也为宋代雅乐的复兴
奠定基础。

> 有宋之乐，自建隆讫崇宁，凡六改作。始，太祖以雅乐声
> 高，不合中和，乃诏和岘以王朴律准较洛阳铜望臬石尺为新
> 度，以定律吕，故建隆以来有和岘乐……故景祐中有李照
> 乐……故皇祐中有阮逸乐……故元丰中有杨杰、刘几乐……
> 故元祐中有范镇乐……故崇宁以来有魏汉津乐。[②]

宋代雅乐的复兴，从宋太祖建隆元年（960 年）至宋徽宗崇宁四
年（1105 年）间，经历了"和岘乐""李照乐""阮逸乐""杨杰、刘几乐"
"范镇乐""魏汉津乐"六次变革，但始终坚持"然则先王之为乐也，
以法治也，善则行象德矣"[③]的宗旨。最初，太祖认为雅乐声高而不
合中和，于是下诏给和岘，根据王朴的律准来比较洛阳铜望臬石尺
作为新的尺度，来制定声律，此即"和岘乐"；宋仁宗时，认为乐器乐
律不和谐，又用王朴的乐准考察纠正，于是产生了"李照乐"；随后
谏官认为李照乐有误，即恢复了"和岘乐"，不久，又请阮逸和胡瑗
重新铸定钟磬，这便是皇祐年间的"阮逸乐"；宋神宗时，杨杰、刘几请
求遵从祖先遗训，在王朴声律的基础上下调二个声律，又使用仁宗朝

---

① （宋）薛居正等：《旧五代史》《乐志下》卷 145。
② （元）脱脱：《宋史》《乐一》卷 126。
③ （汉）郑玄注，（唐）孔颖达疏：《礼记正义》卷 38，（李学勤主编：《十三经注疏》，北京：北
京大学出版社，1999 年，第 1102 页）。

所制编钟，来确认文武二舞的音乐，元丰年间的"杨杰、刘几乐"应运而生；宋哲宗时，范缜在宫廷演奏方面又在李照乐声律的基础上下调一个声律，因此，元祐年间又有了"范缜乐"；宋徽宗即位，积极创制新乐，宰相蔡京建议使用魏汉律，用徽宗皇帝的手指当作乐律的尺度，造帝鼐和景钟，赐名《大晟乐》，认定为雅乐，"魏汉津乐"于崇宁年间产生了。南渡后宋建都于临安，因国力衰竭，仍沿用北宋时期的旧乐。此后，南宋儒学家朱熹、蔡元定等人讲明了古今制乐的本源，用来探究乐之创作的真谛，并作《律吕新书》等。

综观宋代雅乐复兴的六次变革，始终都是围绕律吕定准的问题而展开，累黍制律、古尺制律、以人声定律、以帝王身度定律等等，可见律吕对于雅乐的制作与使用的重要性。但在律吕定准的过程中，宋代变革始终坚持"先王之制"的复古思潮，忽略了乐律的艺术效果。

（二）郊祀乐歌的复兴

随着宋代雅乐的重建与复兴，郊庙祭祀所用之雅乐乐歌也走向复兴之路。"国家大事，在祀与戎。""帝王之事莫大乎承天之序，承天之序莫重于郊祀。"郊庙祭祀伴随着国家祭祀从上古时期走向清代，历经漫长的演变与改革，至隋唐时期郊祀制度才得以最终完善。宋代承袭传统的典礼仪式，分为吉嘉宾军凶五礼，郊祀属于五礼中之吉礼。"郊"即南郊祀天，北郊祭地，通常为"五郊"祀五帝；"庙"即古代皇帝的宗庙，用以祭祀列祖列宗。郊祀的功能不仅是为了证明皇权的合法性，而且向臣民展示一种社会伦理秩序，树立皇权的绝对权威。在郊庙祭祀的环节中设有乐歌的演唱，较其他朝代而言宋代乐歌的数量也增加许多。"至晋始失古制，既登歌有诗，夕牲有诗，飨神有诗，迎神送神又有诗。隋、唐至今，诗歌愈富，乐无虚作。"[①]由此可见，隋、唐至宋，诗歌数量十分宏富。《宋会要

---

① （元）脱脱：《宋史》（《志第八十四》）卷131。

辑稿》中收录宋代雅乐乐歌共 488 首。《宋史》卷 129《乐志》中收录宋代雅乐乐歌共 1544 首。此外,在《四库全书》《续修四库全书》《中兴礼书》中均有乐歌的收录。

《郡斋读书志校证》中记载郊祀乐歌的功能主要是"取礼之威仪、乐之节奏,以文饰其治。"完整的祭祀仪式中包含制度层面的各个环节,还包括乐曲(不同的仪式使用的乐曲不同)和歌词,从而形成了礼、乐、文三者高度合一的特色。雅乐的复兴是宋政府高度关注的大事,从制度方面来看,宋朝建立以后,直至宋仁宗时,全面修订典礼制度,论定礼乐的规模,使得"五礼"仪式的用乐更加精细化;从乐的角度来看,"宋人重视仪式用乐的规模化与沿用性,形成以十二'安'为核心的乐歌系统,以宣示礼乐传承"①。从文的角度看,首先,宋代雅乐对宋代文人产生了巨大的影响,无论是就职于朝廷的要臣,还是一般学士,都为雅乐乐歌的创作作出不同的贡献,两宋时期多有翰林学士撰写郊庙乐章、担任郊祀时的礼仪使、参与封神大典等。此外,宋代帝王、文臣等都曾为雅乐乐歌填词,如《四库全书》中宋人别集中记录了有宋太宗、宋真宗、宋仁宗、宋徽宗、窦俨、陶毂、韩琦、晏殊、王安石、周必大等。其次,宋代雅乐对宋代文学也产生了深刻影响,作为雅乐代表的古琴音乐深受朝野上下的喜好,宋代文人也争相为"琴"作诗,从《全宋诗》(北京大学古文献研究所编撰)中搜索与"琴"有关的诗,有近 4000 首,作者有宋代文豪欧阳修、苏轼等,宋代理学代表人物邵雍、朱熹等,此外,还有宋代方外人士,如释居简、白玉蟾等。

二、 宋太宗赵炅与《万国朝天》

古琴为承载儒家正统文化的乐器,也是雅乐的代表,具有通天

① 罗旻:《宋代雅乐复兴与郊庙朝会乐歌制作》,《福建师范大学学报(哲学社会科学版)》2019 年第 2 期。

地神明、抚慰心灵之效用。宋代帝王认为琴乐不仅可以用来"观政",还可以"为政",迁善远罪、移风易俗,最终达成天下"太平之功"。因此,宋代皇室中多有帝王、太子、后妃们嗜好古琴,在帝王的喜爱与推崇之下,古琴的技艺得到了长足的发展,琴史上也留下了他们抚琴的身影。

(一)宋太宗与古琴

宋太宗赵炅(939年—997年),原名赵匡义,开宝九年(976年)即位,称帝后改名为炅,北宋开国第二位皇帝,执政22年卒。

> 万机之暇,手不释卷,学书至于夜分,而夙兴如常。[1]
> 炎天收已去,凉气触幽襟。稽古看书罢,时听一弄琴。[2]
> 夜静风还静,凝情一弄琴。看书闲罢笔,自在信缘心。[3]

从以上朱长文在《续书断》中对宋太宗的描述和《全宋诗》中收录宋太宗所作之诗《缘识》(其二九和其四二)可见,宋太宗不仅尚文好诗,勤勉读书,而且喜好古琴,常于夜静读书,时听琴乐。宋太宗阅览北齐《修文殿御览》以及唐代《艺文类聚》,并令人重加编纂,更名为《太平御览》,后编《太平广记》与《文苑英华》。太宗一生作诗《逍遥咏》10卷,《缘识》5卷(传世),而《缘识》中除了有多首是琴诗,还对于弹琴的指法、意境、作用等有论述,今日读来仍不乏专业水准,"妙手弹琴无向束,知之修炼五音足。先辨浮沉有指归,弦头制度相催促。左手抑扬禁淫邪,右手徘徊堪瞻瞩……"[4]由此可见宋太宗对古琴的痴迷与热爱,同时宋太宗在琴的形制、琴曲等方面

---

[1] (宋)朱长文:《续书断》(《墨池编》卷9),文渊阁四库全书本。
[2] (宋)赵匡义:《缘识》(《全宋诗》第1册),北京:北京大学出版社,1998年,第415页。
[3] (宋)赵匡义:《缘识》(《全宋诗》第1册),北京:北京大学出版社,1998年,第428页。
[4] (宋)朱长文:《续书断》(见《墨池编》卷9),文渊阁四库全书本。

也积极进行创新,如:

> 谓夫五弦之琴,文武加之以成七,乃留睿思而究遗音,作为九弦之琴,五弦之阮,非达与礼乐之情者,孰能与于此?又制九弦琴、五弦阮歌诗各一篇,琴谱二卷,九弦琴谱二十卷,五经阮谱十七卷,藏于禁阁,副在名山,又尝作《万国朝天》《平晋》二乐曲,圣制乐章各五首,曲名三百九十首。①

宋太宗认为琴原有五根弦,后由周文王和周武王各加一根才成为七弦琴,他思考后决定再增加二弦,制九弦琴(从演奏角度来看,此举遭到太宗皇帝的琴待诏,著名琴师朱文济的坚决反对,他还演奏一曲古《风入松》以明心志,但太宗仍制作九弦琴)和五弦阮,然后又作了九弦琴和五弦阮诗歌各 1 篇,琴谱 2 卷,九弦琴谱20 卷,五弦阮谱 17 卷,藏于禁阁,称之"阁谱"。此外,还作了《万国朝天》和《平晋》2 首乐曲(《宋史》卷 126 志第 79《乐一》记载为《万国朝天曲》和《平晋曲》),制乐章各 5 首,曲名 390 首。

(二)《万国朝天》曲的创作背景

> 五年,圣祖降,有司言:'唐太清官乐章,皆明皇亲制,其崇奉玉皇、圣祖及祖宗配位乐章,并望圣制。'诏可之。圣制荐献圣祖文舞曰《发祥流庆之舞》,武舞曰《降真观德之舞》。自是,玉清昭应官、景灵宫亲荐皆备乐,用三十六虡。景灵宫以庭狭,止用二十虡。上又取太宗所撰《万国朝天曲》曰《同和之舞》,《平晋曲》曰《定功之舞》,亲作乐辞,奏于郊庙。②
>
> 琴一弦、三弦、五弦、七弦、九弦者各二,瑟四,箫二,篪二,

---

① (宋)朱长文:《琴史》卷 5,钦定四库全书本。
② (元)脱脱:《宋史》《乐一》卷 126。

笛二,箫二,巢笙四,和笙四,闰余匏一,九曜匏一,七星匏一,埙二,各分立于午陛东乐榻上……每面三辰,共九架,四面三十六架。①

宋真宗大中祥符五年(1012年),北宋赵玄朗降临,真宗追尊他为上灵高道九天司命保生天尊大帝,庙号圣祖。有司云:"唐代太清宫乐章,和崇奉玉皇、圣祖和祖宗的乐章,都是皇上亲自创作。"圣制荐献圣祖的文舞叫《发祥流庆之舞》,武舞叫《降真观德之舞》。真宗又将太宗所作《万国朝天曲》改名为《同和之舞》,《平晋曲》改名为《定功之舞》,并亲自作词,用于郊庙祭祀演奏之用,以此曲尊宋太宗,仁宗以《大明之曲》尊真宗,英宗以《大仁之曲》尊仁宗,神宗以《大英之曲》尊英宗。从此,皇上亲自在玉清昭应宫、景灵宫荐献时都要奏乐,陈设36架,但景灵宫狭窄,只用了20架。

由此可见,《万国朝天》曲是由宋太宗创曲,而宋真宗作词,于郊庙祭祀先祖,歌颂宋太宗功德的一首雅乐乐歌。《宋史》第134卷《乐九》(乐章三)记载了宋真宗所作这首郊庙祭祀乐歌的词:

鸿源浚发,睿图诞彰。高明锡羡,累洽延祥。巍巍艺祖,溥率宾王。

煌煌文考,区宇大康。珍符昭显,宝历绵长。物性茂遂,民俗阜昌。

甫田多稼,禾黍穰穰。含生嘉育,鸟兽跄跄。八纮统域,九服要荒。

沐浴惠泽,祗畏典常。隔谷分壤,望斗辨方。并袭冠带,来奉圭璋。

---

① (清)秦蕙田:《五礼通考》卷18,钦定四库全书本。

　　峨峨双阙，济济明堂。诸侯执帛，天后当阳。何以辨等？
衮衣绣裳。

　　何以襃德？辂车乘黄。声明焕赫，雅颂汪洋。启兹丕绪，
祐我无疆。

　　大统斯集，大乐斯扬。俯隆宗祐，仰继穹苍。[①]

　　宋代所作的郊庙歌辞，无论是乐曲的舞名、内容、还是其文学
体裁等都体现出"复古思想"，表明其自身是周代雅乐的继承，从而
更加体现出礼乐的教化作用。宋真宗所填这首歌颂宋太宗功德的
《万国朝天》曲之词，从曲名而言，宋真宗将宋太宗所作《万国朝天》
的曲名改为《同和之舞》，体现了"大乐与天地同和，大礼与天地同
节"[②]。从《乐记》记载可见，我们的祖先认为音乐和礼节都来源于
自然，蕴含了"天人合一"的思想，用礼乐来治理国家也体现了"德
治"或"仁政"，反映在《同和之舞》中则体现为宋朝统治者祈求天下
和谐的美好愿望等。从文学角度而言，这是古老的四言雅颂体，模
仿周代的文学体裁，形成雍容典雅的风格，体现了宋代雅乐复兴中
的复古追求。

三、 宋徽宗赵佶与《大晟乐》

（一）宋徽宗与古琴

　　宋徽宗赵佶（1082 年—1135 年），元符三年（1100 年）即位，北
宋开国第 8 位皇帝，执政 25 年后被金兵俘虏，于公元 1135 年卒于
五国城（今黑龙江依兰县）。

---

① （元）脱脱：《宋史》《乐九》卷 134。
② （汉）郑玄注，（唐）孔颖达疏：《礼记正义》卷 37，（李学勤主编：《十三经注疏》，北京：北
　 京大学出版社，1999 年，第 1087 页）。

国朝诸王弟多嗜富贵,独祐陵在藩时玩好不凡,别本竝云"嗜玩早不凡"。所事者惟笔研、丹青、图史、射御而已。[1]

宋徽宗赵佶在当皇帝之前,就与其他皇子的爱好不同,爱读书学画,工笔札,好笔研、丹青、图史、射御等,于元符年间(1098年—1100年),刚十六、七岁时,便已盛名圣誉,布满人间。在书法方面,他自成一家号"瘦金体"。在绘画方面,擅花鸟、人物、山水,《画继》中说他所画鸟"独于翎毛,尤为注意,多以生漆点睛,隐然豆许,高出纸素,几欲活动,众史莫能也"[2]。在音乐方面,宋徽宗精通音律,在宫中设"大晟府",但他尤其好古琴,所作《宫词》中曾这样描述自己"晓景熙熙竹影疏,柔闲初理薄妆余。心情酷爱清虚乐,琴阮相兼一几书"[3]。

宋徽宗曾让大晟乐府制琴谱,收集南北名琴,在宫中设"万琴堂",其中有唐代著名的雷琴、张樾琴,还有石琴一张,徽宗尤珍。"石琴应自伏羲传,品弄尤知逸韵全。玉轸金徽重遗制,雷张诚贵擅名先。"[4]宋徽宗精于弹琴作画,现故宫博物院藏宋徽宗《听琴图》便是生动的写照。画中共有4人,其中松下弹琴者正是宋徽宗本人(根据宋代帝王像《徽宗像》对比确认是宋徽宗),易皂色道服,束发免冠,徽宗旁的木几上置青瓷的花瓶香炉,是皇家御用钧瓷,弹琴所用琴桌比琴短,便于在园林移动。画中另外两位坐在毛长如金的兽皮垫子上,正神情专注地恭听宋徽宗弹琴,其中着绿袍人身后站着一抱琴童子,着朱红袍持扇人抑或是宰相蔡京。画的右上角有徽宗手书自创瘦金体"听琴图"三字。另有蔡京题诗"吟徵调

---

[1] (宋)蔡絛撰,沈锡麟校:《铁围山丛谈》卷1,北京:中华书局,1983年,第5—6页。

[2] (宋)邓椿:《画继》卷1(《画史丛书》第1册),上海:上海人民美术出版社,1962年,第5页。

[3] (宋)赵佶:《宫词》(其八八)(《全宋诗》第26册),北京:北京大学出版社,1988年,第17056页。

[4] (宋)赵佶:《宫词》(其八三)(《全宋诗》第26册),北京:北京大学出版社,1988年,第17054页。

商灶下桐，松间疑有入松风。仰窥低审含情客，似听无弦一弄中。"
落款"臣京谨题"。

　　根据宋徽宗所着之服大致可推出，此画作于政和七年（1117
年），此时正值宋徽宗崇信道教，并于宣和元年（1119 年）自封为"教
主道君皇帝"。"中国文化的艺术精神，由庄子所显出的典型，彻底
是纯艺术精神的性格，主要又是结实在绘画上面。"①画中宋徽宗着
道服抚琴，将道融入琴乐之中，可谓是崇高的艺术精神。作为道教
徒的宋徽宗对道教的兴趣远超于作为帝王对国家的治理，他兴道
观、铸九鼎、制道乐，还多次亲自注解道经。面对北宋末期国家内
忧外患、社会矛盾尖锐、奸佞掌握朝政，党争现象病入膏肓，金兵正
虎视眈眈汴京的繁华，国势如日之将夕，宋徽宗完全不顾完颜阿骨
打于公元 1115 年已称帝，建立大金国，仍沉溺于信奉道教与艺术
中而不能自拔，他将国之兴亡寄于道教之上，希望借助神力来维护
统治，同时也希望借助道教中的仙术，追求个人的长生不老。

　　（二）《大晟乐》的创作背景

　　　　徽宗锐意制作，以文太平，于是蔡京主魏汉津之说，破先
　　儒累黍之非，用夏禹以身为度之文，以帝指为律度，铸帝鼐、景
　　钟。乐成，赐名《大晟》，谓之雅乐，颁之天下，播之教坊，故崇
　　宁以来有魏汉津乐。②

　　此处所引是宋代乐律六次变革中的第六次变革，即宋徽宗
崇宁年间的"魏汉津乐"。徽宗积极创制新乐，用来文饰太平盛
世。蔡京主张用魏汉津的说法，突破先代儒者累计谷粒之不
足，选用夏禹把身体作为尺度的文辞，用皇帝的手指当作乐律

---

① 徐复观：《中国艺术精神》，北京：九州出版社，2014 年，第 7 页。
② （元）脱脱：《宋史》（《乐一》）卷 126。

的尺度,铸造帝䪌、景钟。乐成,皇帝赐名《大晟》,认为这是雅乐,向天下颁布,在教坊中传播,因此,崇宁年以来又出现了"魏汉津乐"。

北宋末期,外有金兵入侵的威胁,内有君主政治上的昏庸、奸臣当道、国家贫困、社会矛盾交织的困扰,在这样的情况下,统治阶级为了能够维护其政权,便会向雅乐乞灵,希望产生奇迹,使国家和个人走出困境扭转命运,这种困境越深,所寄予希望的雅乐的规模也越盛大,甚至制造"祥瑞之景"。宋徽宗制《大晟乐》,"于政和三年(1113)颁定的'宫架'('宫悬')乐队(392人)、'登歌'乐队(52人)、与文舞乐队(68人)、武舞乐队(87人),这四个队共有599人。"①所用乐器25种,共366件(详见表2-1)。

表2-1 "宫架"乐队使用乐器一览表

瑟	52	竽	20	编磬	12(架)
一弦琴	17	篪	28	编钟	12(架)
三弦琴	18	埙	18	建鼓	4
五弦琴	18	篴	18	应鼓	4
七弦琴	23	柷	1	鞞鼓	4
九弦琴	23	敔	1	晋鼓	1
巢笙	28	特磬	12	雷鼓	2
匏笙	8	镈钟	12	雷鼗	2
箫	28				

宋徽宗朝阿谀奉承风气严重,为了讨得帝王的欢心,臣子们不仅投其所好,实现徽宗在艺术上的发展,还制造"祥瑞之景"来预示他是神权天授的真龙天子,政和三年(1113年)冬至之日,徽宗在郊

---

① 金文达:《中国古代音乐史》,北京:人民音乐出版社,1994年,第316页。

祭的途中,说自己看见云彩间楼殿台阁,隐隐数重,高数十丈,有道流、童子拿着族旗仪仗,相继从云中出来的"神奇"天象,认为是"天神"降临。他便暗示蔡攸将此事"宣付史馆,播告天下"①。徽宗在群臣的配合下装扮成神,精心编造谎言。此后,徽宗将"天神"出现之日(冬至之日)设为天应节,并作《天真降临示现记》:

> 朕嗣承祖宗基业,永惟万事之统……正身以齐家,治内以及外。序亲疏以睦族,正名分以审官。迪之以学校,而人伦以明……②

宋徽宗就在这样的"祥瑞之景"中被捧得飘飘然,内心极度膨胀,照样安心当着真龙天子,沉溺于金石、花鸟、瘦金体之中。宋徽宗制《大晟乐》向雅乐乞灵,希望产生奇迹,扭转命运,维护其政权。为大晟乐命名时他说:"昔尧有《大章》,舜有《大韶》,三代之王亦各异名。今追千载而成一代之制,宜赐新乐之名曰《大晟》"③。这种命名的方式,是把自己与上古帝王相齐。于是只要是赞扬大晟乐的人,便可以被赐予官职。"政和二年(1112年)延福宫宴辅臣,大晟乐演奏之时,有群鹤自西北来,盘旋于睿谟殿上,及奏大晟乐,而翔鹤屡至。"④上古时期"黄帝鼓清角之琴,以大合鬼神,而凤凰蔽日。尧鼓琴而天神格,舜歌《南风》而天下化"⑤。先秦时期晋平公使师旷为其弹琴,"公使为《清徵》,一奏之,有玄鹤二八,集于廊门;再奏之,延颈而鸣,舒翼而舞"⑥。宋徽宗制造演奏大晟乐时的祥瑞

---

① (宋)周辉:《清波杂志校注》卷11。
② (清)徐松著:《宋会要辑稿》(第24册),北京:中华书局,1957年,第1027页。
③ (元)脱脱:《宋史》(《乐四》)卷129。
④ (明)毛晋:《二家宫祠》卷上,文渊阁四库全书本。
⑤ (宋)刘昺:《大晟乐书》(王应麟《玉海》卷100)。
⑥ (宋)朱长文:《琴史》卷2,钦定四库全书本。

之兆,看似与黄帝、尧、舜抚琴呈现的景象相同,实际上是将自己比作先贤圣王了,对于徽宗的这种圣王心理,臣子们看得明白,也竭力鼓吹其圣明。"徽宗锐意制作,以文太平"。他正是通过劳民伤财的方式制作超大规模的《大晟乐》,来宣示自己的"德政"而已。宋徽宗始终有"王者功成作乐,治定制礼"的想法,一味地加快《大晟乐》的制作,却没有意识到,只有政治清明之世,民心和谐祥睦,作乐才可以达到和气。

第三节　宋代帝王古琴曲词中王道思想的内涵

　　宋代的国家祭祀模式是在继承汉唐郊祀与宗庙祭祀两大形态的基础上,得以发展与创新的。郊庙歌辞是以诗词与神灵、先祖进行沟通与交流的一种方式,体现了众民对于神灵与祖先的崇拜,也凸显了统治阶级与天地直接对话的特殊权利。宋代郊庙歌辞多是文人士大夫执笔,也多有皇帝亲自填词,主要以祖先崇拜为中心,歌颂先祖的盛德与丰功伟绩,表达对先祖的尊崇与怀念,并体现了统治者祈求国泰民安和风调雨顺的愿望,也彰显统治者承天启运、统治的正统性,并利用礼乐对众民进行教化和抚育。"王者功成作乐,治定制礼……是以五帝殊时,不相沿乐,三王异世,不相袭礼。"[①]"故圣人作乐以应天,作礼以配地。礼乐明备,天地官矣。"[②]可见,"制礼作乐"于王者和圣人而言均为国之重事,是与政治、军事成就相适应的王权要求,对于王者是功成的体现,更是其政治性和权威性的昭示。

———————————

① (汉)郑玄注,(唐)孔颖达疏:《礼记正义》卷37,(李学勤主编:《十三经注疏》,北京:北京大学出版社,1999年,第1091页)。
② (汉)郑玄注,(唐)孔颖达疏:《礼记正义》卷37,(李学勤主编:《十三经注疏》,北京:北京大学出版社,1999年,第1094页)。

一、 以史为鉴，继续统一全国

从宋真宗所填《万国朝天》曲之词并结合《万国朝天》曲的创作背景可以发现这是一首盛赞宋太宗丰功伟绩的词，其中又蕴含了帝王统治的王道政治思想。公元976年宋太祖驾崩，由其弟赵匡义（改名为赵炅）登基称帝，史称宋太宗。但是在封建世袭制下，宋太宗的登基则让人认为是"逆取"。宋太宗急需通过建立不世的功勋，树立自己的威望巩固统治以及证明政权的合法性。"先皇帝创业垂二十年，事为之防，曲为之制，纪律已定，物有其常，谨当遵承，不敢逾越，咨尔臣庶，宜体朕也。"①从这封诏书中的记载可见，宋太宗定会继承与发展宋太祖所制定的"祖宗家法"，按照宋太祖的方针政策而前行，所以宋太宗启兹太祖皇帝的事业继续为大宋王朝的统一而奋斗。从上文中宋真宗所作《万国朝天》曲的第一段词"鸿源浚发，睿图诞彰。高明锡羡，累洽延祥。巍巍艺祖，溥率宾王。煌煌文考，区宇大康。珍符昭显，宝历绵长"②来看，宋真宗追忆宋太宗，表示对宋太宗的恭敬与虔诚，并夸耀太宗的高功厚德，将国家治理得一派欣欣向荣的景象，希望取得上天庇佑，赐福降瑞珍符昭显，以求皇位万年。结合宋太宗与宋真宗时期的执政情况，可发现他们在完成宋太祖未竟的统一和集权大业中的所为，主要体现在以下几方面：

（一）消除了割据与混乱，削平了五代遗留的三个割据政权。

太平兴国三年（978年），宋太宗削平了吴越国和漳、泉二州的割据地；次年正月，他取得与北汉战争的胜利，至此完成了北宋局部的统一。宋太宗常以唐末五代十国的丧乱为鉴，认为当时权在方镇，征伐不由朝廷，王室衰弱而不长久，所以宋太宗采取多种措

---

① （宋）李焘：《续资治通鉴长编》卷17。
② （元）脱脱：《宋史》《乐九》卷134。

施进一步加强中央集权,对中央官僚机构作了改革,朝廷直辖全国州郡,三十九州直属京师,设置审官院、审刑院,多次变动三司机构和职责,废除武人干政,严惩贪官污吏等。

(二)提升个人道德修养,加强帝王作为。

《续资治通鉴长编》中记载宋太宗曾对赵普说:"前代乱多治少,皆系帝王所为"①。由此可见,宋太宗常以前朝的覆灭为前车之鉴,认为其乱多治少均是帝王的不作为而造成的,"大抵人君宜先正其身。亦如治家,身不正则家乱矣"②。因此,宋太宗从自身做起,勤于王政,节俭爱民,热爱读书,努力提升帝王作为。宋真宗即位后沿着太宗皇帝的勤政继续提升修养,加强作为。从《续资治通鉴长编》(咸平元年)中记载可见真宗刻苦理政的一日安排:"每旦御前殿,中书、枢密院、三司、开封府、审刑院及请对官以次奏事,至辰后还宫进食。少时,复出御后殿视诸司事,或阅军士校试武艺,日中而罢。夜则召儒臣询问得失,或至夜分还宫。其后率以为常"③。

(三)重视君臣关系,强调君臣同心才能世祚久长。

宋太宗时常认为古代的帝王多以尊极自居,群臣忌惮君王,而君王则猜疑臣子,这种不和谐的君臣关系造成诸多恶果,对于王朝的稳定和绵长百害而无一利。于是宋太宗开言路,广视听,躬求谠直。《续资治通鉴长编》中记载宋太宗认为"所言可采,必行旌赏;若无所取,亦不加罪"④。他鼓励臣民直言且承诺不会因言获罪,如此便可以广开言路,辨善恶,集思广益,君臣同心为国家治理出谋划策。宋真宗即位初年,少兴土木、甲兵、祷词之事,屡询民间利

---

① (宋)李焘:《续资治通鉴长编》卷24。
② (宋)李焘:《续资治通鉴长编》卷26。
③ (宋)李焘:《续资治通鉴长编》卷43。
④ (宋)李焘:《续资治通鉴长编》卷25。

弊,求治国安民之策。同样广开言路,谙熟民情,宋真宗对"善者必加甄赏,否者亦为优容。"这为调整统治政策提供了笃实的基础。

二、以民为本,重视劝课农桑

公元979年和986年宋太宗发动了两次大规模的北伐辽国战争,但均以失败告终,因此宋太宗想通过建立功勋树立权威的设想破灭了,也给他的军事信心带来了沉重的打击,从而转向了保守的军事原则。他认为:"外忧不过边事,皆可预为之防。惟奸邪无状,若为内患,深可惧焉。帝王合当用也于此"①。自此宋太宗开始着重防范内患,整顿内政。从上文中宋真宗所作《万国朝天》曲之词"物性茂遂,民俗阜昌。甫田多稼,禾黍穰穰。含生嘉育,鸟兽跄跄"②可见宋真宗对宋太宗统治时期风调雨顺,五谷丰登,国家繁荣昌盛的描述,此景构成了万物繁荣滋长,黍稷稻麦等粮食作物岁稔年丰,一切有生命者都得以嘉育,鸟兽都能相率而舞,天地间人与自然,人与动物相处和谐融洽的一幅生态之美。中国传统社会是以农业为基础的社会,也是统治者维护其统治的物质基础,农业的生产状况影响着社会的稳定和国家的经济状况,也决定统治者的帝业根基。因此,宋代统治者在词的创作之中多有对农业生产丰收的祈愿,也是为了维护其统治,可见宋真宗继承了宋太宗在转向整顿内政期间以民为本,劝课农桑,发展生产的政策。

（一）以民为本

《续资治通鉴长编》中记载宋太宗常说:"国家以百姓为本""朕视万民为赤子。"这样以民为国家本体的观念,反映在其王道政治思想中,则是通过严惩贪官污吏打击豪户滑民改变唐末五代以来百姓受贪官的残害的世风来争取民心。对于贪赃枉法的官吏,《续

---

① 邓小南:《宋代"祖宗之法"治国得失考》,《人民论坛》2013年第6期。
② （元）脱脱:《宋史》《乐九》卷134。

资治通鉴长编》中记载宋太宗是这样规定的："以赃致罪者,虽会赦不得叙,永为定制"①。他还规定在职官员只要犯贪污罪不得参加科举考试等。对于盘剥残害百姓扰乱社会秩序的豪户滑民,严重者"斩益,籍其家。"对于功臣权臣称霸一方残暴作恶与民夺利的,坚决予以打击;对文武大臣节度使等高级官员子弟所享受的特权也加以限定,取消了五品以上官任子过高的特权,《续资治通鉴长编》中记载宋太宗说:"诏自今止赐同学究出身,依例赴选集"②。此外,宋太宗以民为本的思想还表现为时常从百姓的切身利益思考,认为敛税于民是不得已,将来要减轻甚至取消税赋。由于北宋初年的"不抑兼并"的土地政策,农户和佃户承担了沉重的赋税而导致小规模农民起义时常发生,《续资治通鉴长编》中记载从宋太宗晚年至宋真宗初年,吏部朗中田锡上疏疾呼:"减关租之征,放管榷之利,蠲减租赋,优复流亡"③。直到宋真宗即位初年调整农业政策后,才在一定程度上减轻了农民的负担,缓和了阶级矛盾,促进了农民的生产积极性。

(二) 劝课农桑

宋太宗在任时,曾遴选农师奖励垦田,《续资治通鉴长编》中记载宋太宗要求每一县遴选一名熟悉土地情况和了解种植技术的农民,也即农师来指导与监督本县其他农民的耕作,并给予农师一定的优待:"蠲租外,免其他役。"同时,宋太宗也积极奖励垦田,并把垦田的业绩作为官吏考核的一项重要指标。直至"太宗末年的垦田数是 3,125,251 顷 25 亩,比起太祖末年的垦田数多了 20 余万顷。"(《文献通考·田赋四》)宋太宗以民为本的思想为宋真宗所继承,宋真宗即位后继续推进并发展宋太宗民惟邦本的政策,减免赋

---

① (宋)李焘:《续资治通鉴长编》卷 19。
② (宋)李焘:《续资治通鉴长编》卷 39。
③ (宋)李焘:《续资治通鉴长编》卷 41。

税还农与田,减轻劳役劝课农桑。咸平元年(998 年)宋真宗下诏:
"遣使乘传舆诸路转运使、州军长吏按百姓逋欠文籍悉除之"①。并
免除因未能完税农民的欠款 1000 余万,释放未完税而受牢狱之灾
的农民 3000 多人。此后,对受自然灾害影响和战乱地区的农民多
次免其赋税并开仓救济。因为农业赋税收入是中国传统社会的主
要财政收入,如果一直减免赋税势必影响国家经济的发展,于是宋
真宗采取减轻劳役、劝课农桑的措施积极推动社会经济的发展。
咸平二年(999 年)宋真宗下诏:"诏有司,力役之无名,营缮之不急
者,悉罢之"②。他还下诏在农时季节由士兵代农民服劳役,让农民
安心生产。宋真宗也多次鼓励地方兴修水利为农民生产灌溉做好
保障。只有把农民固定在土地上发展生产,才能够增加国家主要
的财政收入,为此宋真宗采取了一系列措施为百姓的生产提供有
利条件,切实起到了劝课农桑安民于农的作用,最直接的结果是:
"景德三年新收户三十三万二千九百九十八,比咸平六年计算增五
十五万三千四百一十户,赋入总六千三百七十三万一千二百二十
九贯、石、匹、斤,数比咸平六年计增三百四十六万五千二百九"③。

三、 尊孔崇儒,推行文官政治

宋太宗在其发动的两次大规模征辽战争失败后转向防范内患
整顿内政。他将宋太祖的治国思想提炼为"事为之防,曲为之制。"
进而他认为:"治国在乎修德尔,四夷当置之度外。""今亭障无事,
但常修德以怀远,此则清净致治之道也。"④既然宋太宗认为治理国
家依靠文德,那么他便着重从两方面开始实施自己的治国思想:一

---

① (宋)李焘:《续资治通鉴长编》卷 43。
② (宋)李焘:《续资治通鉴长编》卷 44。
③ (宋)李焘:《续资治通鉴长编》卷 41。
④ (宋)李焘:《续资治通鉴长编》卷 34。

方面尊孔崇儒，继承与发扬宋太祖儒学治用的思想；另一方面扩大科举考试的规模，推行文官政治，实行重文抑武的基本国策。

（一）尊孔崇儒

《续资治通鉴长编》中记载宋太宗"幸国子监，谒文宣王""以长葛县令孔延世（孔子四十五世孙）为曲阜县令，袭封文宣公，并赐《九经》及太宗御书、祭器，加银帛而遣之，"并下诏"本道转运使、本州长吏待以宾礼。"由此举动可见宋太宗不仅尊孔倡儒，还厚待孔子后裔。宋太宗认为："夫教化之本，治乱之源，苟无书籍，何以取法"①。宋太宗对教化与书本的这种认识使他十分重视书籍的搜集和编撰，曾下诏以重金征求逸书提倡献书等。并且宋太宗以身作则，倡导读书之风气，曾一年之内读完《太平御览》，太宗喜好读书，常说："开卷有益，不为劳也。""辰巳间视事，既罢，即看书，深夜乃寝，五鼓而起，盛暑永昼未曾卧。"②宋太宗把儒家著作奉为经典，不仅下诏搜集整理儒家经典，还设置侍读官陪同他一起学习探讨儒家的经典著作，他认为从书中可以获知古今之成败，以善者作为自己的榜样并加以学习和效仿，反之则加以改之以提醒和鞭笞自己。太平兴国二年（977年）宋太宗下诏建立三馆，在原昭文馆、史馆、集贤院三馆的基础上建立三馆为崇文书院，至978年仅用一年的时间便建成了。太平兴国三年（978年），三馆藏书即达八万余卷。所谓"图籍之盛，近代所未有。"同时，宋太宗还组织儒生编撰了几部大型类书，如《太平御览》1000卷、《太平广记》500卷、《文苑英华》等。此外，宋太宗还命人重新校勘经史子集，并赐予书院学生阅读，将儒家思想作为主流思想教育与控制学生。宋太宗尊孔崇儒、广泛征书、勤奋好学、刻苦读书的行为为皇储的教育奠定了基础，

---

① （宋）李焘：《续资治通鉴长编》卷 25。
② （宋）李焘：《续资治通鉴长编》卷 25。

《东轩笔录》记载宋真宗"天纵睿明，博综文学，尤重儒术"①。《青箱杂记》记载宋真宗在处理完政务得闲后都在读书，而"每观毕一书，即有篇咏……可谓近代好文之主也"②。他也成为臣民效仿的榜样，同时也继承与发扬了宋太祖儒学治用的思想。

（二）推行文官政治

宋太祖在结束了残唐、五代十国的混乱局面后，深感武将对皇权的潜在威胁，于是建国初始，一方面通过"杯酒释兵权"等一系列措施来制约武将的兵权和钱谷；另一方面，采取重用文官，谏者无罪的"右文政策"，以儒家思想作为治国方略，直至宋仁宗朝迎来了与士大夫共治天下的盛世。宋太宗即位后深知"王者虽以武功克定，终须用文德致治"③的道理，继承与发展了宋太祖儒学治用的思想，实行了重文抑武、以文治国的基本国策，扩大了科举考试的规模，抬高了科举考试的地位，推行了文官政治而实现"以文化成天下"（《文苑英华》）这一根本的政治目的。太平兴国二年（977 年）宋太宗在科举考试中一次性录取进士、诸科、特奏名共 500 余人。"从太平兴国二年（977 年）至淳化三年（992 年）十六年间，共八开科场，取进士、诸科 6692 人。"④据张希清教授的考证与统计，"两宋通过科举共取士 115427 人，平均每年 381 人。这个平均每年取士人数约为唐代的 5 倍，元代的 30 倍，明代的 4 倍，清代的 3.4 倍"⑤。扩大科举考试的规模增加了前所未有的取士名额，在社会上形成了良好的学习风气，从而可以稳步地推行文官政治。科举考试是宋王朝选拔官吏的最主要途径，《宋史·选举志》记载："时

---

① （宋）魏泰：《东轩笔录》卷 1。
② （宋）吴处厚：《青箱杂记》卷 3。
③ （宋）李焘：《续资治通鉴长编》卷 23。
④ 虞文霞：《宋太宗"右文政策"与宋代文化昌盛》，《江西社会科学》1989 年第 5 期。
⑤ 张希清：《论宋代科举取士之多与冗官问题》，《北京大学学报（哲学社会科学版）》1987 年第 5 期。

取才唯进士、诸科为最广,名卿巨公,皆由此选。"统治者选取大量的统治人才一方面可以拉拢士大夫为己用,另一方面这些掌握国运与地方政权的重臣都因获得实际利益而积极拥护右文政策,这也是统治者治国安邦巩固政权的需要。

四、 雅颂汪洋,追求天下一统

景德元年(1004 年)辽国再次侵扰大宋,但景德二年(1005 年)宋与辽国签订"澶渊之盟"妥协协议,并每年缴纳银、绢给辽国。这首词是宋真宗于大中祥符五年(1012 年)所作,面对"澶渊之盟"妥协协议的签订,宋真宗也深感天下为己任的重担,通过礼乐活动祭祀天地,祭拜祖先,宣扬太平,展示帝王威权,寄希望于获得上天的眷顾和先祖的庇佑,来完成先祖的事业,更好巩固与继承帝王基业。这种目的与手段相结合的方式,是臣服天下、教化天下百姓的有力武器。

> 八纮统域,九服要荒。沐浴惠泽,祗畏典常。隔谷分壤,望斗辨方。并袭冠带,来奉圭璋。峨峨双阙,济济明堂。诸侯执帛,天后当阳。何以辨等? 衮衣绣裳。何以褒德? 辂车乘黄。声明焕赫,雅颂汪洋。启兹丕绪,祐我无疆。大统斯集,大乐斯扬。俯隆宗祐,仰继穹苍。①

此段词主要歌颂先祖功业带给全国及远方之国的惠泽,而他们通过郊礼仪式,朝贡贵重礼品来感恩先祖的崇高厚德。高大庄严肃穆的祠庙两旁高台上的楼台观,端庄礼敬的明堂上,各位诸侯双手执帛来参加朝拜。如何分辨他们的身份呢? 通过他们祭祀时

---

① (元)脱脱:《宋史》《乐九》)卷 134。

所穿的带有龙图案的礼服和所乘坐的御马驾驶的车子来区分。天下一统,全国各地和远方之国的臣民都沐浴在大宋王朝开创的伟大功业的恩泽之下,敬畏王者的常业,穿上华丽的衣裳,戴上帽子与腰带,来贡献贵重的玉制礼器。仪式奏起的雅乐光亮显赫广阔无边,象征着国家大业的发展与兴盛,祈求上天保佑大宋帝业显赫绵延,也希望先祖庇佑大宋天下一统。

宋徽宗即位时北宋王朝已经历了 160 多年的发展,此时"太平日久,人物繁阜"[①],宋徽宗本人对此也洋洋自得,在《良岳记》中说:"昔我艺祖,拨乱造邦""且使俊世子孙,世世修德,为万世不拔之基""祖宗功德""社稷流长""足以跨周轶汉"。即位之初,宋徽宗在继承"祖宗家法"的基础上,又对财政、教育等方面进行了改革,如改变财政体制,并对盐法、茶法进行改革,实施方田均税法,设置居养院,注重农田水利,对学校与科举进行了改革等。在宋徽宗的多项改革中多有粉饰王朝太平的一面,这正如他制作《大晟乐》宣扬德政一般,追求太平盛世和赞美。《大晟乐》的制作是伴随宋代雅乐复兴的一种突出现象,从宋太祖建隆元年(960 年)至宋徽宗崇宁四年(1105 年)间,经历了从"和岘乐""李照乐""阮逸乐""杨杰、刘几乐""范缜乐""魏汉津乐"6 次乐律变革,直至宋徽宗朝钦定颁布实施才真正制作成功,可以说,《大晟乐》的制作贯穿北宋发展的始终。"乐成,赐名《大晟》,谓之雅乐,颁之天下,播之教坊,故崇宁以来有魏汉津乐。"[②]《大晟乐》的成功也意味着王权不断得到巩固,彰显了北宋朝廷的政治气象,也是统治者在国家祭祀的雅颂汪洋中追求四夷来朝,国祚永久,天下一统的表现。

综上所述,作为帝王总是希望在执政期间将国家治理得繁荣

---

① (宋)孟元老撰,伊永文笺注:《东京梦华录笺注》,郑州:中州古籍出版社,2010 年,第19 页。

② (元)脱脱:《宋史》《乐一》卷 126。

昌盛,百姓安居乐业,社会政教清明。宋太宗虽然两次征辽失败,无法通过军事建立功勋,但他内心仍然渴望天下大治,他曾说:"国家承累世干戈之后,朕孜孜求治,惟望上天垂佑,福此下民"①。"天纵睿明,博综文学,尤重儒术"②的宋真宗就执政前 10 年的政绩而论,不失为一位开明君主,用宽容优厚的方式解决皇室内部矛盾,减免赋税,还田与农,劝课农桑,发展生产,亲幸澶州,宋军士气大振,遂成"澶渊之盟",出现了"生育蕃息,牛羊被野,戴白之人,不识干戈"的和平局面,生产得以恢复与发展。同时宋真宗也被后世学者称为古代统治者中"惩治贪污腐败之最成功者。"宋徽宗即位初以来,对西夏的战争节节胜利,后又置燕山府等,他沿袭哲宗的"绍述"之志,立元祐党人碑,惩罚反对变法派,在"祖宗家法"的基础上又实行了一系列新政等。但在与向太后就执政权力反复博弈后,他越来越关注转向礼制文化,力求达上古"圣王"的目标,并从中引申出至治之权,行有为之政,努力改造社会。因此"徽宗再不像史臣所论,'恃恃其私智小慧,用心一偏,疏斥正士,狎近奸谀',而是一个极具政治手腕,统治技艺高超的君王了"③。

总之,从古琴曲词或乐中可以窥探出以上帝王的王道政治思想,可以归纳为重视史鉴,继续统一战争,取得中原地区的统一,为百姓的安居乐业提供基础;以民为本,减免赋税,还田与农,减轻劳役,重视劝课农桑,积极发展生产;尊孔崇儒,教化大兴,推行文官政治,实行右文政策,迎来了与士大夫共治天下的盛世;雅颂汪洋,彰显太平,追求四夷来朝,国祚永久,天下一统。宋代礼乐的复兴以西周时期《周礼》为基础,整体向儒家经典的礼乐制度靠近,同样

① (宋)李焘:《续资治通鉴长编》卷 25。
② (宋)魏泰:《东轩笔录》卷 1。
③ 包伟民:《宋徽宗:"昏庸之君"与他的时代》,《北京大学学报(哲学社会科学版)》2009
  年第 2 期。

的这些王道政治思想都体现了宋代的"复古"追求,其主要内容是以孔子和儒家的经典著作为依据,体现了以儒家学说为核心的王道政治思想,在目标上追求儒家所宣扬的"仁政",方法上坚持儒家提倡的"民惟邦本",法度次之,在思想上强调君臣同心,礼乐教化等,因此在实际治理国家中也具有较高的实效性。

第三章 宋代儒学家古琴曲词中的孝道思想

宋代采取重用文官,谏者无罪的"右文政策",以儒家思想作为治国方略,迎来了与士大夫共治天下的盛世。据《宋代登科总录》记载,两宋300余年的统治期间,共有十一万多名进士及第者,其中有4万多人能寻到个人文献资料。宋代文化"在中国封建社会历史时期之内,截至明清之际西学东渐的时期为止,已经达到了登峰造极的高度"①。宋代儒学家多兼有学者、诗人、琴人、画家、政治家的特质,他们通过闻道、悟道、乐道的方式去探寻古琴音乐之境界,以"理"作为情感的依据,高扬具有道德教化和明道的古琴曲词来表达对修身、齐家、治国、平天下的追求。本章主要选取儒学集大成者朱熹《楚辞集注·楚辞后语》中收录的《胡笳》②(又名《胡笳十八拍》)和范仲淹所喜好弹奏的琴曲《履霜操》的琴词进行分析,挖掘其中蕴含的孝道思想的内涵及其特质。

第一节 宋代儒学家与古琴艺术

一、琴器与儒家思想

古琴,不仅是中华民族最具代表性的传统乐器,居于琴棋书画

---

① 邓广铭:《邓广铭治史丛稿》,北京:北京大学出版社,1997年,第66页。
② 琴曲《胡笳》有以《大胡笳》《胡笳》《十八拍》而命名,但均表示《胡笳十八拍》。

文人高雅艺术四艺之首,更承载着源远流长的历史,是世界上唯一3000多年不曾中断的一门传统音乐,是中国唯一进入人类口头和非物质文化遗产名录的中国名器。博大浩瀚的古琴文化不仅象征着古代士之精神、境界、情操,更成为中华民族人文素养的象征之一和文化自信的重要来源。

《五知斋琴谱》中对琴之象形进行了描述:

> 琴者禁也,禁邪僻而防淫佚,引仁义而归正道,所以修身理性,返其天真,忘形合虚,凝神太合。
>
> 琴制长三尺六寸五分,象周天三百六十五度,年岁之三百六十五日也……
>
> 其弦者有五,以按五音,象五行也。大弦者君也,缓和而隐。小弦者臣也,清廉而不乱。迨至文武加二弦,所以雅合君臣之恩也。
>
> 宫为君,商为臣,角为民,徵为事,羽为物。五音画正,天下和平,而兆民宁,雅乐之感人也,性返于正,君臣义,父子亲,消降邪欲,返乎天真。①

传说,古琴被舜与神农氏定五弦,"迨至文武加二弦",后因文王纪念伯邑考加一弦,武王伐纣加一弦,合称文武七弦琴,随后经历多次变革至汉代琴的七弦才基本定型。"十三徽象十二个月,余一徽而象闰,七徽应之。"(《五知斋琴谱》)古琴琴面第一弦的上方镶嵌十三个螺钿为"琴徽",分别象征一年中十二个月,而多了一徽则代表闰月,是十三徽之中徽即第七徽。十三徽是根据全弦分段振动原理而设置的,其功能是作为琴之按音与泛音取音时的标记。

---

① (清)徐祺:《五知斋琴谱》(《琴曲集成》第14册),北京:中华书局,2010年,第385—386页。

朱熹以第七徽作为琴徽的中心（徽位是全弦长比的 1/2）区分琴上三准。其中，龙龈至七徽为下准代表古琴音乐的"低音区"，其特点是身长而气厚，其声中和而节缓，所以弹琴多使用下准区音位；七徽至四徽为中准代表古琴音乐的"中音区"，中准得音虽不及下准音之全盛，但君子犹取此节音；四徽至岳山为上准代表古琴音乐的"高音区"，但上准音区"泛声多取之，而俗曲繁声抑或有取，则亦非君子所宜听也。"（《朱文公文集·琴律说》卷 66）朱熹通过限制琴上三准音高的使用来区分君子与小人。以七徽为分界点，朱熹认为七徽之左阳，取以象君，右阴，取以象臣，抚琴时越靠近下准即琴尾取音时效果越好，因为这代表"贤臣"，越靠近上准即琴首取音时效果越不理想，因为那是代表"小人"。他认为下准声和节缓为雅乐所取之声而赞为"君子"，上准声促密耳为俗曲繁声所取而斥为"小人"。取下准之音为"君子"，取中准和上准之音为"二臣"，"二臣"又分左右，左（中准）阳明，为君子而近君，右（上准）阴浊，为小人而在远，"以一君而御二臣，能亲贤臣、远小人，则顺此理而国以兴隆。亲小人、远贤臣，则咈此理而世以衰乱。"（《朱文公文集·琴律说》卷 66）朱熹还总结了西晋、后周、唐朝等所使用乐的音高与国运兴衰之关系，他说："大抵声太高则焦杀，低则益缓。刘歆为王莽造乐，乐成而莽死；后荀勖造于晋武帝时，即有五胡之乱；和岘造于周世宗时，世宗亦死。惟本朝太祖神圣特异，初不曾理会乐，但听乐声，嫌其太高，令降一分，其声遂和。唐太宗所定乐及本朝乐，皆平和，所以世祚久长。"（《朱子语类·乐古今》卷 92）

宫、商、角、徵、羽五音是中国古代使用的五声音阶，是用以表示调高的名词，一般以宫音的音调高低为准，其余音高根据确定的宫音音高相应计算确定。五音与五行金木水火土、与德仁义礼智信、与身脾胃肝胆肾相对应，所以"夫闻宫音者，使人温舒而广大。闻商者，使人方正面好义。闻角者，使人恻隐而爱人。闻徵者，使人乐善而好施。闻羽者,使人齐整而好礼"①。"宫为君,商为臣,角为民,徵为事,羽为物"是按照《礼记·乐记》的思路将五音与社会人事划等,朱熹说:"五声之序,宫最大而沈浊,羽最细而轻清。商之大次宫,徵之细次羽,而角居四者之中焉。"(《朱文公文集·声律辨》卷72)他认为,犹如五音十二律的次序那样,人世间的这些人伦次序也是不可僭越的,"以黄钟言之,自第九宫后四宫,若以为角,则是民陵其君矣;若以为商,则是臣陵其君矣。"(《朱子语类·乐古今》卷92)朱熹还赞同为了维护古琴中的这种尊卑秩序,通过设置四个半律的"四清声"来顺应宫商角的尊卑之义,他说:"黄钟之律最长,应钟之律最短,长者浊,短者声清。十二律旋相为宫,宫为君,商为臣。乐中最忌臣陵君,故有四清声。"(《朱子语类·论语二十一》卷39)

　　上古时期,古琴是沟通神人的法器,是"德协天地人神"的反映,也是天人合一思想的原始雏形。"黄帝鼓清角之琴,以大合鬼神,而凤凰蔽日。尧鼓琴而天神格,舜歌《南风》而天下化。"②"戛击鸣球,博附琴瑟以咏,祖考来格。"(《尚书·益稷》)从这两条记录可知,古琴在上古时期便参与了敬神与祭祖的重要活动,而不是为了追求愉悦产生与存在的。周代,古琴逐渐普及到士阶层,成为儒家士君子修身养性,坚持道德情操的道器。"君子之近琴瑟,以仪节也。"(《左传·昭公元年》)"士无故不撤琴瑟。"(《礼记·曲礼篇》)到了汉代,汉儒们认为:"八音广博,琴德最优"③。他们视"琴"为圣贤之器、雅正之德音的代表,尊其为"乐之统""八音之首",系于"正心"之功能得到充分发挥。隋唐时期,由于中外文化之间的交流增多而促进了艺术领域的融合,琴乐在社会文化和外来音乐的影响

①（宋）田芝翁：《太古遗音》（《琴曲集成》第1册）,北京：中华书局,2010年,第29页。
②（宋）刘昺：《大晟乐书》（王应麟《玉海》卷100）。
③（汉）桓谭：《新论·琴道》,上海：上海人民出版社,1977年,第64页。

与冲击下而被冷落置之,但仍有部分士人坚守传统儒家乐教思想。白居易认为"序人伦,安国家"首倡礼,而"和人神,移风俗"首倡乐,礼和乐"二者所以并天地、参阴阳,废一不可也。"(《白氏长庆集·议礼乐》)

　　两宋时期,由于政治、经济、文化的发展与强盛,古琴琴艺与琴理的发展迅速,迎来了一片繁荣的局面,呈现出一幅圣贤气象。这一时期因儒学主张之异,反映在琴学上,则形成了两派。以琴载"道"为一派,即以琴养性,正心穷理,其代表人物自周敦颐、邵雍等至朱熹;还有主张琴即是"道"的另一派,即琴为心之自然流行,其代表人物有程颢、陆九渊等。两宋时期古琴艺术的教化功能更加突出,"琴者,禁也,所以禁止淫邪,正人心也"①。禁,吉凶之忌也。(《说文解字》)儒家提出"琴者,禁也"的命题,实质是突出古琴的非艺术功能,主要表现在两方面:一方面是对琴音之禁,"琴之大小得中而声音和,大声不哗人而流漫,小声不湮灭而不闻,适足以和人意气、感人善心"②。此处之禁要求琴的音量要适中,以儒家的音乐审美观"中和"为标准,达到"养君中和之正性,禁尔忿欲之邪心"(《朱文公文集·紫阳琴铭》卷85)的"中和"理想状态。"故琴之为言禁也,雅之为言正也,言君子守正以自禁也。"③此处之禁,即禁淫邪正人心,存雅正之音。另一方面是对琴人之禁,琴人须"志静""气静""手静","志"与"气"都是对道德品质的要求,"手"则是对抚琴技术层面的要求。"是故君子之于琴也,非徒取其声音而已,达则可以观政焉,穷则于守命焉。"④这也就是对琴人"德性"的要求,强调艺术对人心的感染作用,以道德正人心,以防淫亵人伦,这也

---

① (汉)班固撰:《白虎通义》,北京:中国书店,2018年,第59页。
② (宋)应劭撰,吴树平校译:《风俗通义校释》,天津:天津人民出版社,1980年,第235页。
③ 同上。
④ (宋)朱长文:《琴史》卷六,钦定四库全书本。

是古琴生命力持久的主要原因。

总之,古琴艺术作为一种社会意识形态,受社会环境、政治背景和道德观念的影响,是对其赖以生存的经济基础和社会现实的反映。儒家思想对古琴艺术的影响从未间断过,古琴作为儒家思想的一种载体,与其相融相通,并肩走过 3000 多年曲折的历史长河。在宋代儒者的理解中,古琴是"三代之音"的遗存,即治世的代表。

二、 范仲淹与《履霜操》

陆游在《老学庵笔记》载:"范文正公喜弹琴,然平日只弹《履霜》一操,时人谓之范履霜"[①]。这说的是范仲淹素爱弹琴,但平时只喜欢弹《履霜》一首曲子,当时的人都称他"范履霜"。

(一)范仲淹与古琴

范仲淹(989 年—1052 年),字希文,江苏吴县人。两岁时,父故,后随母改嫁。少年时好学,曾求学于应天府书院和山东长白山醴泉寺,过着异常艰苦的生活。宋真宗大中祥符八年(1015 年)中进士。宋仁宗朝官至参政知事,后因"庆历新政"失败,被贬至陕西。皇祐四年(1052 年),改知颍州,赴任途中病故。因其"道直才周,为本朝全德大老"[②],卒谥"文正"。范仲淹一生以经国致君为己任,留下了"先天下人之忧而忧,后天下人之乐而乐"(《岳阳楼记》)的千古名句。

范仲淹十分重视音乐的教化作用,推崇儒家的"正始音"。从其所写诗文中便可见,在《听真上人琴歌》中,他提出:"乃知圣人情虑深,将治四海先治琴;兴亡哀乐不我遁,坐中可见天下心"[③]。他

---

① (宋)陆游:《老学庵笔记》,北京:中华书局,1979 年,第 117 页。
② (宋)朱长文:《琴史》卷 5,钦定四库全书本。
③ (宋)范仲淹:《范文正公文集》卷 2。

谈及听到一首好曲时心中的欢喜之情：“感公遗我正始音，何以报之千黄金”①。

范仲淹通乐理、好音乐、擅抚琴，在与朋友咏琴的诗词中言及对古琴的喜爱：

> 爱此千里器，如见古人面。欲弹换朱丝，明月当秋汉。我愿宫商弦，相应声无间。自然召南风，莫起孤琴叹。②

他少时便有治国辅君之志，学习必师从古代贤人。曾学琴于崔遵度，崔公“清静平和，性与琴会。著《琴笺》，而自然之义在矣”③。范仲淹向老师请教“琴何为是？”崔公曰：“清厉而静，和润而远”。范仲淹思考之后终于明白：“清厉而弗静，其失也躁；和润而弗远，其失也佞。不躁不佞，其中和之道欤？”④可以看出，范仲淹对音乐秉持着“中和之道”的思想。

范仲淹听说唐异处士善于弹琴，便去信唐处士云：

> 盖闻圣人之作琴也，鼓天下之和而和天下，其为道大矣乎！暴秦之后，礼乐失叙于吁？嗟乎！琴散已久，后之传者妙指美声，巧以相尚，丧其大，矜其细，人以艺观焉。⑤

范仲淹认为圣人制琴是为了弹奏天地间的和声而使天下和谐，秦之后礼乐失序，而弹琴用于修身理性，应遵德行的外在表现，

---

① (宋)范仲淹：《范文正公文集》卷2。
② (宋)范仲淹：《和杨畋孤琴咏》(《全宋诗》第3册)，北京：北京大学出版社，1988年，第1872页。
③ (宋)朱长文：《琴史》卷5，钦定四库全书本。
④ (宋)朱长文：《琴史》卷5，钦定四库全书本。
⑤ (宋)范仲淹：《范文正公文集》卷10。

而不应以艺观之。可以看出，范仲淹对音乐也秉持着"琴不以艺观之"的思想。朱长文也赞同范仲淹的观点：

> 君子之于琴也，发于中以形于声，听其声以复其性，如斯可矣。非必如工人务多趣巧，以悦他人也。①

朱长文认为君子弹琴是由心而发，并通过声音表达出来，达到复归天地之性，如此这般，不必像职业琴师一样投机取巧，取悦别人。

（二）琴曲《履霜操》的创作背景

> 伯奇者，尹吉甫之子也。吉甫以诗显于周宣王之时。吉甫长子曰伯奇，次曰伯封。伯封，继室之子也，故欲立之。给吉甫曰："伯奇好妾，若不信，君登台观之。"乃寘蜂领中，顾伯奇曰："蜂蛰我，趣为我掇。"吉甫望见，以其妻之言为信，于是放伯奇。伯奇自伤无辜见疑，作《履霜操》以寓其哀。②

《履霜操》乃周朝尹吉甫之长子伯奇所作。尹吉甫，卓越的政治家、军事家、哲学家、音乐家，西周时贤相，辅助周宣王振兴王朝，史称"宣王中兴"。尹吉甫有一子伯奇。伯奇的母亲去世后，吉甫重新娶了一房妻子，生一子伯邦。后母意图潜害伯奇，于是告诉吉甫，伯奇见妾长得漂亮，有占欲之心。吉甫认为伯奇孝顺仁慈，不是后妻所言之人，便不信。后妻请吉甫登台观之，她知伯奇仁孝，便设计陷害他，找了几十只蜜蜂，放置在自己的衣服中，路过伯奇身边告诉他："蜂蛰我"，伯奇便从其衣中取蜂欲杀之。吉甫见之，

---

① （宋）朱长文：《琴史》卷5，钦定四库全书本。
② （宋）朱长文：《琴史》卷1，钦定四库全书本。

便信了其妻之言,乃逐伯奇。伯奇自感伤心和无辜,便作琴曲《履霜操》表达自己蒙冤的悲哀之情。从《谢琳太古遗音》琴谱中可见《履霜操》的曲词,见图(3-1):

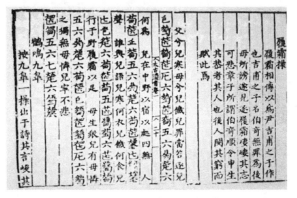

图 3-1 《谢琳太古遗音》载《履霜操》曲词

其词为:"履朝霜兮采晨寒,考不明其心兮听诛言。孤恩别离兮摧肺肝,何辜皇天兮遭斯想,痛殁不同兮恩有偏,谁说顾兮知我冤。"①

曲毕,伯奇"自投江中"②。但是蔡邕《琴操》记载的却是伯奇命运的一个大反转:"宣王出游,吉甫从之,宣王闻歌曰:'此孝子之辞也',吉甫乃求伯奇而感悟,遂射杀后妻"③。

随着《履霜操》的成名,后有多位学者以此曲名拟作,如北宋黄庭坚、元末明初杨维桢等。唐代中后期,以韩愈为领袖发起的古文运动,在文学上提倡用三代两汉文体取代魏晋以来的骈文;在思想上推崇儒家的道德价值和社会理想。反映在琴坛上,韩愈参照汉

---

① (宋)郭茂倩:《乐府诗集》第 3 册,北京:中华书局,1979 年,第 833 页。
② (汉)杨雄:《琴清英》(范煜梅《历代琴学资料选》),成都:四川教育出版社,2013 年,第 16 页。
③ (汉)蔡邕:《琴操》,南京:江苏古籍出版社,1988 年,第 14 页。

代蔡邕所著《琴操》来为其中的十首古琴曲重新填词成《琴操十首》。《履霜操》便是十首之一,其辞为:

> 父兮儿寒,母兮儿饥。儿罪当笞,逐儿何为。儿在中野,以宿以处。四无人声,谁与儿语。儿寒何衣,儿饥何食。儿行于野,履霜以足。母生众儿,有母怜之。独无母怜,儿宁不悲。①

对于《履霜操》伯奇作词版本和韩愈填词版本二种不同版本的琴词,本书以分析伯奇所作之词为主,韩愈所作之词为辅,因为范仲淹尚古,《琴史》载其"少有经国致君之志,学必师古"②。

三、 朱熹与《胡笳》

琴曲《胡笳》,是一首根据叙事抒情长诗而谱写的传统题材的琴曲。继唐代《大胡笳》《小胡笳》、南唐《小胡笳十九拍》、北宋《别胡儿》《忆胡儿》琴曲后,才见《胡笳》琴曲之记载。南宋时期著名儒学家朱熹将其纳入《楚辞集注·楚辞后语》卷3之中。

(一) 朱熹与古琴

朱熹(1130年—1200年),字元晦,号晦庵、遁翁,江西婺源人。他出生于传统儒学世家,其父朱松,进士出身,是一位好琴的文人,曾求学于罗从彦。绍兴十年(1140年),因反对秦桧议和被赶出朝廷,到饶州任职。绍兴十四年(1144年),朱松卒,朱熹随母定居崇安。绍兴十八年(1148年),朱熹参加"乡贡"考试被录取。次年中进士。3年后出任泉州同安县主簿。其一生做官约10年,历高宗、孝宗、光宗、宁宗四朝。他一生用40年时间著书讲学,重

---

① (唐)全唐诗:增订本(第5册),北京:中华书局,2005年,第3767页。
② (宋)朱长文:《琴史》卷5,钦定四库全书本。

建白鹿洞书院,修复岳麓书院等。曾师从理学大师李侗,此后便致力于以儒学为主体来构造他的哲学体系。47 岁时,理学集大成之作《论语集注》《孟子集注》编成。另撰古琴乐律的专门性著作《琴律说》及相关礼乐与乐教的文献共计十余万言。宋宁宗庆元六年(1200 年)病逝,留下著作 70 余部,总计 460 卷,创办书院27 所,门生数千。

作为理学集大成者,朱熹的古琴伦理思想具有宋代儒学家群体的普世性,认为古琴是"三代之音"的遗存,主张琴以载"道"。其父朱松好琴,朱熹幼时受家庭的熏陶接受诗教与乐教的启蒙学习,十分喜爱古琴,曾学琴于理学家刘子翚。朱熹一生注重礼乐的传习,乐教思想是其讲学的一个主要内容,在同安便建立了"游艺"县学四斋,赋铭曰:

礼云乐云,御射数书。俯仰自得,心安体舒,是之谓游。以游以居,呜呼游乎! 非有得于内,孰能如此其偷窃而有余乎?[1]

总的来说,朱熹的古琴伦理思想主要体现在以下几方面:

第一,论礼乐之中和。朱熹曾著《紫阳琴铭》:"养君中和之正性,禁尔忿欲之邪心"[2]。此句高度概括了朱熹对待礼乐的儒家立场,即"中和之性"。一方面,他继承了儒家视琴为士君子修身养性和坚守道德情操之器的思想,"琴者,禁也。禁止于邪以正人心也"[3]。另一方面,这是对周敦颐由"援道入儒"而形成礼乐之"淡

---

[1] 朱杰人等:《朱子全书》(第 24 册),上海:上海古籍出版社,合肥:安徽教育出版社,2002 年,第 3988—3989 页。
[2] 朱杰人等:《朱子全书》(第 24 册),上海:上海古籍出版社,合肥:安徽教育出版社,2002 年,第 3994 页。
[3] (明)蒋克谦:《琴书大全》《琴曲集成》第 5 册),北京:中华书局,2010 年,第 20 页。

和"思想的继承,"乐声淡而不伤,和而不淫。入其耳,感其心,莫不淡且和焉。淡则欲心平,和则躁心释"[1]。宋代理学家以琴修心的同时,推崇琴之"太古之音"的地位和其变化气质、正心穷理之用。

第二,论诗乐之郑卫。朱熹对诗乐的伦理思想主要是"乐而不淫,哀而不伤"[2]。从他《答陈体仁》一文中可见:

　　……况今去孔孟之时千有余年,古乐散亡,无复可考,而欲以声求诗,则未知古乐之遗声今皆以推而得之乎? 三百五篇皆可协之音律而被之弦歌已乎? ……况未必可得,则今之所讲,得无有画饼之讥乎?[3]

朱熹论诗乐的目的在于突出其教化作用,他推崇《雅》《颂》,释义二《南》,尤其褒奖《诗经》开篇之《关雎》,认为是文王、太姒德化之万世之法,故其是首篇,排斥《郑风》《卫风》。"恶郑声之乱雅乐也"[4]"放郑声,远佞人。郑声淫,佞人殆。"[5]孔子认为郑卫之音乱雅正之音,恣肆、无节制,故郑卫之声"淫邪"。而朱熹则将《郑风》《卫风》中的多首表现男女唱和以叙欢情,或写相思之深等诗歌,都斥为"淫奔"之诗。由此可见,朱熹认为古琴应崇尚古雅淡泊,弹奏时应"声多韵少"。这也体现在他对于琴曲《广陵散》的评价,"以某观之,其声最不和平,有臣陵其君之意"[6]。

第三,论琴律寻通达。朱熹好古琴,通乐律,善抚琴。其著《琴

① (宋)周敦颐著,陈克明点校:《周敦颐集》,北京:中华书局,1990年,第28页。
② (宋)朱熹:《四书章句集注·论语集注》,北京:中华书局,2011年,第66页。
③ 朱杰人等:《朱子全书》(第21册),上海:上海古籍出版社;合肥:安徽教育出版社,2002年,第1653页。
④ (宋)朱熹:《四书章句集注·论语集注》,北京:中华书局,2011年,第167页。
⑤ (宋)朱熹:《四书章句集注·论语集注》,北京:中华书局,2011年,第154页。
⑥ (宋)黎靖德:《朱子语类》卷78。

律说》是我国琴史上第一部琴律学说,首次提出"琴律"的概念。
《琴律说》主要内容为:首先,运用三分损益法计算五音十二律,朱
熹批评时人只知"以四折取中为法"来取徽与声、位相应,但并不知
其中之理,所以他用三分损益法演算声、律、徽之间数的道理和十
二律在一条弦上的排列,并规定七弦散声之顺序。其次,以琴徽之
位区分琴上三准,以区分古琴的高中低音的区位并限制音高的使
用,"左以象君,右以象臣……左者阳明,故为君子而近君,右者阴
浊,故为小人而在远。"(《朱文公文集·琴律说》卷66)最后,朱熹以
"自然和协"为调弦原则以正调调弦法进行调弦。儒者研究律学,
获得乐理知识不是为了创作琴曲,而是为了找出琴律与天地之道、
人伦之理的相通之处,证明"理"在琴中①。

(二)琴曲《胡笳》的创作背景

琴曲《胡笳》,是一首根据叙事抒情长诗而谱写的传统题材的
琴曲。继唐代《大胡笳》《小胡笳》、南唐《小胡笳十九拍》、北宋《别
胡儿》《忆胡儿》琴曲后,才见其记载。其辞始见于北宋郭茂倩
(1041年—1099年)著《乐府诗集》卷59《琴曲歌辞三》,后收录于南
宋朱熹著《楚辞集注·楚辞后语》卷3。根据当代著名古琴家查阜
西先生编纂的《存见古琴曲谱辑览》,《胡笳十八拍》传谱存见的谱
集或谱本有三十五②。其中命名有所不同,如《大胡笳》《胡笳》《十
八拍》,但均表示《胡笳十八拍》。自宋以来,随着琴曲《胡笳》的流
行,其创作者是否为蔡琰存在争议,至今没有定论。持肯定意见的
有韩愈、王安石、王应麟、罗贯中、郭沫若等;持否定意见的有苏轼、
王世贞、沈德潜、刘大杰等。从笔者目前所掌握的文献来看,唐代
诗人李硕《听董大弹胡笳声兼语弄寄房给事》、宋朱长文《琴史》、宋
郭茂倩《乐府诗集》卷59《琴曲歌辞三》、南宋朱熹《楚辞集注·楚辞

① 范煜梅:《历代琴学资料选》,成都:四川教育出版社,2013年,第131页。
② 查阜西:《存见古琴曲谱辑览·上册》,北京:人民音乐出版社,1958年,第8页。

后语》卷3均记载"蔡琰作",故在本书的论述中依然坚持是蔡琰所作。

> 蔡琰,字文姬,伯喈之女,妙音律……少适河东卫仲道,夫亡无子。天下丧乱,为番骑所获,没于南匈奴左贤王。在番中十二年,生一子。曹操素与邕善,痛其无嗣,乃遣使以金璧赎之。既之嫁陈留董祀,尝感伤乱离,追悼怀愤,赋诗二章……往则遭戎狄之困辱,归则痛天性之永隔,闻者可为之叹息。世传《胡笳》乃文姬所作,此其意也。①

蔡琰(177年—不详),字文姬,是伯喈(蔡邕,东汉末年著名的文学家、书法家、琴家,著《琴操》《述行赋》)之女,通音律,六岁能辨琴弦之声,是我国历史上著名的文学家和琴家。世传《胡笳》为蔡琰所作。从《五知斋琴谱》中可见《胡笳十八拍》的曲词,见下图(3-2)(节选):

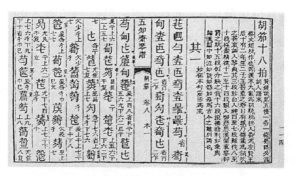

图 3-2 《五知斋琴谱》载《胡笳十八拍》曲词

《胡笳十八拍》是蔡琰根据自己一生坎坷的经历和悲惨的命运所创作的一首大型叙事琴曲,与《洞天》《箕山》《羽化》《秋鸿》并称

---

① (宋)朱长文:《琴史》卷三,钦定四库全书本。

五首琴之大曲,其琴曲演奏时间约 20 分钟,琴词是 1 首长达 1500 多字的叙事诗,分为 18 拍,也即 18 段。第 1 段是对琴曲背景的介绍;第 2 至第 10 段主要表现蔡琰对故土的思念;第 11 段至第 18 段主要表现蔡琰惜别留在胡地的稚子,其中第 5 段和第 11 段是琴曲的转折段。其曲谱最早见于清代徐常遇辑《澄鉴堂琴谱》,后清代徐祺辑《五知斋琴谱》也记录了这首琴曲和琴词,"黄钟调紧五慢一各一徽,蜀谱吴派词"①,蜀谱即古琴蜀声(位于今四川一带)曲谱,吴派词即是蔡琰所作的原诗,因此谱记录精细,琴家多使用此版本演奏。

第二节　宋代儒学家古琴曲词中孝道思想的内涵

周代以来,古琴成为儒家士君子修身养性,坚持道德情操的器具,"君子之近琴瑟,以仪节也,非以慆心也",(《左传·昭公元年》)"士无故不撤琴瑟。"(《礼记·曲礼篇》)到了宋代,弹琴之事于儒学家而言,是其思想的表达,也是其儒者德行的彰显。从陆游在《老学庵笔记》中的记载可知范仲淹喜欢弹琴,但平时只弹一曲《履霜操》。琴曲《胡笳》在南宋时期首见朱熹《楚辞集注·楚辞后语》卷 3 之中。下文将根据《履霜操》和《胡笳》的琴词并结合范仲淹与朱熹所处的时代背景,分析其中蕴含的孝道思想内涵。

一、孝与悌并重

"孝悌"是中华民族历史悠久的传统美德,根植于中国传统的家庭伦理之中。"孝乎惟孝,友于兄弟,施于有政。"(《尚书》)"夫孝,德之举,教之所由生。"(《孝经》)"孝,善事父母者。从老省,从

---

① (清)徐祺:《五知斋琴谱》(《琴曲集成》第 14 册),北京:中华书局,2010 年,第 558 页。

子。子承老也。"(《说文解字》)"悌,善兄弟也。"子曰:"子入则孝,出则弟,谨而信,泛爱众而亲仁。"(《论语·学而》)有子曰:"其为人也孝弟,而好犯上者,鲜矣;不好犯上,而好作乱者,未之有也。君子务本,本立而道生。孝弟也者,其为仁之本与!"(《论语·学而》)可见,孝是仁之本。孔子一生致力于实现"仁",而其主要的途径便是"宗族称孝焉,乡党称悌焉"的"孝悌"。"孝悌"是儒家的仁爱精神,根植于中国传统家庭伦理之中并在家庭内部充分体现,是维系家族和睦与社会稳定的纽带和基石。

从范仲淹喜欢弹《履霜操》一曲来看,他并不是爱琴艺,范仲淹秉承儒家正统之音,推崇上古理想中的圣人之琴、中和之琴。他说:"盖闻圣人之作琴也,鼓天地之和而和天下,琴之道大乎哉!秦作以后,礼乐失驭,于嗟乎,琴散久矣!后之传者,妙指美声,巧以相尚,丧其大,矜其细,人以艺观焉"[1]。可见,他反对"妙指美声,巧以相尚",反对将古琴当作"艺"来对待,也就是以古琴音乐的乐本体为重的"艺人琴"。弹琴不仅是为了修身养性,也是"君子有三乐"之"乐者,德之华"[2]的体现。因此,范仲淹对《履霜操》一曲之爱,实为赞美伯奇的孝悌仁爱之美德。现结合《履霜操》的曲名、题材、琴词和时代背景来分析伯奇的"孝悌"美德。

从《履霜操》的曲名来看,"履霜"出自《周易本义·坤卦》的初六爻辞"初六:履霜,坚冰至。《象曰》:'履霜''坚冰',阴始凝也。其象如'履霜',则知'坚冰'将'至'也"[3]。这可以被解释为脚踩在霜上,便知那冰冻的日子即将到来,意喻事情发展的后果很严重。结合伯奇本人与所作琴曲《履霜操》之词"履朝霜兮采晨寒"来看,

---

① (宋)范仲淹:《范文正公文集》卷 10。

② (汉)郑玄注,(唐)孔颖达疏:《礼记正义》卷 38,(李学勤主编:《十三经注疏》,北京:北京大学出版社,1999 年,第 1111 页)。

③ (宋)朱熹:《周易本义》,北京:中央编译出版社,2010 年,第 32 页。

在这里可以理解为脚踩到了霜上，又踩到了坚冰之上，已到了极其寒冷的状况，此处表示寒冷已至而不是将至。《乐府诗集》载琴曲《履霜操》的解题"伯奇无罪，为后母谮而见逐，乃集芰荷以为衣，采楟花以为食。晨朝履霜，自伤见放，于是援琴鼓之而作此操"①。仁慈至孝的伯奇无罪，但在后母的谮害之下其父被蒙蔽，于是将他赶出了家门，伯奇在野外无食无物，只得采荷叶做衣，楟花为食，清晨踩在冰霜之上，身心寒冷至极，在这样的情况之下，作《履霜操》，通过琴乐来抒发内心的悲哀与苦闷。从《履霜操》的题材来看，先秦时期琴曲的四大题材是：畅、操、弄、引，主要反映了儒家修身、齐家、治国、平天下的思想。六朝时期谢希逸著《琴论》曰：

> 和而乐作，命之曰畅，言达则兼济天下而美畅其道也。忧愁而作，命之曰操，言穷则独善其身而不失其操也；引者，进德修业，申达之名也；弄者，情性和畅，宽泰之名也。②

结合其词"痛殁不同兮恩有偏，谁说顾兮知我冤"来看，尽管伯奇痛恨继母的谮害，父亲不明真相听信继母谗言，"考不明其心兮听诛言"驱逐自己，伯奇忍受着这份冤屈，"孤恩别离兮摧肺肝"，但在如此逆境他仍能做到不失其操守，依旧敬爱其父母，善事其弟，真正做到"穷则独善其身。"因此，"操"这一琴曲题材，在这里主要是褒奖伯奇的为子、为兄之道。

"孝"与"悌"是紧密相连、互为表里的。从《说文解字》中释义"孝，善事父母者；悌，善兄弟也"而言，究竟怎样的行为规范才算"善事"？孔子曾赞扬其弟子闵子骞："孝哉闵子骞！人不间于其父母昆弟之言。"（《论语·先进》）胡氏曰："父母兄弟称其孝友，人皆

---

① （宋）郭茂倩：《乐府诗集》第 3 册，北京：中华书局，1979 年，第 833 页。
② （宋）郭茂倩：《乐府诗集》第 3 册，北京：中华书局，1979 年，第 822 页。

信之无异辞者,盖其孝友之实,有以积于中而著于外,故夫子叹而美之"①。《史记·仲尼弟子列传》中记载了"子骞少时为后母虐待"的故事,因后母对待子骞不公,其父误解子骞而笞之,其父复查明缘由后愧忿之极,欲出后母,但子骞不计前嫌跪求其父曰:"母在一子寒,母去三子单。"由此可见,孔子赞扬子骞主要是因为无论父母对待自己的态度如何,我们都要一如既往地善事父母,善待兄弟,以一颗豁达之心宽容父母,回报父母的养育之恩。孟子深受孔子思想的影响,在其思想体系中"孝悌"同样占有重要地位,他认为"孝"的最高境界是"尧舜之道,孝悌而已矣。"(《孟子·告子下》)孟子以大舜多次被继母和父亲迫害,仍旧对父母不失其孝,对兄弟不失其善的"孝悌"事例说明了"孝悌"的绝对性,即使父母兄弟不爱护自己,仍要善事他们。

　　同样地,在《履霜操》词中伯奇之父不明真相听信继室谗言,导致伯奇被继母谮害,最终被其父逐出家门。在蔡邕《琴操》中记载:"宣王出游,吉甫从之,宣王闻歌曰:'此孝子之辞也',吉甫乃求伯奇而感悟,遂射杀后妻"②。周宣王听出了伯奇所奏琴曲《履霜操》表达的那一份"孤恩别离兮摧肺肝,何辜皇天兮遭斯想"的冤屈和悲凉之情,便说:"此孝子之辞也",之后伯奇之父"乃求伯奇而感悟,"他了解到事情的真相,便请求伯奇原谅,带他回家。伯奇并没因为自己的冤屈而向父亲申冤,也没有加害于兄弟伯邦,在这里伯奇既做到了"善事父母",即以一种永不褪色的崇敬与爱戴来表达对父母的"孝",又做到了"善兄弟也",即以一种手足之情和亲睦友爱来表达对兄弟的"悌",即使自己蒙受极大的冤屈,此情此心此志,也依然如故,从而实现"孝"与"悌"并重。从韩愈所作《履霜操》的琴词来看,其体裁是整齐的四言体,其辞看似代伯奇鸣冤,但意

---

① (宋)朱熹:《四书章句集注·论语集注》,北京:中华书局,2011年,第118页。
② (汉)蔡邕:《琴操》,南京:江苏古籍出版社,1988年,第14页。

在称赞伯奇的孝悌仁慈。范文正公喜弹《履霜》一操,尽管平日只弹这一曲,但朱长文认为范仲淹已"得其趣深矣",他将《履霜操》琴曲中所得之乐趣与个人修身及政教相结合,注入人伦的温情,这一曲的背后体现了其为子、为父、为臣的高尚道德情操。如此,不仅是对伯奇孝悌仁爱之美德的赞扬,也是表现其所仰慕与向往的高尚道德境界,同时,也反映出范仲淹的"孝悌"观及其践行。

"先王兴孝以教民厚,民用不薄;兴义以教民睦,民用不争。"①北宋开国之初,太祖皇帝便推行以"孝治天下"的政治理念,曾多次颁布诏令劝孝,希望用儒家的"孝悌"传统美德来规劝众民善事父母、善待兄弟姊妹,和睦无争,从而回归儒家经典,重立儒家道德规范,促进家庭稳定以及全社会的稳定与和谐。宋朝的历代帝王都重视劝孝工作,不仅注重身体力行的孝道思想实践,更注重从国家施政纲领的高度对"孝悌"的落实采取具体措施,如注重孝道训教,强化孝治思想;奉行尊老国策,培养孝亲顺民;旌表孝德孝行,树立孝范楷模等。从施政的角度而言,其重要内容是对《孝经》的宣讲、刊印、推广普及;此外,还将"孝悌"的品行考核纳入国家人才的选拔之中。这种社会氛围对儒者产生了深远的影响,朝廷对孝行的嘉奖,使得他们更注重君子名节,从而更加重视"孝悌"品行,宋代儒者留下了大量"重孝行孝"的传世家训、家礼、家范等文献资料,他们秉持"孝悌"观念,言传身教,一方面承接朝廷的"孝治天下"的理念,另一方面又为"孝治天下"理念的社会教化而发挥自己的力量。

范仲淹继承了儒家"重孝行孝"的传统美德,深谙"夫孝,天之经也,地之义也,民之行也"(《孝经》)的道理。从其为子的角度而言,在尊老、尚老、敬老、养老等善事父母的"孝养与孝敬"上努力做

---

① (元)脱脱:《宋史》《孝义传》卷456。

到"事父母，能竭其力"，(《论语·学而》)并将"孝道当竭力"作为其《家训百字铭》的开篇之句。范仲淹家道贫寒，两岁丧父，随母改嫁，曾于山东长白山醴泉寺勤苦读书 5 年，《齑赋》记载"陶家瓮内，腌成碧绿青黄；措大口中，嚼出宫商角徵。"由此可见，他当时过着极其艰苦的生活。当他进士及第获得官爵和俸禄时，第一件事便是迎其母孝养，因为年幼丧父，"欲以养亲，亲不在"，他深感遗憾，为此，范仲淹更懂得"孝养有时"之理，也特别强调"敬长与怀幼，怜恤孤寡贫。"同时，他并未忘记继父一家，并请求朝廷把"所授功臣阶勋恩命回赠继父一官"①来报答朱家的养育之恩。

　　从其为父的角度而言，范仲淹治家严谨，特别重视家庭教育，亲定《六十一字族规》和《义庄规矩》，并且专门写《诫诸子书》教育自家子女。范仲淹的教育思想继承了儒家重德的理念，"以德服人，天下欣戴；以力服人，天下怨望；尧舜以德，则人爱君如父母；秦以力，则人视君如仇雠。是故御天下者，德可凭而力不可恃也"②。所以他坚持德为教之本的观念，并以身作则培育子女正心修身、积善行德，乐善好施的优秀品格。在德育的过程中他始终坚持"夫孝，德之本也，教之所由生也"的"孝为先"的观念，范仲淹认为"孝悌"教育可以促进家庭稳定与和睦，也有助于全社会的稳定与和谐。"孝是以血缘关系为纽带、宗族关系为依托而发展起来的道德，是维护宗法制度的工具。""孝"不仅包含赡养、敬养、无违、谏诤和忧思的义务，还有显扬的义务，"显扬先祖，所以崇孝也。"(《礼记》)"立身行道，扬名于后世，以显父母，孝之终也。"(《孝经》)所以，"范文正公尝建义宅，置义田、义庄，以收其宗族，又设义学以教，教养咸备。"(《范氏义塾记》)范仲淹主张兄友弟恭的"悌"之道，强调"兄弟互相助，慈悲无边境。"(《家训百字铭》)他曾训诫子弟：

---

① 方健：《范仲淹评传》，南京：南京大学出版社，2001 年，第 14 页。
② (宋)范仲淹：《范文正公集》卷 7。

"家族之中,不论亲疏,当念同宗共祖,一脉相传,务要和睦相处,不许相残、相妒、相争、相夺,凡遇吉凶诸事,皆当相助、相扶,庶几和气,致祥永远。"(《六十一字族规》)

从其为臣的角度而言,其为臣之政治节操表现为忠君爱国。"其为人也孝弟,而好犯上者,鲜矣;不好犯上,而好作乱者,未之有也。"(《论语·学而》)儒家认为善事父母友爱兄弟的人,就不会犯上作乱,必然会效忠于帝王和国家。"天下之本在国,国之本在家,家之本在身。人人亲其亲、长其长,而天下太平。"(《孟子·离娄上》)在家族中,父慈子孝,兄友弟恭,夫妻融洽,家庭便能和睦安宁,国家便能稳定太平。这样家庭内部的亲情便扩展至社会和国家之中,在"家"和"国"之间建立起沟通的桥梁,因而有了"移孝作忠"的政治目的。同样地,范仲淹的"孝悌"观念也并未局限于范氏家族,而是扩展到社会政治道德,把"孝"升华为"忠",强调忠君爱国才是大孝这种为国家服务的孝道思想。可以说,他"重孝行孝"的观念在当时成了一种楷模。从公元 1029 年冬至宋仁宗欲率百官为垂帘听政的章献太后祝寿之事可见,只要是有益于朝廷社稷之事,范仲淹必定不顾杀身之祸秉公直言,他谏言宋仁宗此举不合国礼,属其家礼,劝谏其放弃此举,并上书于太后请求其还政于皇帝。公元 1033 年,章献太后驾崩,宋仁宗亲政。在已故章献太后评价问题上,范仲淹认为"圣人将成其国,必正其家。"正如吕大临所言:"正心以正身,正身以正家,正家正朝廷百官,至于天下"①。他说太后多年辛劳,对仁宗有养育之恩,建议朝廷不得议论其过失,而应成全其美德,宋仁宗听取了他的劝谏,"太后受遗先帝,保佑圣躬十余年矣。宜掩其小故,以全其大德"。仁宗命"其垂帘日诏命,中外毋辄以言"②。范仲淹主张"儒者报国,先言为先",于是

---

① (宋)程颢、程颐:《二程集》,北京:中华书局,1981 年,第 20 页。
② (宋)李焘:《续资治通鉴长编》112。

多次上书朝廷校正时弊,然屡言屡贬。但范仲淹总能胸怀坦荡,自适自安,留下了"先天下人之忧而忧,后天下人之乐而乐"(《岳阳楼记》)的千古名句。

范仲淹一生心系百姓,任杭州知府时,通过举办划龙舟比赛,用拉动内需的办法解决杭州百姓的饥荒问题;出任泰州时,通过重修捍海堰,使泰州百姓的生活、耕种和产盐得到保障。从其与人交往来看,范仲淹为友则秉承惟德是依,因心而友的准则。范仲淹钦佩人称和靖先生的西湖隐逸诗人林逋,他喜欢与和靖先生把酒抚琴,纵谈古今。"闲约诸公扣隐扃,江天风雨忽飘零。……湖山早晚逢晴霁,重待寻仙入翠屏。"①从他所赠和靖先生之诗可见,一位以天下为己任的名臣把对一位遁迹山林、洁身自好隐士的敬仰之情表达在这至诚的诗句里。共同的志趣——琴,也使得他们能够心心相印而成为挚友。

二、 忠与孝两全

"孝"属于血缘亲情的伦理范畴,儒家提出了一系列具体的道德义务规范,"孝"除了包含善养、敬养、谏诤、忧思、显耀等义务,还有一项重要的道德义务规范就是"祭亲","孝子之事亲也,有三道焉:生则养,没则丧,丧毕则祭。"(《礼记·祭统》)孔子认为父母去世后,应遵守"没则丧"守孝三年以报答父母之恩,"子生三年,然后免于父母之怀。夫三年之丧,天下之通丧也。予也有三年之爱于其父母乎?"(《论语·阳货》)丧毕则遵循"生,事之以礼;死,葬之以礼,祭之以礼。"(《论语·为政》)慎终追远,是子女对待父母深厚情怀的延伸,也是"孝"观念的进一步扩展,同时后代要不改其父之道,继承先人的遗志,"夫孝者,善述人之志,善继人之事者也。"

---

① (宋)范仲淹:《与人约访林处士阻雨因寄》(《全宋诗》第3册),北京:北京大学出版社,1988年,第1886页。

（《中庸》）

艺术源于生活也高于生活，著名琴曲的产生必定有其真实的生活背景，是曲词作者诚挚情感的流露与表达。蔡琰初嫁于卫仲道，次年丈夫去世，无子嗣，因婆家责怪其克夫，遂返其家。天下政局动荡，其父被王允所迫害，被胡人所掳获，沦落南匈奴左贤王之手。蔡琰在胡地生活了 12 年，生下一子（《后汉书》载生二子）。曹操与蔡邕向来交好，痛心感叹蔡邕没有留下子嗣，于建安十二年派使节以重金和金璧将文姬赎回。归后，曹操指定她嫁给陈留人董祀，文姬饱受离乱之苦，追忆悲愤之痛，赋诗二首，即《悲愤诗二首》。蔡琰之前受戎狄的困辱，归来后又承受母子永不相见之痛楚，听闻者都为之叹息。综观前文所述，《胡笳十八拍》是蔡琰根据自己一生坎坷的经历和悲惨的命运所创作的一首大型叙事琴曲，用十八段骚体叙事诗，演奏约 20 分钟的大曲，来分层次倾诉她自己被掳、思乡、别子、归汉等一系列曲折波澜的人生遭遇。其曲调哀婉凄切，感人肺腑。对于这首歌词的理解，应该联想到女主人公自己创曲填词独自弹唱的场景，其情感随着琴声的变化在内心流淌，行走在这十八拍曲词所组成的一条长路上，这是一条充满被胡人所掳获的屈辱和思乡别子的悲痛之路。

朱熹撰《楚辞集注·楚辞后语》卷 3 载蔡琰作琴曲《胡笳》第一拍至第十八拍之词：

> 我生之初尚无为，我生之后汉祚衰。天不仁兮降乱离，地不仁兮使我逢此时。干戈日寻兮道路危，民卒流亡兮共哀悲。烟尘蔽野兮胡虏盛，志意乖兮节义亏。对殊俗兮非我宜，遭恶辱兮当告谁？笳一会兮琴一拍，心愤怨兮无人知。

> 戎羯逼我兮为室家，将我行兮向天涯。云山万重兮归路遐，疾风千里兮风扬沙。人多暴猛兮如虺蛇，控弦被甲兮为骄

奢。两拍张弦兮弦欲绝,志摧心折兮自悲嗟。

越汉国兮入胡城,亡家失身兮不如无生。毡裘为裳兮骨肉震惊,羯膻为味兮枉遏我情。鼙鼓喧兮从夜达明,胡风浩浩兮暗塞营。伤今感昔兮三拍成,衔悲畜恨兮何时平。

无日无夜兮不思我乡土,禀气含生兮莫过我最苦。天灾国乱兮人无主,唯我薄命兮没戎虏。殊俗心异兮身难处,嗜欲不同兮谁可与语!寻思涉历兮多难阻,四拍成兮益凄楚。

雁南征兮欲寄边声,雁北归兮为得汉音。雁飞高兮邈难寻,空断肠兮思愔愔。

攒眉向月兮抚雅琴,五拍泠泠兮意弥深。

冰霜凛凛兮身苦寒,饥对肉酪兮不能飧。夜间陇水兮声呜咽,朝见长城兮路杳漫。追思往日兮行李难,六拍悲来兮欲罢弹。

日暮风悲兮边声四起,不知愁心兮说向谁是!原野萧条兮烽戍万里,俗贱老弱兮少壮为美。逐有水草兮安家葺垒,牛羊满野兮聚如蜂蚁。草尽水竭兮羊马皆徙,七拍流恨兮恶居于此。

为天有眼兮何不见我独漂流?为神有灵兮何事处我天南海北头?我不负天兮天何配我殊匹?我不负神兮神何殛我越荒州?制兹八拍兮拟排忧,何知曲成兮心转愁。

天无涯兮地无边,我心愁兮亦复然。人生倏忽兮如白驹之过隙,然不得欢乐兮当我之盛年。怨兮欲问天,天苍苍兮上无缘。举头仰望兮空云烟,九拍怀情兮谁与传?

城南烽火不曾灭,疆场征战何时歇?杀气朝朝冲塞门,胡风夜夜吹边月。故乡隔兮音声绝,哭无声兮气将咽。一生辛苦兮缘别离,十拍悲深兮泪成血。

我非贪生而恶死,不能捐身兮心有以。生仍冀得兮归桑梓,死当埋骨兮长已矣。日居月诸兮在戎垒,胡人宠我兮有二子。鞠之育之兮不羞耻,闵之念之兮生长边鄙。十有一拍兮因兹起,哀响缠绵兮彻心髓。

东风应律兮暖气多,知是汉家天子兮布阳和。羌胡蹈舞兮共讴歌,两国交欢兮罢兵戈。忽遇汉使兮称近诏,遣千金兮赎妾身。喜得生还兮逢圣君,嗟别稚子兮会无因。十有二拍兮哀乐均,去住两情兮谁具陈。

不谓残生兮却得旋归,抚抱胡儿兮泣下沾衣。汉使迎我兮四牡骓骓,号失声兮谁得知?与我生死兮逢此时,愁为子兮日无光辉,焉得羽翼兮将汝归。一步一远兮足难移,魂消影绝兮恩爱遗。十有三拍兮弦急调悲,肝肠搅刺兮人莫我知。

身归国兮儿莫知随,心悬悬兮长如饥。四时万物兮有盛衰,唯我愁苦兮不暂移。山高地阔兮见汝无期,更深夜阑兮梦汝来斯。梦中执手兮一喜一悲,觉后痛吾心兮无休歇时。十有四拍兮涕泪交垂,河水东流兮心是思。

十五拍兮节调促,气填胸兮谁识曲?处穹庐兮偶殊俗。愿得归来兮天从欲,再还汉国兮欢心足。心有怀兮愁转深,日月无私兮曾不照临。子母分离兮意难任,同天隔越兮如商参,生死不相知兮何处寻!

十六拍兮思茫茫,我与儿兮各一方。日东月西兮徒相望,不得相随兮空断肠。对萱草兮忧不忘,弹鸣琴兮情何伤!今别子兮归故乡,旧怨平兮新怨长!泣血仰头兮诉苍苍,胡为生兮独罹此殃!

十七拍兮心鼻酸,关山阻修兮行路难。去时怀土兮心无绪,来时别儿兮思漫漫。塞上黄蒿兮枝枯叶干,沙场白骨兮刀痕箭瘢。风霜凛凛兮春夏寒,人马饥豗兮筋力单。岂知重得兮入长安,叹息欲绝兮泪阑干。

胡笳本自出胡中，缘琴翻出音律同。十八拍兮曲虽终，响有余兮思无穷。是知丝竹微妙兮均造化之功，哀乐各随人心兮有变则通。胡与汉兮异域殊风，天与地隔兮子西母东。苦我怨气兮浩于长空，六合虽广兮受之应不容！①

从其琴词的整体结构来看，可以分成三个层次理解，第一层次即第一拍是全诗的背景；第二层次是第二拍至第十七拍从被掳到归汉；第三层次是第十八拍，结尾与篇首呼应。第一层次第一拍是歌词的背景，女主人公生活在汉末，天下大乱之世，烽火遍野，胡虏强盛，于兵荒马乱之际，被胡人掳获，正是她坎坷人生的开端。第二层次中第二拍至第十拍主要讲蔡琰被掳后的情况以及对故土的思念。首先就是被迫成为胡人之妻，"戎羯逼我兮为室家"，身为汉人，却成为胡人的战利品，为胡人之妻，无法保全自己的贞节，是女主人公一生肉体和心灵的枷锁，正如第一拍中的"志意乖兮节义亏"。其后是她经历胡地恶劣环境和极不适应的生活状况，"疾风千里兮扬风沙""人多暴猛兮如虺蛇"，"毡裘为裳兮骨肉震惊，羯膻为味兮枉遏我情"，女主人公此刻正经受着被掳后身体和心灵上的巨大痛苦，而愈发思念故乡，"无日无夜兮不思我乡土"。第一至第四拍曲调低沉缓慢，含蓄而深沉地抒发"志摧心折兮自悲嗟"。第五拍则是过渡乐段，借"雁飞高兮"寄托思乡之情。第六拍至第十拍主人公的情绪开始发生转变，由哀怨转为激愤，曲调也由低缓变得高昂，表现作者的愤懑之情。第十一拍又是转折，从思乡逐渐转向别子，此段使用生动活泼的泛音曲调，表达对于曹操派使节赎她回乡的喜悦之情。第十二拍至第十五拍，是主人公情感最为复杂的一段，在胡地生活了12年后，终于有机会归汉，然而兴奋的文姬

① （宋）朱熹：《楚辞集注·辨证后语》卷3，北京：中华书局，1991年，第195—198页。

一下被拉回现实,因"胡人宠我兮有二子""抚抱胡儿兮泣下沾衣",此时作为已育二子的母亲而言,归汉便意味着与亲生骨肉永远分别,十三拍兮弦急调悲,十四拍兮涕泪交垂,表现一种思绪翻腾,心如刀割的心情。《五知斋琴谱》在第十四拍尾处的旁注为:"悲切之甚,六ⁿ如同永别之声"①。第十五拍是整个十八拍歌词和全曲的高潮部分,"十五拍兮节调促,气填胸兮谁识曲?"曲调连续升高,又运用了高音滑奏,于泛音之间交错,表达主人公的激愤之情。第十六拍全曲开始逐步走向尾声,"今别子兮归故乡,旧怨平兮新怨长!"女主人公通过不断地表现"归汉"与"别子"的矛盾,突出了她进退两难、痛苦难禁的情状。第十八拍是全曲的收尾,也说明了"胡笳本自出胡中,缘琴翻出音律同",胡笳本是匈奴的一种乐器,此处换成了同乐律的古琴。本段继续使用下行模进法,使乐思逐渐下降,从而表现"十八拍兮曲虽终,响有余兮思无穷",生动感人地再现了原诗的意境。

从以上分析可见,蔡文姬虽然在胡地经历了 12 年如同地狱般度日如年的生活,无日无夜不在思念家乡和亲人,借大雁南飞之时捎回家乡胡笳(琴)之声,盼大雁北归之时带来家乡的消息,然而雁飞高兮邈难寻,空断肠兮思愔愔,这种日日夜夜的思乡之情和思亲之苦在她的脑海中时刻盘旋着。第十二拍至第十五拍,是主人公情感最为复杂的一段,因曹操与蔡文姬之父蔡邕私交甚好,曹操统一北方后,时常痛感蔡邕无后嗣,于建安十二年,派使节用重金将蔡文姬从胡地赎回,她终于有机会归汉可以实现回到家乡的梦想了。但是兴奋的蔡文姬一下被拉回到现实,此时作为已育二子的母亲而言,被迫抛下两个幼子,归汉便意味着与亲生骨肉永远分别,蔡文姬涕泪交垂,思绪翻腾,心如刀割。最后还是在"一步一远

---

① (清)徐祺:《五知斋琴谱》(《琴曲集成》第 14 册),北京:中华书局,2010 年,第 563 页。

兮足难移,魂消影绝兮恩爱遗"中告别了二子,跟随汉使回到了朝思暮想的家乡故土。然而归汉后的蔡文姬发现昔日的家乡已在战乱中凋敝,董卓兵败,蔡邕受到牵连,冤死狱中。牟巘《陵阳集》卷16《书蔡琰归汉图》写道,"蔡文姬陷身沙漠十二年,曹操遣使,以重宝赎之。一旦与使者俱还,既慰中国土思,且上先世冢墓,得其正矣"①。文姬归汉后欲孝养其父,但"子欲养而亲不待",只能祭扫先祖的冢墓,做到"丧毕则祭"和"死,祭之以礼",以此来抒发自己的浓厚的思亲情怀,表达自己对辞世先人的"孝",以此得其正矣。《后汉书·董祀妻传》记载:"操因问曰:'闻夫人家多书籍,犹能忆识之不?'文姬曰:'昔亡父赐书四千许卷,流离涂炭,罔有存者。今所诵忆,裁四百余篇耳。'操曰:'今当使十吏,就夫写之。'文姬曰:'妾闻男女之别,礼不亲授。乞给纸笔,真草唯命。'于是缮书送之,文无遗误。"蔡邕留下的 4000 余卷书籍中文姬能诵背 400 余篇,文姬继承其父之志,"夫孝者,善述人之志,善继人之事者也。"(《中庸》)这为曹操修订国史提供了重要的帮助,发挥了一代才女的作用,不仅是其博学才辩的展示,更是其忠君思想的表现。

从《胡笳》琴词"毡裘为裳兮骨肉震惊"可见,文姬穿着胡人用动物皮毛制作的散发着血腥味的裘皮,感到心惊胆战,"我不负天兮天何配我殊匹?"从"殊匹"二字可见文姬认为难以接受胡人丈夫左贤王,可到了第十拍"胡人宠我兮有二子"这个"宠"字可见,这位二子的父亲,自己的丈夫曾经给她孤独悲怜的内心带来温暖与依靠。从儒家家庭伦理的角度来看,在胡地生活的蔡文姬是左贤王之妻和二子之母,她应该尽为人母人妻的责任。为人母则应尽"慈"的责任,《说文解字》云:"慈,爱也。""慈者,父母之高行也。"(《管子·形势解》)"父义,母慈,兄友,弟恭,子孝。"(《左传》)为人

---

① 曾枣庄,刘琳:《全宋文》第 355 册,上海:上海辞书出版社,合肥:安徽教育出版社,2006 年,第 318 页。

妻则"夫有礼,则柔从听侍;夫无礼,则恐惧而自竦也。"(《荀子·君道》)"君臣、父子、兄弟、夫妇,始则终,终则始,与天地同理,与万世同久,夫是之谓大本。"(《荀子·王制》)荀子所说"君君,臣臣,父父,子子"的角色则体现了儒家的角色伦理,由礼所规定的相应责任,谓之大本也。但在汉地文姬则是蔡邕之女,从其为子之角色而言应尽"孝养"和"祭亲"的责任。从曹操遣使以金璧将其从南匈奴赎之,还,再嫁陈留董祀来看,其为臣则应为君尽"忠"之责任。最终在"一步一远兮足难移,魂消影绝兮恩爱遗"中告别二子而归汉,说明在文姬的心中,纵使不舍骨肉分离,无法再尽为母为妻之责任,也要选择归汉为子为臣而尽"忠孝"之责任。

探究"文姬归汉"的主要原因,应和东汉时期所确立的"忠孝"核心价值观有密切联系。"凡为天下,治国家,必务本而后末,务本莫贵于孝。夫孝,三皇五帝之本务,而万事之纪也。夫执一术而百善至,百邪去,天下从者,其惟孝也。"(《吕氏春秋·孝行览》)"夫孝,百行之冠,众善之始也。"(《后汉书》)光武帝重视士人以"孝"为核心的道德操守,确立了"孝治天下"的国策。后汉取士,"故举逸民,宾处士,褒崇节义,尊经必尊其能实行经义之人"①。东汉的历代皇帝也多次颁布诏令强调"忠孝"之义,以宣示"孝"的政治理念,"夫孝,百行之本,众善之始。国家每惟忠孝之士,未尝不及(江)革也。② "世以厚葬为德,薄终为鄙,至于富者奢僭,贫者殚财,法令不能禁,礼义不能止,仓卒乃知其咎。其布告天下,令知忠臣、孝子、慈弟薄葬送终之义。"③在东汉的多项国家制度中,"孝"也处于重要地位,"百行孝为首"的精神在律法领域体现为杀人者动机属"孝行"可免死罪等。此外,对于名扬四海的孝子,东汉朝廷不仅给予

---

① (清)皮锡瑞:《经学历史》,北京:中华书局,2011年,第82页。
② (清)严可均:《全后汉文》,北京:商务印书馆,1999年,第41页。
③ (清)严可均:《全后汉文》,北京:商务印书馆,1999年,第6页。

物质和政治上的待遇,还将他们树立为楷模大力宣传,以教众民,一时朝野上下重孝、行孝之风盛起。据统计,《后汉书》中共记载了56名孝子的"孝行"。《后汉书》卷60记载了蔡文姬之父蔡邕的"孝行":"邕性笃孝,母常滞病三年,邕自非寒暑节变,未尝解襟带,不寝寐者七旬。母卒,庐于冢侧,动静以礼。"文姬在这种以"孝"为普遍价值取向的社会氛围和其父"孝行"之言传身教的双重影响下,"重孝行孝"思想已然深入其心并成为其人生的指导思想。据此,便能更好地理解"文姬归汉"的文化意蕴和伦理意蕴。

北宋时,琴曲《胡笳》开始受到重视,熙宁二年(1069年),王安石面对朝政的腐败,民生的惨状,立意改革以期富国强兵。变法失败后,写下了《胡笳十八拍》诗,以寄内心的悲愤,严羽评论,"如蔡文姬肺肝间流出"。琴家吴良辅曾将王安石所作此诗协之韵律,附于琴声。南宋时,琴曲《胡笳十八拍》广泛流传。南宋首位宰相李纲曾借用蔡琰的诗体和叙事模式,书写《胡笳十八拍》诗,慨叹"靖康之难"后屈于一隅的南宋王朝。南宋灭亡后,原宫廷琴师汪元量常弹《胡笳十八拍》以表达羁愁愤郁之情。景炎三年(1278年),文天祥战败被俘后,汪元量曾去探望,在狱中为文天祥弹奏琴曲《胡笳十八拍》,曲毕,文天祥作《胡笳十八拍》诗,借蔡琰的遭遇写自己的离乱身世,全诗集杜甫诗句而成。目前所见南宋时期最早记载蔡琰作《胡笳》诗,是朱熹著《楚辞集注·楚辞后语》第3卷。

琴曲《胡笳》在北宋时期开始受到重视,南宋时期则得到了广泛的流传,引起众多琴者与欣赏者强烈的感情共鸣,结合蔡文姬的身世遭遇和作曲填词的背景来看,宋人在经历"靖康之难"后的处境与文姬的生活境遇极其相似,所表达的内容和感情有了生活上的比照。北宋时宋金多有交战,黄河以北大量妇女和钱财被掠走。"靖康之难"时徽宗与钦宗以及大量皇族、后宫嫔妃、贵卿朝臣等约3000多人被金人俘虏,汴京城中也被洗劫一空。这与《胡笳》原诗

第四拍"天灾国乱兮人无主,唯我薄命兮没戎虏"中女主人公蔡琰
被胡人掳获的情形相似。绍兴十九年(1149 年),朱熹中进士,3 年
后出任泉州同安县主簿,其一生为官约 10 年,历高宗、孝宗、光宗、
宁宗四朝,此时他目睹南宋朝廷偏安东南,时常被外族金人和蒙古
人侵略的场景。在这种环境下,中原地区的汉人饱受异族的凌辱,
他借《胡笳》原诗第一拍中"干戈日寻兮道路危,民卒流亡兮共哀
悲"所描述汉末战乱给人民造成的痛苦,来哀诉南宋人民背井离
乡,饱受蹂躏的悲惨境遇。

　　作为儒学集大成者的朱熹是南宋时期最早将《胡笳》收录于自
己著作之中的,《胡笳》是其民族情感和家国情怀的反映,更是其
"忠孝"观念的体现及践行。从信经、疑经、刊经到完成了《孝经刊
误》之作可见,朱熹一生奉行孝道思想,提倡孝道思想,践行孝道思
想。他在继承先秦儒家"忠孝"观的基础上,又进一步将其丰富。
在朱熹的世界观里,"理"是事物的本质和规则,以"理"丰富"孝"的
内涵,主张"以理统孝",认为在日常生活中君臣、父子、夫妇、长幼
之间都应建立相对应的道德规范与准则,"未有这事,先有这理。
如未有君臣,先有君臣之理;未有父子,先有父子之理。"(《朱子语
类・程子之书一》卷 95)"君臣之理"先于君臣关系而存在,"父子之
理"先于父子关系而存在等等,他们都根据不同的角色而确立不同
的责任伦理,都是对理的践行。"万物皆有此理,理皆同出一原。
但所居之位不同,则其理之用不一。如为君须仁,为臣须敬,为子
须孝,为父须慈。物物各具此理,而物物各异其用,然莫非一理之
流行也。"(《朱子语类・大学五或问下》卷 18)那么"父子之理"该如
何去践行? 从"为子须孝,为父须慈"可见,"孝"和"慈"是"父子之
理"的践行方式。

　　朱熹认为"父之所贵者,慈也。子之所贵者,孝也。"(《朱子家
训》)但是"如为人父虽止于慈,若一向僻将去,则子孙有不肖,亦不

知责而教焉,不可。"(《朱子语类·大学三》卷16)由此可见,朱熹认为父母要疼爱孩子,但不可溺爱孩子,不教育孩子。"齐其家在修其身",父母只有通过自我修身才可以齐家。为子则应尽"孝"之责任,首先要善事父母,以父母之心为心,用父母的爱子之心来比照自己善事父母之心,"父母爱子之心,未尝少置。人子爱亲之心,亦当跬步不忘。"(《朱子语类·论语九》卷27)为子还需要"常知父母之年,则既喜其寿,又惧其衰,而于爱日之诚,自有不能已者"①。朱熹认为父母在不远游,因为"不惟己之思亲不置,亦恐亲之念我不忘也。"如果一定要远游,则必要告之父母自己的方位而不让父母担忧,便于父母随时招呼。其次,要追孝,朱熹常追忆父亲的谆谆教诲。"病中因览《苏集》,追念畴昔如昨日事,而孤露之余,霜霜永感,为之泫然流涕,不能自已!复书此以示儿辈云。"(《朱文公文集》卷8)在儒家显扬父母以崇孝的理念中,朱熹每遇朝廷恩典加封其父母时都会撰写祭文以慰亡灵。"熹赖遗训,切位于朝,获被庆恩,追荣祢庙,亦有年矣。始克祗奉命书以告寝庙。……熹瞻望恩灵,不胜感慕摧咽之至!谨告。"(《朱文公文集》卷86)最后,还要防止不孝行为的发生,对世俗所谓的5种不孝行为"惰其四肢""博弈好饮酒""好货财,私妻子""从耳目之欲""好勇斗狠"都应杜绝。顺父母之意并不是完全的盲目顺从,如果父母之教有不义之处,不能阿意曲从,陷父母于不义,而是要以柔声几谏,"一家之中,尊者可畏敬,但是有不当处,亦合有几谏时,不可道畏敬之,便不可说著。"(《朱子语类·论语九》卷27)此外,朱熹在其为官的10年生活中,每到一地便大力倡导当地百姓奉行孝道思想,践行孝道思想,发布《示俗》《榜文》,"劝谕士民,务修孝悌忠信之行,入事父兄,出事长上,敦厚亲族,和睦相邻。"(《朱文公文集》卷99)他以此来规劝百姓

---

① (宋)朱熹:《四书章句集注·论语集注》,北京:中华书局,2011年,第72页。

重孝行孝,不违背天理,在知南康军时,还通过寻找孝名世家、孝子墓地,修复祭告,来表彰他们的孝行,为当地百姓树立孝行模范,进一步激发他们的重孝行孝的意识。朱熹希望用孝道思想移风易俗、美人伦教化,促进家庭邻里的和睦以及社会的稳定和谐。

在朱熹 11 岁的时候,其父朱松就开始对他进行训蒙教育,"他竭尽心力用儒家的忠孝气节、道德文章熏陶启迪沈郎,但是在这种浸透为臣尽忠、为子尽孝古老圣训的封建道德家教中,却包含着尊王攘夷、抗金复国的现实内容"①。朱熹不辜父望,绍兴十八年(1148 年)中进士,两年后出任泉州同安县主簿;淳熙五年,知南康军;淳熙八年,提举浙东路常乎茶盐公事;绍熙元年,知漳州、焕章阁待制、侍讲等,其一生虽然为官时间不长,然其始终关心朝政,"身伏衡茅,心驰魏阙,窃不胜其爱君忧国之诚"。(《朱文公文集》卷 11)

朱熹为官的高宗、孝宗、光宗、宁宗四朝,正值南宋时期民族矛盾和阶级矛盾十分尖锐的时期,对外而言金人已占领中原并不停南下侵扰,中原地区的汉人饱受异族的凌辱,在内农民起义不断爆发,偏安一隅的南宋小朝廷岌岌可危。朝廷中对于金人的态度围绕"战"与"和"分成了两派,朱熹是一名积极的主战派,在当时即意味着爱国一派。可以说,朱熹的主战思想源于其父朱松的影响,绍兴十一年"绍兴和议"签订,朱松因反对秦桧议和而被贬。随后秦桧又以捏造的罪名杀害了爱国名将岳飞,朱熹初登仕途之际便谴责:"秦桧之罪,上通于天,万死而不足赎。"绍兴三十二年,孝宗即位后支持抗金,为岳飞平反,朱熹主战抗金的态度更加鲜明,向朝廷上了一道奏章《壬午应诏封事》,建议:"修攘之计不可以不早定也",并批驳了主和派的三种谬论。隆兴元年,宋军败,孝宗派人

---

① 束景南:《朱子大传》,北京:商务印书馆,2003 年,第 27 页。

去金军议和,朝廷上下笼罩在主和的氛围之中,但朱熹仍极力抗金,他连上三道奏章,坚决反对议和。他认为议和是逆"天理"的大事,"己可屈也,理可逆乎?"隆兴二年,宋金签订了"隆兴和议",朱熹对此很不满,他认为:"盖以祖宗之仇,万世巨子之所必报而不忘者。苟曰力未足以报,则姑为自守之计而蓄憾积怨以有待焉,犹之可也。"(《朱文公文集》卷24)"隆兴和议"后,朱熹仍然坚持抨击和议,劝谏皇帝正朝廷,修政事,以求"远图",因其刚直不阿,"急第于致君,知无不言,言无不切,颇见严惮"[1]。因此他入侍经筵40天就被逐出朝廷。

朱熹的一生主张抗战、反对议和、痛恨卖国、渴望统一、心系家国,面对异族的凌辱,他坐立不安。看见民不聊生,他悲痛愤慨。他颂扬贤臣,贬斥佞臣,尽管自己10年为官不得志,没有实现政治抱负,但仍不曾忘国事,这正是朱熹忠君爱国的儒者情怀的体现。面对国家衰亡、国运飘摇,朱熹创作了与家国情怀相关的诗作共143首,收录于《全宋诗》(北京大学古文献研究所编撰),充分反映了他对国家深沉的情感和浓厚的爱国思想。

第三节　宋代儒学家古琴曲词中孝道思想的理学特质

宋代帝王确立了以"孝治天下"基本国策后,统治者宣讲、普及孝道思想,上至帝王下至百姓都将"孝"作为生活和行动的准则,使孝文化深入人心。"古之圣帝明王所以正心、修身、齐家、治国、平天下者咸赖琴之正音是资焉。"[2]宋代儒学家推崇先秦儒家"琴之正音"的思想,这与"孝"的精髓要义修、齐、治、平之本相通,

---

① (清)王懋竑:《朱熹年谱》,北京:中华书局,1998年,第251页。
② (清)程允基:《诚一堂琴谱》(《琴曲集成》第13册),北京:中华书局,2010年,第445页。

"君子之守,修其身而天下平。"(《孟子·尽心章句下》)儒者通过"乐"这一艺术形式的教化功能来传达"孝",从而促进家庭和睦与社会和谐。在新儒学的影响下,"孝"与"乐"又自然地具有理学特质。

一、"孝"的理学诠释

在儒家伦理思想史上,原始儒家重点探讨了"孝"伦理的践行。"孝乎惟孝,友于兄弟,施于有政。"(《尚书》)"夫孝,德之举,教之所由生。"(《孝经》)"孝子之事亲也,有三道焉:生则养,没则丧,丧毕则祭。"(《礼记·祭统》)父义,母慈,兄友,弟恭,子孝。"(《左传》)"孝,善事父母者。从老省,从子。子承老也。悌,善兄弟也。"(《说文解字》)"生,事之以礼;死,葬之以礼,祭之以礼。"(《论语·为政》)"事父母能竭其力。"(《论语·学而》)但未从形而上学的高度对孝存在的正当性进行研究,朱熹继前人之观点从"理"的高度为"孝"存在之正当性进行了论证。

(一)"孝"是理之分殊

在朱熹的思想体系中,宇宙万物都是由理与气构成的,但理在气之先,"天地之间,有理有气。理也者,形而上之道也,生物之本也;气也者,形而下之器也,生物之具也。是以人物之生,必禀此理然后有性,必禀此气然后有形。"(《朱文公文集》卷58)"宇宙之间,一理而已",世间万事万物都依据"理"而产生,故"理"是万事万物的本质和规则。"未有这事,先有这理。如未有君臣,先有君臣之理;未有父子,先有父子之理。"(《朱子语类·程子之书一》卷95)父子之理先于父子关系而存在,君臣之理也先于君臣关系而存在,这一切都是天下之定理。朱熹在二程"理一分殊"观点的基础上,进一步以"理"丰富"孝"的内涵,主张"以理统孝","理"既是宇宙起源之实然,又是人伦道德应然之本源,"天理,只是仁义礼智之总名,

仁义礼智便是天理之件数。"(《朱子语类·学七》卷13)人伦道德源
于天理,是天理的社会化外现,"万物皆有此理,理皆同出一原。但
所居之位不同,则其理之用不一。如为君须仁,为臣须敬,为子须
孝,为父须慈。物物各具此理,而物物各异其用,然莫非一理之流
行也。"(《朱子语类·大学五或问下》卷18)由此可见,父子之理便
是"理"的"分殊",也是天理件数之一,父子之理的践行就是"为子
须孝,为父须慈"。朱熹认为"'仁'字须兼义礼智看,方得看出。仁
者,仁之本体;礼者,仁之节文;义者,仁之断制;知者,仁之分别。"
(《朱子语类》卷18)又曰:"仁为四端之首。"朱熹说:"仁、义、礼、智,
性也",也即天理,"理即是性",以天理为本原,朱熹认为仁统四德,
统兼仁、义、礼、智。"其为人也孝弟,而好犯上者,鲜矣;不好犯上,
而好作乱者,未之有也。君子务本,本立而道生。孝弟也者,其为
仁之本与!"(《论语·学而》)仁是本体,规范与制约四德,仁又为
"爱之理",在君臣、父子、夫妇、兄弟、朋友等人伦关系中起到调节
作用,"行仁自孝弟始。盖仁自事亲、从兄,以至亲亲、仁民、仁民、
爱物,无非仁。"(《朱子语类·论语二》卷20)理作为体,"为君须仁,
为臣须敬,为子须孝,为父须慈"便是用,仁义道德通过具体的伦理
实践而表现出来。

(二)"孝"乃为仁之本

"孝弟也者,其为仁之本与"。(《论语·学而》)自汉唐学者将
此解读为"孝是仁之本"后,到了宋代,程颐认为"孝弟也者,其为仁
之本与! 言为仁之本,非仁之本也。"(《二程遗书》)相较于汉唐学
者的解读看似仅多一"为"字,但在理解上却发生了很大的改变,从
"孝是仁之本"变化到"孝弟是仁之一事"。朱熹引用程子的话:"问
'孝弟为仁之本,此是由孝弟可以至仁否?'曰:'非也。谓行仁自孝
弟始,孝弟是仁之一事。谓之行仁之本则可,谓是仁之本则不可。
盖仁是性也,孝弟是用也,性中只有个仁、义、礼、智四者而已,何尝

有孝弟来？然仁主于爱，爱莫大于爱亲，故曰：孝弟也者，其为仁之本与！'"[1]朱熹继承二程的观点，把"为仁"解释为"行仁"，"为仁，犹曰行仁。"他认为"所谓孝弟，乃是为仁之本，学者务此，则仁道自此而生也。""'人若不孝弟，便是这道理中间断了，下面更生不去，承接不来，所以说孝弟仁之本。"（《朱子语类·论语二》卷 20）朱熹明确了仁与孝弟是体用关系，"爱是仁之发，谓爱是仁，却不得。论性，则仁是孝弟之本。惟其有这仁，所以能孝弟。仁是根，孝弟是发出来底；仁是体，孝弟是用；仁是性，孝弟是仁里面事。"（《朱子语类·朱子十六》卷 119）

朱熹进一步说："'仁者爱之理'，仁只是爱之道理，犹言生之性，爱则是理之见于用者也。盖仁，性也，性只是理而已。爱是情，情则发于用。性者指其未发，故曰'仁者爱之理'。情既已发，故曰'爱者仁之用'"。（《朱子语类·论语二》卷 20）他从"未发"和"已发"对性情关系作出说明，指"未发"为性，"已发"为情。朱熹对张载所提出的"心统性情"进行了阐述，对仁与孝有了进一步的论述，问："伊川曰：'仁是性也。'仁便是性否？"曰："'仁，性也。''仁，人心也。'皆如所谓'乾卦'相似。卦自有乾坤之类，性与心便有仁义礼智，却不是把性与心便作仁看。性，其理；情，其用。心者，兼性情而言；兼性情而言者，包括乎性情也。孝悌者，性之用也。"（《朱子语类·论语二》卷 20）朱熹称"心兼性情"，他以心兼容性与情论述了心性情的关系，从形而上的层面把仁看作其为人的心之本体，更好地理解孝与仁的关系。

在论证了"孝"是理之分殊和"孝"乃为仁之本之后，朱熹进而认为，在实践过程中，仁和孝是有先后之别的。他在回答学生提问伊川"仁是本，孝悌是用"相关问题上曰："仁是理，孝悌是事。有是

---

[1] （宋）朱熹：《四书章句集注·论语集注》，北京：中华书局，2011 年，第 50 页。

仁,后有孝悌。"孝是仁之先发,"孝弟固具于仁。以其先发,故是行仁之本。"(《朱子语类·论语二》卷20)"仁是孝弟之母子,有仁方发得出孝弟出来,无仁则何处得孝弟!"(《朱子语类·论语二》卷20)仁与孝是"未发"和"已发"的关系,正如母与子的关系。

将"未发"和"已发"转换成"知"与"行"的知行互发的修养途径,也是朱熹格物致知论的重要体现。"仁是理之在心,孝弟是心之见于事",朱熹认为应当先把握"理",再加以"行"的功夫。"古之圣人,设为学校,以教天下之人……必皆有以去其气质之偏,物欲之蔽,以复其性,以尽其伦而后已焉。"(《朱文公文集》卷15)"及其十有五年,则自天子之元子、众子,以至公卿大夫元士之适子,与凡民之俊秀,皆入大学,而教之以穷理正心、修己治人之道。"[1]圣人通过建立学校来变化天下之人的气质,以"气质之性"达成"天命之性"便能实现朱熹的主张,复其天命之性,尽其人伦,自然就成为"忠孝"两全的道德高尚之人了。

二、"乐"的理学气质

秦汉及以前礼乐教化思想的内容主要从合理性根据、主体性基础、方法和程序、功能和价值等方面而论,后世学者研究礼乐多以此内容为基础。宋代儒学家的礼乐教化思想以朱熹为代表。朱熹的礼乐教化思想是以"理"为核心生发出的一种音乐哲学思想,它以"天理"作为乐教思想的理论依据,以"中和"作为乐教思想的心性基础,以"致知"作为乐教思想的最终归宿。如此,朱熹的乐教思想具有鲜明的理学气质。

朱熹不仅赋予了他的琴律理论以浓郁的教化诉求,同时将理学融于琴律理论以提升哲学气质。朱熹的琴律理论"是哲人—思

---

[1] (宋)朱熹:《四书章句集注·大学章句序》,北京:中华书局,2011年,第2页。

想家的音乐思想,是其整体思想不可分割的一部分"①。朱熹的乐教思想是以"理"为核心所生发出的一种音乐哲学思想,它以"天理"作为乐教思想的理论依据,以"中和"作为乐教思想的心性基础,以"致知"作为乐教思想的最终归宿。如此,朱熹的乐教思想具有鲜明的理学气质。

(一)以"天理"作为乐教思想的理论依据

目睹战乱给国家和人民带来的灾难,目睹战乱所导致的礼崩乐坏,朱熹迫切地为危机四伏的南宋王朝寻找各种资源来复兴礼乐。无论是来自官方还是民间,无论是理论还是实践,首先是要找到复兴礼乐的理论依据。朱熹认为,宇宙万物的本原是"理",他说:"未有天地之先,毕竟也只是理。有此理,便有此天地;若无此理,便亦无天地,无人无物,都无该载了。"《朱子语类·理气上》卷1)因此,朱熹将礼乐与"理"沟通,以"理"释"礼",以"理"释"乐","理"决定礼乐的产生,礼乐的形成即天理之流行,天理的正确性决定了礼乐的正确性,故以"天理"作为礼乐的本体,作为复兴乐教思想的理论依据。在朱熹的世界观中,"理"统摄万物,是决定天地万物的空间关系的终极存在,在逻辑上是产生天地万物的第一原因,而天地万物必须遵循"理"的规则与秩序,故天理是绝对正确的价值本体。因此,圣人依天理制定礼、乐、刑、政教化万民,礼、乐、刑、政都是"理"的载体,"理"通过乐"可以养人之性情,而荡涤其邪秽,融其查滓"②。礼乐本身就是天理之衍生。圣人依天理之自然规律而制礼乐,保证了礼乐教化的正当性与合理性,同时也兼顾了礼乐教化在现实中的实施。"理"存在于天下万物和日常生活中,故礼乐具有一定的广泛性。有人问:"'先进于礼乐',此礼乐还说宗庙、

---

① 郑锦扬:《朱熹音乐思想论稿》,《中国音乐学》1992年第3期。
② (宋)朱熹:《四书章句集注·论语集注》,北京,中华书局,2011年,第100页。

朝廷以至州、闾、乡、党之礼乐?"朱熹回答说:"也不只是这般礼乐。凡日用之间,一礼一乐,皆是礼乐。"(《朱子语类·论语二十一》卷39)从根本上说,朱熹是从总体来把握礼乐的特点,而对州闾乡党的具体礼乐之差异并不十分在意,只要与其背后的天理一致即可。"所谓礼乐,只要合得天理之自然,则无不可行也。"(《朱子语类·乐记》卷87)在确定了"天理"为乐教思想的理论依据后,现实中的乐教便有了推行的价值和改革的依据。虽然朱熹有如孔子"吾从周"的理想,但他更多的还是寄希望于把握乐教背后的天理,从而推行适合于当时社会的乐教。其思路虽然与儒家传统乐教"礼云礼云,玉帛云乎哉? 乐云乐云,钟鼓云乎哉?"(《论语·阳货》)的思路一致,但其更注重的是挖掘乐教背后的本原,也是为现实中乐教实施找到合理性证明。

(二)以"中和"作为乐教思想的心性基础

将乐教行之于世的前提是行之于人,即考虑推及乐教实施于主体的可行性,如果主体善于接受而不排斥,那么就容易达到"中和"的状态。此外还需要乐顺乎情、合乎理,以内在于人的方式,由主体"心""性""情"激发,使其自觉遵守乐教而至"中和"之境界。因此朱熹通过主体自身内在情感"未发"与"已发"是否达到"中和"状态来探析"心""性""情"三者的关系,将其作为乐教思想的心性基础。"心"贯通于"性"与"情"动静状态之中,居于主宰地位,朱熹说:"心者,主乎性而行乎情。故'喜怒哀乐未发则谓之中,发而皆中节则谓之和',心是做工大处。"(《朱子语类·性理二》卷5)未发则谓中,中即不偏不倚之意,体现为天理之寂然的状态;发而皆中节,则事得其宜,不相凌夺,固感而遂通之和也,即天理与性发用的状态,也是人之行为天然地符合天理的理想状态。朱熹认同《乐记》乐起于"心"的思想,他说:"古者礼乐之书具在,人皆识其器数,至录云:'人人诵习,识其器数。'却怕他不晓其义,故教之曰:'凡音之起,由人心生也。'"(《朱子语类·礼四》卷87)乐是内心活动的表现,声音是乐的形式,文采节奏是声音的组织,君子制乐从内心活动出发。"乐是和气,从中间直出,无所待于外。"(《朱子语类·礼四》卷87)因此,"乐"要发挥其积极作用,必须不偏不倚,朱熹说:"才是胜时,不惟至于流与离,即礼乐便不在了。这正在'胜'字紧要。只才有些子差处,则礼失其节,乐失其和。"(《朱子语类·礼四》卷87)只要稍有所偏,"乐"便失其和。因此,只有"中和"之"心"才能与"乐"相通,因为"中和"有助于人的德性修养,而"中和"之"心"又必须由"仁"规定。朱熹说:"人而不仁,灭天理,夫何有礼乐?"(《朱文公文集》卷41)可见,乐、心、仁的关系密切,"乐"内在地为"仁"所规定,从而使人的行为符合天理而达到"中和"的理想状态。如此,乐教的实施便成为一种应当的趋势,"以乐激善"则"以发扬蹈厉为尚,故主盈,能通畅人心。"(《朱子语类·程子之书一》卷95)朱熹从"中和"状态讨论"乐"与心、性、情、仁的关联,并证明其符合天理之自然,"礼乐者,皆天理之自然。节文也是天理自然有底,和乐也是天理自然有底。"(《朱子语类·礼四》卷87)至此,朱熹大体上完成了对乐教心性论的构造。

(三)以"致知"作为乐教思想的最终归宿

以论证"中和"作为乐教思想的心性基础,朱熹为乐教实施找到了理论支撑。其乐教主张既提倡个人道德修养的提升,也追求政教清明的理想社会,朱熹说:"去其气质之偏、物欲之蔽,以复其性,以尽其伦而后已焉。"(《朱文公文集》卷15)人有偏有蔽、有邪有恶,因而需要开化而明明德,以去其蔽邪而复其本心。也就是说,可以通过乐教来变化自身的气质以实现朱熹的主张,因为乐教与"变化气质"有着同样的目标。朱熹终生恪守并实践"格物致知"理念,乐教也是格物所要体认的万事万物中之一"物"。通过穷究乐教之理的致知途径以实现笃行,使气质偏异和受物欲蒙蔽的人心恢复其本真，使天赋道德得以发扬，这便是完成了"变化气质"的过程，从而提升个人修养，养君子人格，实现政教清明的理想社会，成就朱熹乐教思想的最终归宿。从朱熹将致知看作"致吾之知"的角度来看，"知行"成为其生平音乐志事的重要特点，他不仅投身于各类音乐实践，还通过实践检验已有的音乐知识。从朱熹与蔡元定的一系列书信（《朱文公文集》续集卷 2）中可见，为了获得第一手资料验证古籍中记载的磬制尺寸，检验自己的构想，朱熹在从提出问题、寻访原料、乐器制作到打磨定型这一过程中付出了艰巨劳动，遵循了即物穷理到躬行理则的要求，在否定之否定的锤炼中，完成了从格物致知到致知力行的跨越，至此，朱熹的乐教思想逐渐走向成熟。

　　总的来说，朱熹研究音乐绝不是单纯为了提升音乐水平，他的音乐理论蕴含着儒家传统乐教的那种浓郁的伦理教化意蕴，他试图通过其来诠释一种充满王者气象的理想政治状态，并由此开辟出一条传统儒家所向往的乐教之道。为了让这种乐教之道更具"天理"合理性，他又将理学精髓融入其中，赋予了这种溯向传统乐教的理论以鲜明的理学气质。这就使得他的音乐理论既具有儒家传统乐教的历史合理性，亦具有以理学作为哲学指导的理论合理性，更富含着希冀服务于当时南宋社会需求的现实合理性。因此，理解朱熹的乐教理论不能单从音乐学角度来评判，更要理解它背后所承载的文化背景、伦理意蕴以及现实需要。

第四章 宋代琴家琴士古琴曲词中的爱国思想

爱国,是"由于千百年来各自的祖国彼此隔离所形成的一种极其深厚的感情"[①]。"祖国"是各国人民生存与发展的"政治的、文化的和社会的环境"[②]。这一指向表明,爱国思想不仅具有连续性特点,也具有层累性特点。中华民族爱国传统有着源远流长的历史,从孔子"微管仲,吾其披发左衽矣"(《论语·宪问》)到屈原投江以死报国,从贾谊"国耳忘家,公耳忘私"(《汉书·贾谊传》)到苏武牧羊,视死如归,爱国思想在中华民族的历史乐章中,始终是高扬的主旋律。宋代由于"宋金世仇""辽金世仇"的冲突与战争,涌现出一大批爱国英雄,从岳飞"壮志饥餐胡虏肉,笑谈渴饮匈奴血"(《满江红》)到陆游"位卑未敢忘忧国",(《病起书怀》)从辛弃疾"了却君王天下事,赢得生前死后名"(《破阵子》)到文天祥"人生自古谁无死,留取丹心照汗青"(《过零丁洋》)等等,树立起一面面爱国旗帜,具有强大的号召力。这一时期爱国思想的内涵主要表现为抗敌御侮,英勇不屈,尽忠报国。

中华民族爱国传统具有丰富的精神内涵,尤其是儒家将爱国思想融入自己的学说之中,强调忧患意识,建功立业,修齐治平等。长期以来,我们对爱国思想的研究,更多地关注从思想家和英雄人物等精英人士的言行中探讨,而忽视了以普通人民群众为载体的

---

① 《列宁全集》第 35 卷,北京:人民出版社,1988 年,第 187 页。
② 《列宁全集》第 17 卷,北京:人民出版社,1988 年,第 170 页。

民间文化。因此,本章把目光投向南宋末期民间古琴文化艺术,选取了同为"清客"的宋代民间琴家郭沔和江湖琴士姜夔所创作的琴曲《潇湘水云》和所填《扬州慢》之琴词进行分析,并挖掘其中蕴含的爱国思想的内涵及其独特倾向。

第一节　宋代琴家琴士与古琴艺术

一、古琴琴派的诞生

南宋时期古琴减字谱的定型解决了曲谱烦琐的问题,从而使其便于传播与学习,但是却缺乏一个重要的时值记录,也即音乐的节奏。因为古琴谱中没有标注音乐的节奏,面对纯减字谱的古琴谱无法吟唱,这种节奏类似于给文章断句,正好给了弹奏者自由发挥的空间。

（一）诞生的背景

南宋刘籍所著《琴议》认为音乐的艺术表现分为德、境、道三个层次。琴人可根据琴曲的题解,结合自身的理解,通过一定的手法进行艺术想象来达到"德、境、道"的三重意境。

"昨夜西风凋碧树。独上高楼,望尽天涯路",此第一境界也。"衣带渐宽终不悔,为伊消得人憔悴",此第二境界也。"众里寻他千百度,蓦然回首,那人却在灯火阑珊处",此第三境界也。①

以上引文摘自王国维先生在《人间词话》中对于中国古代的诗

① 王国维:《人间词话》,北京,群言出版社,1995 年,第 21 页。

词和戏曲的评价,乍一看似乎与古琴没有什么直接联系,但是早期古琴曲的琴词都是出自《诗经》《楚辞》《唐诗》《宋词》等文学作品,其中《诗经》三百五篇均可弦歌,"三百五篇,孔子皆弦歌之,以求合韶武雅颂之音"①。因此,"琴从诗出"在这里笔者认为同样适用于不同琴人对琴曲演奏意境的评价。

不同的抚琴人对节奏处理方式不同,演奏方式不同,其展现的风格也会因人而异,节奏的处理通常可以表现抚琴者的内心,又可见弹琴人的性情,这主要基于抚琴人对琴曲的理解,而这种理解正是建立在读书基础之上,"左手吟猱绰注,右手轻重疾徐,更有一般难说,其人须是读书",(《指诀》)这是唐代琴家曹柔的"学琴四句",强调了读书对于弹琴之人的重要性。众所周知,魏晋时期著名琴曲《广陵散》是根据聂政刺杀韩王的故事而改编,嵇康擅弹此曲且不外传,直至临刑前还要再奏此曲,后人称:"嵇康殁,世间再无广陵散",其实只是说嵇康的演绎版本没有了,但他的版本也并非符合所有琴人的喜好,例如朱熹曾说:"琴家最取《广陵散》操,以某观之,其声最不和平,有臣凌君之意。"(《朱子语类·尚书一》卷78)朱熹不喜欢此曲表现出的"忿怒躁急"的情绪。《广陵散》这首琴曲的琴谱流传了下来,其他的琴人可以根据自己的理解来打谱并演绎出不同的版本与风格。

因琴曲演绎节奏的不同,其风格也不同。唐代琴家赵耶利认为"吴声清婉,若长江广流绵延徐逝,有国士之风;蜀声躁急,若激流奔雷,以一时之俊"②。这里将今江苏和四川一带的地区特点,与琴乐风格相结合而评论。至北宋时期,琴家成玉礀对北宋政和1111年—1117年这6年间的琴坛状况进行了总结与评论,认为

---

① (汉)司马迁:《史记·孔子世家》卷47,北京:中华书局,2006年,第329页。
② (宋)朱长文:《琴史》卷4,钦定四库全书本。

"京师过于刚劲,江南失于轻浮,惟两浙质而不野,文而不史"①。其中这句是对当时京师、江西、两浙南北 3 个地区的琴曲演绎风格的评价,特别肯定了两浙地区的琴曲"质而不野,文而不史"的演奏风格。

从行政区划看,北宋时期的"两浙"延唐代划分,以钱塘江分为东西两半,即浙东和浙西,其中浙东包含现浙江的大部分城市,但除杭州、嘉兴和湖州,而浙西所包含的城市中,含现江苏省的部分城市,如苏州、常州、江阴、镇江。由于浙东和浙西地理位置不同,故自然环境、人情风俗、文化传统等方面都有差异,使得两浙人的性格、思维等也大有不同。"浙东多山,故刚劲而邻于亢;浙西近泽,故文秀而失之靡……吴兴山水发秀,人文自江右而后,清流美士,余风遗韵相续。"②浙东人生活于丘陵山区,形成了刚毅的性格,浙西人生活于水波涟漪的泽国,形成了温婉的秉性。浙西人富裕,多享受生活不知读书为哪般,而浙东人"富家大族皆训子弟以诗书,故其俗以儒素相先,不务骄奢"③。浙东地区的学术兴盛,学者辈出,讲学论道之风颇兴,形成了中国历史上著名的浙东学派,如"明州杨杜五子""永嘉九先生""金华学派""永嘉学派""永康学派""四明学派"等。两浙优越的经济条件和崇尚儒学的学术风气,促进了宋代文化与艺术思想的发展。从北宋书学理论家朱长文的相关记载可知,他藏一册《浙操琴谱》(今已佚),但可知两浙琴派在北宋已具雏形,至北宋末期处于领先地位,至南宋达到繁盛,这又与南宋京城临安有着密切联系。

公元 1127 年,北宋灭亡,赵构于南京(今商丘)即位,于公元

---

① (宋)成玉礀:《论琴》(范煜梅《历代琴学资料选》),成都:四川教育出版社,2013 年,第113 页。
② 胡朴安:《胡朴安中国风俗》(上)卷 3。
③ (宋)罗濬、梅庆发、刘锡:《宝庆四明志》卷 14,文渊阁四库全书本。

1138 年迁都临安,史称南宋。随着政治中心的南移,文化中心也紧跟转移,加之临安经济发达,自然环境优美,是个理想的生活之地,于是大量北方人士迁居临安、明州、湖州等地,"平江常润湖杭明越,号为士大夫渊薮,天下贤俊,多避地于此"①。一时间临安等地人文荟萃,《浙江文化史》一书对南宋时期部分省份各类人才数量进行统计,详见下表 4-1:

表 4-1　南宋时期部分省份各类人才一览表

类别 省份	宋史列传人物	宰相	词人	画家	儒者
河南	37	4	28	25	42
河北	7	0	41	14	
山东	13	1	12	6	不详
安徽	38	5	35	4	25
江苏	49	3	43	49	
浙江	136	22	138	69	421
江西	83	10	78	13	107
湖北	4	1	3	0	29
湖南	12	1	17	1	216
福建	88	9	63	15	
广东	4	1	6	不详	71
四川	71	5	28	13	

　　从上表可见,南宋时期浙江各类人才人数遥遥领先于其他首份,尤其是儒者与词人等文人的数量,浙江当时成为全国人才的汇集地。宋代宫廷中帝王、太子、皇后多有嗜琴乐者,最高统治者的喜好必然会起到上行下效的作用。宋朝官员大多兼有学者、诗人、琴人、画家、政治家的特质,连普通百姓也钟爱各种艺术、文化活

————————

① (宋)李心传:《建炎以来系年要录》卷 20。

动。作为文人音乐的古琴音乐,尤其被儒者与词人钟爱。

(二)诞生的过程

琴乐在宋代广泛流行,南宋宫廷设立了音乐机构——教坊,民间大量北宋遗留的琴师、乐师等人也涌向了临安,在与江南等地的艺人们相遇后,形成了艺人的专业组织"社会"。

> 临安一地,仅表演音乐、歌舞艺术的"社会",就有数十处。各社艺人,有的多至一百余人,甚或达到三百余人。临安城内外的瓦子,则多达二十三处,其中仅北瓦一处,里面就有勾栏十三座。[①]

临安游乐人士之多,真可谓"不以风雨寒暑,诸棚看人,日日如是"[②]。

张岩,字肖翁,大梁(河南开封)人,南宋孝宗乾道五年(1169年)进士,官至光禄大夫,"以善琴闻名一时,作品有《琴谱操》十五卷,《调谱》四卷"[③]。张岩与当朝宰相韩侂胄交好。庆元党禁之时,韩侂胄反对程朱理学。嘉泰三年(1203年)金国内乱,韩侂胄主张抗击侵略,收复失地。南宋于开禧二年(1207年)进行"开禧北伐",后全线溃败,宋金议和,割地赔款,韩侂胄被诛杀。因当初张岩积极支持韩侂胄的意见,并遇罢官。

郭沔,永嘉人,号楚望,宋代杰出古琴家,曾是张岩家的琴师。张岩将韩侂胄家中的古谱和市间购得的琴谱进行整理,韩侂胄家中的古谱是其祖父,北宋仁宗朝时期宰相韩琦所传的"阁谱"。后因政治形势的变化,韩侂胄被诛杀,张岩被罢官。张岩将古谱和民

---

① 金文达:《中国古代音乐史》,北京:人民音乐出版社,1994 年,第 266 页。
② (宋)孟元老撰,伊永文笺注:《东京梦华录笺注》,北京:中华书局,2010 年,第 90 页。
③ 金文达:《中国古代音乐史》,北京:人民音乐出版社,1994 年,第 333 页。

间谱均移交给郭沔整理,之后郭沔过着归隐生活,他继承了传统的"阁谱",又融合了民间"密购瓦市"的"野谱",一边整理学习,一边复别为调曲,其代表作《潇湘水云》便是在此时创作的,此外他还创作了《秋雨》《泛沧浪》《秋鸿》等曲目。这些琴曲在拘谨保守的阁谱基础上,吸收了大量的民间琴乐素材,从而超越了阁谱的表达意境,节奏生动活泼,旋律优美,富有生机,对情感的表达也更加精彩纷呈。因为其琴曲蜚声乐坛,临安各阶层争相传唱,多数琴曲由宋至今延传不息。郭沔又将精湛的琴艺和进步的艺术观点传与杨缵,再传刘志方、毛敏仲等人。郭沔的弟子们刘志方、徐天民、毛敏仲等人不仅传唱其曲谱,还进行了大量的创作。其师门继承了传统的"阁谱"且融合了民间谱,又创作了具有特色的新曲,最终形成了"浙谱",由于师门曲风相似,琴师多出浙江一带,故称为"浙派"。随之我国琴史上第一个被公认的琴派——浙派诞生了,郭沔是其创始人。

浙派古琴与当时的京师派古琴和江西派古琴相比较,更具有创新艺术,京师派古琴和江西派古琴多喜好弹唱古老的琴曲,创新较少。对于琴曲的演奏风格,宋代琴家成玉礀给予浙派古琴肯定的评价:"京师过于刚劲,江南失于轻浮,惟两浙质而不野,文而不史"[1]。古琴浙派诞生于南宋时期,正值金、元侵犯,偏安于临安,面对国土的丧失,郭沔缅怀祖国的山河,痛恨南宋统治者不战求和的作法,他通过创作和演奏琴曲的方式一方面表达自己愤懑的情绪,另一方面谴责南宋朝廷投降妥协的行为。浙派琴人中除了郭沔还有像汪元量等爱国琴师,也创作了多首琴曲表达自己的爱国思想。浙派琴曲艺术影响长远,直到明、清各朝代。

---

[1] (宋)成玉礀:《论琴》(范煜梅《历代琴学资料选》),成都:四川教育出版社,2013年,第113页。

二、郭沔与《潇湘水云》

（一）郭沔与古琴

郭沔（1190 年—1260 年），字楚望，浙江永嘉人。中国琴史上第一个公认的古琴琴派——浙派的创始人。其人琴艺高超，《宋史》音乐志载，郭沔是宋朝最著名的古琴家[1]。南宋嘉泰至开禧元年（1201 年—1207 年），郭沔曾是张岩的清客。张岩，字肖翁，大梁（河南开封）人，南宋孝宗乾道五年（1169 年）进士，官至光禄大夫，与当朝宰相韩侂胄交好，韩侂胄主张"开禧北伐"失败后被诛杀。张岩也因支持韩侂胄被罢官后整理了韩侂胄家中的"阁谱"和市间购得的琴谱。张岩以善琴闻名一时，作品有《琴谱操》15 卷，《调谱》4 卷。元代袁桷曾对张岩的古谱有过论述：

> 蔡氏五弄，楚调四弄，至唐犹存。则今所谓五弄，非杨氏私制明甚！议者悉去之，不可也。按广陵张氏名岩，字肖翁，嘉泰间为参预，居霅时，尝谓《阁谱》埋雅声。于韩忠献家得古谱，复从互市密购，与韩相合，定为十五卷，将镂于梓。以预韩氏，边议罢去，其客永嘉郭楚望独得之，复别为调曲，然大抵皆依蔡氏声为之者。[2]

郭沔在张岩家为清客期间，有机会接触从北宋宫廷所收藏的古谱即"阁谱"以及张岩自己购买的民间琴谱，这为郭沔后期的古琴艺术之路奠定了基础。从袁桷《琴述赠黄依然》中载"其客永嘉郭楚望独得之，复别为调曲，然大抵皆依蔡氏声为之者"可知，郭沔

---

① 刘蓝辑著：《二十五史音乐志》，昆明：云南大学出版社，2015 年，第 7 页。
② （元）袁桷：《琴述赠黄依然》（范煜梅《历代琴学资料选》），成都：四川教育出版社，2013年，第 147 页。

所继承的是"蔡氏之声",即东汉末年著名琴家蔡邕所作的五弄,《琴史》载:

> 邕嘉平中尝谒鬼谷先生,不遇。憩于清溪,游览岩谷。山有五曲,曲有幽居灵迹。每一曲制一弄,三年曲成,出示,马融、王允等异之。盖所谓《游春》《渌水》《幽居》《坐愁》《秋思》五弄得于此也。[①]

　　蔡邕借清溪岩谷和幽居灵迹制作五弄,寄托哀伤的情思。东汉末年,群雄并起,民不聊生,蔡邕曾以忠诚的言论规劝讽刺凶暴的行为,试图感发触动统治者的善心来拯救人民,寄雅正的音乐起移风易俗的作用,重振汉室,无奈汉室积重难返,而他多次被迫害,举家流亡避祸,在此期间常感慨命运曲折。拜谒鬼谷子先生时,巧遇岩谷五曲,便创作了《蔡氏五弄》。隋文帝开创科举考试制度,弹奏《蔡氏五弄》为必考科目。郭沔继承了"蔡氏之声"借琴乐来表达内心的情感,顺心而发,以景抒情的表达方式。

　　郭沔创立的古琴浙派之琴乐风格有其自身的特点,其一,宋代琴家成玉礀给予浙派古琴肯定的评价,其中"质而不野,文而不史"出自《论语·雍也》"质胜文则野,文胜质则史,文质彬彬,然后君子。"他运用了孔子对君子认定的审美标准"文与质的不过不及"来肯定两浙的琴派。这也符合儒家理念,即"琴乐均以温润和雅、得天地中和之音者为理想的境界"[②]。其二,浙派古琴提倡纯器乐曲,即有曲而无词,这也曾是区别江西派和浙派的一个主要因素。弹奏时无需吟唱,故更注重琴曲的意蕴和情境的追求。宋代文人多受儒学影响至深,但其行为却离不开佛老的影响,既有入世的追

---

① (宋)朱长文:《琴史》卷3,钦定四库全书本。
② 章华英:《宋代古琴音乐研究》,北京:中华书局,2013年,第357页。

求,也在琴乐中体现"出世"的味道。

（二）琴曲《潇湘水云》的创作背景

琴曲《潇湘水云》是浙派创始人郭沔的代表作,南宋时期流行广泛,直至今日仍是最受欢迎的古琴曲之一。最早记录琴曲《潇湘水云》的琴谱在明代宁王朱权于 1425 年编撰的《神奇秘谱》之中,见下图（4-1）：

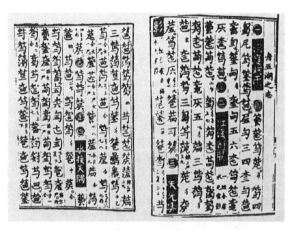

图 4-1　《神奇秘谱》载《潇湘水云》曲谱

据学者章华英统计,"以后有 48 种琴谱刊载此曲"[1]。如《浙音释字琴谱》《风宣玄品》《西麓堂琴统》《太古正音》《大还阁琴谱》《五知斋琴谱》等等,其解题、创作背景与《神奇秘谱》所述基本相同。《神奇秘谱》解题曰：

> 是曲也,楚望先生郭沔所制。先生永嘉人,每欲望九嶷,为潇湘之云所蔽,以寓惓惓之意也。然水云之为曲,有悠扬自得之趣,水光云影之兴,更有满头风雨,一蓑江表,扁舟五湖之志。[2]

---

① 章华英:《宋代古琴音乐研究》,北京:中华书局,2013 年,第 421 页。
② （明）朱权:《神奇秘谱》《琴曲集成》第 1 册),北京:中华书局,2010 年,第 167 页。

《浙音释字琴谱》解题曰："其望九嶷，怀古伤今"[1]。《琴学初津》解题曰："远望九嶷，云水掩映，感慨而作也"[2]。

从以上 3 部琴谱的解题记载信息再结合郭沔的生平来看，公元 1207 年，宰相韩侂胄发动开禧北伐，失败后被诛，张岩被罢官，郭沔是张岩家的清客，因此失去了庇护，只能离开张岩家，选择湖南衡山附近的小山村过着归隐的生活。小山村正好位于潇、湘两条河流交汇处，九嶷山与潇、湘河流均位于湖南境内。郭沔常泛舟河面，远望被云雾所遮的九嶷，于是借景抒情创作了《潇湘水云》。借潇湘水云奔腾之景象而抒情，抒发哪种情感？学者杨荫浏认为是抒发一种爱国情感：

> 南宋后期，元兵南下，文人相率南迁。郭沔定居湖南南部的衡山附近。在潇水和湘水合流的地方，他从船中远望九嶷山；云水奔腾的景象，激起他热爱祖国山河，感慨时势飘零，向往隐遁生活的复杂心情，因之作成此曲。[3]

古琴家吴钊先生认为是抒发一种感怀身世的忧伤之情：

> 遥望远处被云水遮盖的九嶷山，激起无限的感慨……九嶷山是传说中贤王舜的葬地，所以在人们的心目中，自然成为贤明的化身。郭沔正是借九嶷山为"云水遮蔽"的形象，寄托他对现实的黑暗与贤者不逢时的义愤。[4]

---

① (明)龚经：《浙音释字琴谱》(《琴曲集成》第 1 册)，北京：中华书局，2010 年，第 222 页。
② (清)陈世骥：《琴学初津》(《琴曲集成》第 28 册)，北京：中华书局，2010 年，第 374 页。
③ 杨荫浏：《中国古代音乐史稿》上册，北京：人民音乐出版社，2011 年，第 378 页。
④ 吴钊，刘东升：《中国古代音乐史略》，北京：人民音乐出版社，2001 年，第 186 页。

两位前辈学者均从典型的借物抒情的角度理解,这与郭沔所继承的"蔡氏之声"的表达方式几乎一致。尽管有学者从文学角度,以潇湘的文化内涵为切入点来探讨《潇湘水云》的创作背景与曲意,如李笑莹、衣若芬等,但在本书中笔者仍然坚持杨荫浏和吴钊先生的观点。

《浙音释字琴谱》记录的琴词如下:

第一段:洞庭烟雨

霏霏四起,微茫千万里,云天倒浸龙宫底。悠扬自得,扁舟看范蠡,一篷江表谁为侣。江乡趣,闲伴渔翁,有网何曾举,假沽名钓誉。

第二段:江汉舒晴

江汉舒晴,水光云影,清清霁色澜霞明,好风轻。浮天浴日,白浪涌长鲸。壶天物外幽情,破沧溟有客寄闲名,醉里醒醒,歌泽畔也那吊湘灵。

第三段:天光云影

潇湘云水也两清清,水浸遥天云弄影,闲引领,九嶷何处岭。墨染临川,那闻八景。诗兴,三山五渚相为柄,客船渔火相为证,磨天镜。

第四段:水接天隅

水接天隅,涵太极,未成图。玉鉴映水壶,弥漫莫测也没平芜,遥山平断雾收初。不堪目极心孤,忘机鸥相呼。何堪小隐,寻个渔夫,丝纶结伴乐应殊。时世疑狐,那烟月模糊,唤醒陶朱,添来一个那酒伴诗徒。

第五段:浪卷飞云

浪卷飞云,势氤氲。羲皇人,何处潇湘的那投老寄闲身。遥借问,你那谁与汝相亲,风月为邻,芒鞋羽扇白纶巾。云水

171

中分,潇湘佳致与谁论,十洲三岛堪伦。

第六段:风起水涌

满天雨也那满天风,风起浪春春,四水浮空空。潇湘风景,的那与无穷,金碧画图中,看弱流千里,的那隔十岛三蓬。

第七段:水天一碧

渺渺那水天一碧,蓬瀛少隔,望云根那莫测,拟冯夷那访河伯。美哉也,伊谁得,彩霞绚色,看轻挂水帘,的那月钩云额。

第八段:寒江月冷

寒江月冷,银河耿耿,水云遥映菱花镜,增佳兴,潇湘佳胜。凝眸高凭,遥见渔竿轻弄影,窄寄人篱下羊裘,高高帽顶。举月为媒,指天为证,不受殷周聘。世浊我清,众醉我醒,风月襟怀,惟凭诗管领,听天还听命。

第九段:万里澄波

万里澄波,耿耿湛银河,的那止水自盘涡。倒浸姮娥桂影的那婆娑。谁何,壶天风月乐无他,惟凭诗酒消磨,消磨。半帆风雨,一由渔歌,由人闲唱和,笑人间歧路多。

第十段:影涵万象

一天灿烂红霞,影涵万象,的那落日西斜。金翻鸦翅,水映那芦花。雨放满天星彩,风来何处悲笳。停槎品题八咏,有客兴无涯。美兼葭,可堪那图画。如飞笔,采黄麻,安排景致入诗家。[①]

三、 姜夔与《扬州慢》

(一) 姜夔与古琴

姜夔(1155 年—1210 年),字尧章,号白石道人,饶州鄱阳人。

---

① (明)龚经:《浙音释字琴谱》《琴曲集成》第 1 册),北京:中华书局,2010 年,第 222—224 页。

其生卒年学界说法不一,关于生年说法有二,但大多学者采用夏承
焘先生的观点"生于宋高宗朝(1155 年)左右"①。关于卒年说法有
四,但多数学者认同束景南的观点"开禧三年(1207 年)至嘉定三年
(1210 年)间"②。其父姜噩是绍兴三十年(1160 年)进士,后任汉阳
知县,姜夔 14 岁时其父卒,后依姊而生活。

他一生浪迹天涯,多次应试未中,曾向朝廷进献《大乐议》《琴
瑟考古图》《圣宋饶歌》等也未被选中,终身作为清客,往来于仕宦
人家,与杨万里、范成大、朱熹、辛弃疾、陆游等人结交,友人们对姜
夔评价较高,但他不愿依靠朋友走上仕途,选择终身做一位布衣琴
人。晚年因失去了生活的依傍,以至贫困凄惨,65 岁卒后不得葬,
得友人相助才葬于临安。"某早孤不振,幸不坠先人之绪业,少日
奔走,凡世所谓名公钜儒,皆尝受其知矣。"③"南宫垂上鬓星星,毕
竟襕衫不肯青;除却乐书谁殉葬,一琴一砚一兰亭。"④这两首诗精
准描写了作为江湖琴士的姜夔漂泊惆怅凄凉的一生。

姜夔是南宋时期著名的词人,婉约派词家代表人物,同时也精
通诗、散文、书法和音乐。《宋史》音乐志载,姜夔是宋朝最著名的
歌曲作家⑤。从姜夔所著《大乐议》一文中便可窥探出其古琴伦理
思想。

　　孝宗庙用《大伦》之乐,光宗庙用《大和》之乐;至是,宁宗
祔庙,用《大安》之乐。绍定三年,行中宫册礼,并用绍熙元年

---

① (宋)姜夔著,夏承焘校:《姜白石词编年笺校》,上海:上海古籍出版社,1981 年,第
226 页。
② 束景南:《白石姜夔卒年确考》,《古籍整理研究学刊》1992 年第 4 期。
③ (宋)周密:《齐东野语》卷 12。
④ (宋)苏泂:《到马塍哭尧章》(《全宋诗》第 54 册),北京:北京大学出版社,1998 年,第
33974 页。
⑤ 刘蓝辑著:《二十五史音乐志》,昆明:云南大学出版社,2015 年,第 7 页。

之典。及奉上寿明仁福慈睿皇太后册宝,始新制乐曲行事。当时中兴六七十载之间,士多叹乐典之久坠,类欲蒐讲古制,以补遗轶。于是,姜夔乃进《大乐议》于朝。[①]

从以上引文可见姜夔进献《大乐议》的背景,靖康之难后,宋室南渡之初,孝宗庙用《大伦之乐》,光宗庙用《大和之乐》,直到绍定三年,宫中因举行册封典礼才制定新乐。多数在朝官员感叹乐曲失散已久,于是搜索求制古乐来弥补在靖康之难中金人造成的损失。庆元三年(1197年),姜夔便向朝廷进献了《大乐议》。

> 夔言:绍兴大乐,多用大晟所造,有编钟、镈钟、景钟,有特磬、玉磬、编磬,三钟三磬未必相应。埙有大小,箫、篪、笛有长短,笙、竽之簧有厚薄,未必能合度,琴、瑟弦有缓急燥湿,轸有旋复,柱有进退,未必能合调。……八音之中,琴、瑟尤难。琴必每调而改弦,瑟必每调而退柱,上下相生,其理至妙,知之者鲜。又琴、瑟声微,常见蔽于钟、磬、鼓、箫之声;……况乐工苟焉占籍,击钟磬者不知声,吹匏竹者不知穴,操琴瑟者不知弦。同奏则动手不均,迭奏则发声不属。比年人事不和,天时多忒,由大乐未有以格神人、召和气也。[②]

以上是姜夔向朝廷进献《大乐议》的部分引文,由此可见姜夔主要秉持了儒家传统的音乐伦理思想,复兴礼乐和改革雅乐思想在《大乐议》中充分体现。在文首,他阐述当时的三钟三磬声调未必和谐;埙、箫、笛、笙、竽未必合度;琴、瑟未必合调;乐曲只知以七

---

① (元)脱脱:《宋史》《乐六》卷131。
② (元)脱脱:《宋史》《乐六》卷131。

律为一调,而不知作曲的要义;只知一音一配一字,而不知歌唱的
主旨;以平、入声配重浊音,以上声、去声配轻清音,演奏时多不和
谐,因而他强调"乐器""乐律""歌诗"之间相互协调的重要性。姜
夔认为雅乐不正而致政事多桀。八音之中,琴、瑟最难,琴需根据
调而调弦,瑟需根据调而移柱,相互作用,道理奇妙,但知者甚少。
琴、瑟声弱,常淹没于三钟三磬之声,况且弹琴瑟者不懂琴弦,合奏
时动手不均,重奏时发音不准,这样的雅乐怎么能够格鬼神、召和
气呢? 于是他提出复兴与改革雅乐,追寻效法祖宗盛典,在《大乐
议》中可见其改革的具体措施:

> 雅俗乐高下不一,宜正权衡度量。① 古乐止用十二
> 宫。② 登歌当与奏乐相合。③ 祀享惟登歌,彻豆当歌诗。④ 作
> 鼓吹曲以歌祖宗功德。⑤

从姜夔所提出的 5 项改革措施可见,他非常推崇周代礼乐。
认为朝廷应统一音律,以太常律为规范,以避免"慢易以犯节,流
湎以忘本,广则容奸,狭则思欲"⑥。他阐述周代"六代乐舞"是奏
六律,歌六吕,只有十二宫。他引用"王大食,三侑"(《周礼·春
官·大司乐》)的注释,依月用律,也是十二宫,他认为应以十二宫
为祭典音乐,振兴周代礼乐;他引用《周礼》谈歌唱奏乐,取阴阳相

---

① (宋)姜夔:《雅俗乐高下不一,宜正权衡度量议》(曾枣庄、刘琳主编《全宋文》第 290
册),上海:上海辞书出版社,2006 年,第 452 页。
② 同上。
③ (宋)姜夔:《登歌当与奏乐相合》(曾枣庄、刘琳主编《全宋文》第 290 册),上海:上海辞
书出版社,2006 年,第 453 页。
④ (宋)姜夔:《祀享惟登歌,彻豆当歌诗》(曾枣庄、刘琳主编《全宋文》第 290 册),上海:
上海辞书出版社,2006 年,第 454 页。
⑤ 同上。
⑥ (汉)郑玄注,(唐)孔颖达疏:《礼记正义》卷 38,(李学勤主编《十三经注疏》,北京:北
京大学出版社,1999 年,第 1108 页)。

合之意,认为若想登歌与奏乐相合以达天人之和,则定要改正当前太常乐曲;他提出祭享时应效法周代制度,除登歌、撤歌外,繁多的歌辞应删除才符合古制;最后,姜夔认为复兴雅乐的目的是歌祖宗之功德,传播天下,教化众民,正如儒家所认为的"乐也者,圣人之所乐也,而可以善民心,以感人深,其移风易俗,故先王著其教焉"①。

(二) 琴曲《扬州慢》的创作背景

姜夔,一生多次应试未中,成为一名长期寄于达官贵人或好友门下的清客,他不得不离家外出,为生计四处奔波,成为一名行走于江湖的琴士。他少时父卒,寄住姊家,但他埋头苦读,积累了扎实而深厚的音乐和文学功底,为其成为宋代最著名的歌曲作家奠定了基础。

宋代仅存的歌曲资料便是姜夔所作的古代词曲谱集《白石道人歌曲》,又称《白石词》,具有极高的史料价值。可惜,流传至今的《白石道人歌曲》仅有他自制的歌曲共 17 首,并在词旁可见类似日本"片假名"的符号,即宋代燕乐字谱,现称"旁谱",尽管这种字谱很难识懂,但著名音乐史专家杨荫浏先生进行研究与考察,把这 17 首歌曲全部译为五线谱,为我们打开宋代音乐的大门提供了重要的依据。《白石道人歌曲》中有琴歌 1 首,是存见最早的琴歌《古怨》,并附有古工尺谱;《越九歌》10 首等;共 28 首。与此同时,姜夔还创作了 14 首《圣宋铙歌曲》。《扬州慢》是《白石道人歌曲》之一,也是姜夔自制歌曲中最早的一首,从其小序中可见作者创作此曲的背景,见下图(4-2):

---

① (汉)郑玄注,(唐)孔颖达疏:《礼记正义》卷 38,(李学勤主编:《十三经注疏》,北京,北京大学出版社,1999 年,第 1103 页)。

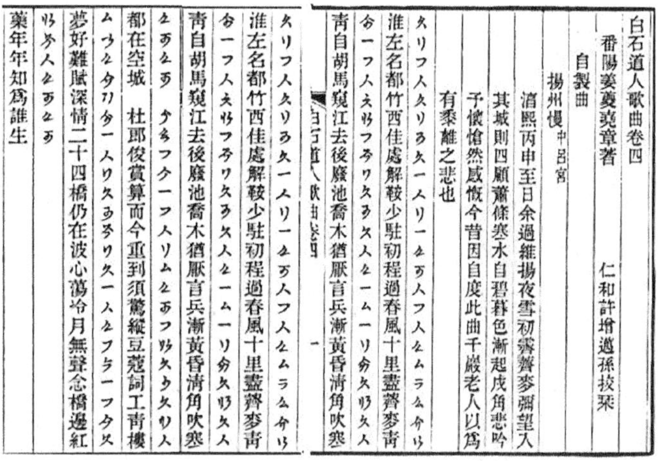
白石道人歌曲卷四

鄱陽姜夔堯章著　仁和許增邁孫按栞

自製曲

揚州慢 中呂宮

淳熙丙申至日余過維揚夜雪初霽薺麥彌望入其城則四顧蕭條寒水自碧暮色漸起戍角悲吟予懷愴然感慨今昔因自度此曲千巖老人以爲有黍離之悲也

淮左名都竹西佳處解鞍少駐初程過春風十里盡薺麥青

青自胡馬窺江去後廢池喬木猶厭言兵漸黃昏清角吹寒

白石道人歌曲卷四　一

淮左名都竹西佳處解鞍少駐初程過春風十里盡薺麥青

青自胡馬窺江去後廢池喬木猶厭言兵漸黃昏清角吹寒

都在空城　杜郎俊賞算而今重到須驚縱豆蔻詞工青樓

夢好難賦深情二十四橋仍在波心蕩冷月無聲念橋邊紅

藥年年知爲誰生

图 4-2 《白石道人歌曲》载《扬州慢》序与词

淳熙丙申至日，余过维扬。夜雪初霁，荠麦弥望。入其城则四顾萧条，寒水自碧，暮色渐起，戍角悲吟。余怀怆然，感慨今昔，因自度此曲。千岩老人以为有黍离之悲也。[①]

从《扬州慢·序》的记载可见琴曲创作的时间、地点、原因、主旨等内容。“淳熙丙申至日，余过维扬。”这是指南宋孝宗淳熙三年(1176年)冬至，姜夔在傍晚时分路过扬州。“夜雪初霁，荠麦弥望。”冬至傍晚大雪过后一片初晴，放眼望去到处都是离离的荠草和麦子，一片荒芜的景象。“入其城则四顾萧条，寒水自碧，暮色渐起，戍角悲吟。”此时的扬州城内则是一片萧条凄然、碧水清冷的景象，一股冬至的寒流呈现出深绿颜色。夜幕降临时，戍楼上号角吹出了悲凉的调子。“余怀怆然，感慨今昔，因自度此曲。”此时此景，这位歌曲作家满怀悲凉，感慨扬州城的今昔巨变，建炎三年(1129

① (宋)姜夔:《白石道人歌曲》卷4，钦定四库全书本。

年),金人初犯扬州,绍兴三十一年(1161年),金人再犯扬州,10万铁骑踏破扬州城。至今扬州城仍然一片废墟,未恢复原貌,伤感之情不禁油然而生,他于是就创作这首曲《扬州慢》,"千岩老人以为有黍离之悲也。"此处,"千岩老人"是南宋诗人萧德藻,字东夫,号千岩老人,也是姜夔的老师,他认为此曲具有《诗经·王风·黍离》中"黍离之悲"的悲凉意蕴。从图4-2《白石道人歌曲》琴谱中可见《扬州慢》的曲词。

四、 徐天民与《泽畔吟》

(一)徐天民与古琴

徐天民,名宇,号雪江,又号飘翁,浙江钱塘人。他是中国琴史上第一个公认的古琴琴派浙派的主要代表人物之一(古琴浙派创始人郭沔的再传弟子),也是元明时期"徐门浙操"的创始人。其生卒年史书上并无确切记载,学者章华英通过例举徐天民的弟子和友人所题诗词对徐天民的生卒年进行了推论,如徐天民弟子袁桷曾在《题徐天民草书》一文中记录:"因览先生遗墨,俯仰畴昔,今三十六矣"[1]。从袁桷的写作时间元延祐六年(1319年)可得出徐天民卒于元至元二十年间。从其友人方回所题《叶君爱琴诗序》:"雪江居士,年八十余,先朝征之,以壮子负琴代行"[2]可知,徐天民大致生于南宋庆元年间(约1200年)前后。

徐天民出生于官宦世家,"曾任国史实录院校勘官,丞相江万里表知安吉州。天民辞而不受。归隐后,以琴自乐"[3]。徐天民曾为杨缵的门客,参与编辑《紫霞洞谱》,并为杨缵"吟社"成员。从《全宋诗》的收录中可见当时文人为其赋诗多首。如:

---

① (元)袁桷:《题徐天民草书》,见《清容居士集》卷49。
② (宋)方回:《叶君爱琴诗序》,见《桐江续集》卷32。
③ (明)倪谦:《故锦衣卫指挥使徐公墓志铭》,见《倪文僖集》卷32。

　　闲堂风月深，自此出瑶琴。为我弹一曲，悠然生古心。余清分坐客，微响拂流禽。世上是非耳，谁能知此音。①

　　火天月满绣衣庭，秋思从君指下生。莫怪老怀眠不得，七弦弹出蟹行声。②

　　诗画琴三绝，乾坤只一身。生前长聚首，死后更无人，材大身犹寿，名高分合贫。自怜传五字，造物亦相嗔。③

　　碧眸冰齿寿眉庞，谁识前朝老雪江。指下七弦今第一，豪端行法更难双。向来屡获观诗卷，恨不相从倒酒缸。深愧后期似圮下，云间几度拓吟窗。④

　　从以上赋诗可见，徐天民的弟子或友人给予其琴艺相当高的评价，称其诗画琴三绝，指下七弦今第一，豪端行法更难双。元世祖听其琴不禁感叹其为"腾格哩浩尔齐华"，意为"天下乐师也"。

　　徐天民教授了众多弟子，除了袁桷，元代琴人金汝砺亦从他学琴。徐天民曾对弟子言："学琴当先本书传，俗韵自少"⑤。由此可见，徐天民仍秉持了传统的雅音正乐的学琴观，对俗韵等郑卫之音自然是排斥的。其中袁桷所著《琴述》在宋代琴学理论中是一颗闪耀的明珠，因为《琴述》从实际调查中搜集了宋代琴曲流传的情况，而且记叙了许多关键性的琴曲谱系的演变，恰与从古籍中摘录宋前史料的琴人列传《琴史》形成了互补。

　　（二）琴曲《泽畔吟》的创作背景

　　徐天民的演奏风格独特，自成一家，传有《徐门琴谱》10卷。琴曲《泽畔吟》是其重要的代表作之一，直至今日仍是最受欢迎的古

① （宋）连文凤：《听徐天尼琴》，见《全宋诗》第69册，第43372页。
② （宋）李龏：《浙西宪台夏夜听雪江徐天民琴》，见《全宋诗》第59册，第37440页。
③ （宋）顾逢：《寄徐雪江温日观老友》，见《全宋诗》第64册，第40004页。
④ （宋）方回：《赠徐飘翁二首》，见《全宋诗》第66册，第41639页。
⑤ （元）袁桷：《题徐天民草书》，见《清容居士集》卷49。

琴曲之一。存见琴曲《泽畔吟》最早的记录是明代宁王朱权(1378年—1448年)于1425年编撰的《神奇秘谱》中第55首琴曲,凡4段。见下图(4-3):

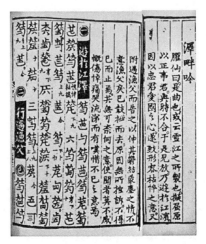

图 4-3 《神奇秘谱》载《泽畔吟》曲谱

据《历代古琴文献汇编——琴曲释义卷》(下)所记载,"《泽畔吟》共计收录于11部琴谱内"①,如《浙音释字琴谱》《风宣玄品》《西麓堂琴统》《太音传习》《杏庄太音补遗》《琴谱正传》等等,其解题、创作背景所述与《神奇秘谱》基本相同。《神奇秘谱》解题曰:

> 腥仙曰:是曲也,或云雪江之所制也。拟屈原以正事君,與时不合。于是见放,乃游于江滨,因以忠君爱国之心,遂致形容枯悴之意。又附遇渔父而告之,以伸其郁结蒙尘之情,不意渔父戾已,鼓枻而去。原因无所控诉,不得已而止焉。其无可奈何之意,使闻者莫不感慨伤悼,痛哭流涕,而有叹惜不已

_____

① 刘晓睿主编:《历代古琴文献汇编——琴曲释义卷》(下),杭州:西泠印社出版社,2020年,第1777页。

之意焉。①

　　从以上解题可知,徐天民所作《泽畔吟》事实上是根据史书中所记载的屈原的故事而改编,屈原在楚国郁郁不得志而被"发行吟泽畔",(《史记·屈原贾生列传第二十四》)遂作《楚辞·渔父》,以第三人称的口气通过屈原与渔父的对话,表现了诗人不愿同流合污、随波逐流的高尚节操和坚持理想、宁死不屈的牺牲精神。《楚辞·渔父》如下:

　　　　屈原既放,游于江潭,行吟泽畔,颜色憔悴,形容枯槁。渔父见而问之曰:"子非三闾大夫与? 何故至于斯?"屈原曰:"举世皆浊我独清,众人皆醉我独醒,是以见放。"渔父曰:"圣人不凝滞于物,而能与世推移。世人皆浊,何不淈其泥而扬其波? 众人皆醉,何不餔其糟而歠其醨? 何故深思高举,自令放为?"屈原曰:"吾闻之,新沐者必弹冠,新浴者必振衣。安能以身之察察,受物之汶汶者乎? 宁赴湘流,葬于江鱼之腹中。安能以皓皓之白,而蒙世俗之尘埃乎?"渔父莞尔而笑,鼓枻而去,歌曰:"沧浪之水清兮,可以濯吾缨;沧浪之水浊兮,可以濯吾足。"遂去,不复与言。②

　　由此可见,《神奇秘谱》中《泽畔吟》的解题是由提炼总结《楚辞·渔父》而得,琴曲共分 4 段,其段标题分别为:"一游于江泽;二行遇渔父;三蒙世尘埃;四鼓枻而歌"③。《浙音释字琴谱》和《重修

---

① (明)朱权:《神奇秘谱》(《琴曲集成》第 1 册),北京:中华书局,2010 年,第 169 页。
② (战国)屈原著,吴广平校注:《楚辞》,长沙:岳麓书社,2006 年,第 195—196 页。
③ (明)朱权:《神奇秘谱》(《琴曲集成》第 1 册),北京:中华书局,2010 年,第 169—170 页。

真传琴谱》中记录了这 4 段琴曲的琴词,也是根据《楚辞·渔父》中故事情节的发展与变化而提炼出的。

从琴曲的曲调看,徐天民在创作此曲时运用了"凄凉调"即"楚商"作为该曲的定弦法,后段变徵音和变宫音并存。从琴曲的曲意来看,此曲或作于宋亡以后,其中不仅寄托了徐天民在遭遇宋末离乱后的忠君之心,同时也借琴曲表达了一个宋末遗民内心的悲愤抑郁和凄切哀愁。屈原的遭遇和其忧愤深广的情感,引起了徐天民的强烈共鸣,使他创作出这样的一部琴曲作品。

第二节 宋代琴家琴士古琴曲词中爱国思想的内涵

两宋时期,面对异族统治者的野蛮侵略,南宋王朝腐败无能,无力保卫家国,一味地议和割地赔款,对内则苟且偷安、繁刑重赋、鱼肉百姓。广大人民愤慨于南宋王朝的昏庸无道,痛惜于秀丽河山的支离破碎,担忧着祖国的前途命运。文人在复国无望的情况下,毅然做出自己的选择,有的以身殉国;有的隐遁山林坚贞守节;有的将爱国思想抒发为感情真挚的诗文;有的则通过音乐艺术的形式表达愤懑的情绪。其中郭沔的琴曲《潇湘水云》、姜夔的琴曲《扬州慢》和徐天民的琴曲《泽畔吟》缘情托物,表达了坚贞的民族气节、深沉的故土之思和进退亦忧的文人忧患意识。

一、坚贞的民族气节

琴曲《潇湘水云》最早见于明代(1425)朱权编撰的《神奇秘谱》,其记载的原谱为 10 段,无词;但在明代(1491)龚经辑释的《浙音释字琴谱》中可见原谱 10 段,有词。原谱的 10 段标题分别为:

一、洞庭烟雨,二、江汉舒晴,三、天光云影,四、水接天隅，五、浪卷飞云，六、风起云涌，七、水天一碧，八、寒江月冷，九、万里澄波，十、影涵万象。①

自南宋以来《潇湘水云》广泛流传，一直是众多琴家所爱的琴曲，至今已有 48 个琴谱收录此曲，谱本达 51 种。明末虞山派代表人徐上瀛辑《大还阁琴谱》，在明代朱权《神奇秘谱》中记载的 10 段的基础上发展成 12 段加泛音段结尾。到了清代，广陵派琴家徐祺辑《五知斋琴谱》将此曲发展为 18 段。本书根据朱权撰《神奇秘谱》的解题、龚经辑释《浙音释字琴谱》的琴词、徐上瀛辑《大还阁琴谱》后记的文字材料，并结合近代著名古琴演奏家吴文光先生根据《神奇秘谱》的打谱本，来分析琴曲中所蕴含的爱国思想的内涵。

郭沔与姜夔除了是宋代最著名的古琴家和歌曲作家，他们还有一个共同的身份"清客"，宋代官宦人家多有闲养"清客"的习惯，郭沔是张岩家的清客，专为主人弹奏古琴。姜夔不傍友入仕，一生浪迹天涯，曾是周必大家中的清客，为其作曲填词，留下了著名的琴曲《暗香》与《疏影》。开禧二年（1207 年）韩侂胄发起"开禧北伐"，主张抗击侵略，收复失地。后全线溃败，宋金议和，朝廷割地赔款，诛杀韩侂胄，南宋岌岌可危，因此张岩也受到了牵连被罢官，郭沔也被迫离开了张岩而失去了生活的依靠，从此归隐山林，定居于湖南南部衡山附近的小山村，一边整理学习琴谱，一边创作琴曲。《神奇秘谱》的解题曰："每欲望九疑，为潇湘之云所蔽，以寓倦倦之意也。"《浙音释字琴谱》的解题曰："其望九疑，怀古伤今。"《琴学初津》的解题曰："远望九盛，云水掩映，感慨而作也。"从以上琴谱的解题来看，这一历史背景和社会现实是郭沔创作《潇湘水云》的思想基础，他愤慨于南宋王朝的腐败无能，面对异族侵略无力保

① （明）朱权：《神奇秘谱》（《琴曲集成》第 1 册），北京：中华书局，2010 年，第 167—168 页。

卫家国,却繁刑重赋鱼肉百姓。"郭楚望把深切的内心感受倾注于
《潇湘水云》的创作之中,因此,数百年来历代琴家对郭楚望的思想
倾向和艺术观点及其《潇湘水云》的思想内容和创作技巧都给予了
应有的肯定。"[1]

《潇湘水云》全曲共 10 段,可以分为 4 部分来分析。其中第 3
部分第 5 段浪卷飞云、第 6 段风起云涌、第 7 段水天一碧构成全曲
的高潮部分。从《神秘谱》记载的琴谱(图 4-4)可见:

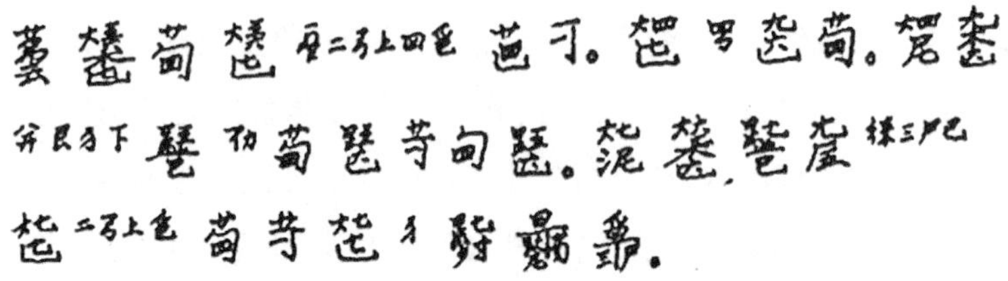

图 4-4 《神奇秘谱》中记载的琴谱

此段大量交叉使用了古琴的 3 种音色:散音、按音和泛音,并
跟随琴曲的旋律而跳动,"第五段在羽调式的基础上使主题跳跃于
三个多八度的音域之间"[2]。尾部大量使用泛音,并连续使用"掐
撮"音形成两个声部。第六段风起云涌,其琴词"满天雨也那满天
风,风起浪春春,四水浮空空。潇湘风景,的那与无穷,金碧画图
中,看弱流千里,的那隔十岛三蓬"[3]是第五段琴词的继续展开,即
"浪卷飞云,势氤氲。羲皇人,何处潇湘的那投老寄闲身。遥借问,
你那谁与汝相亲,风月为邻,芒鞋羽扇白纶巾。云水中分,潇湘佳
致与谁论,十洲三岛堪伦"[4]。如潇湘河流波浪起伏的旋律和跌宕
的节奏,在高音区大幅度扩充,运用滚拂的指法,更加突出专注而

① 龚一:《七弦琴曲〈潇湘水云〉及其作者郭楚望》,《音乐艺术》1981 年第 1 期。
② 梁晓镌:《琴曲〈潇湘水云〉流变初探》,中央音乐学院硕士学位论文,2011 年,第 8 页。
③ (明)龚经:《浙音释字琴谱》《琴曲集成》第 1 册),北京:中华书局,2010 年,第 223 页。
④ (明)龚经:《浙音释字琴谱》《琴曲集成》第 1 册),北京:中华书局,2010 年,第 223 页。

184

紧张的情绪,在七弦上奏出潇湘水云奔腾的景象,用风起云涌之状态模拟出浪卷云飞的画面。第七段琴词是"水天一碧,渺渺那水天一碧,蓬瀛少隔,望云根那莫测,拟冯夷那访河伯。美哉也,伊谁得,彩霞绚色,看轻挂水帘,的那月钩云额"①。此段"转为商调式,舒缓的旋律仿佛高潮过后的缓冲,之后回落到变化再现的水云声音调上,预示着高潮的结束"②。

第3部分的高潮区正是作者借波浪起伏的旋律和跌宕的节奏表达自己内心情绪的波动,构成了激昂慷慨、气势奔腾磅礴的高潮段落,成功地"借"潇湘水云的盛怒气势"喻"郭沔的强烈爱国情感,鞭挞了腐败昏庸的南宋王朝。失去了生活依傍而归隐于山野的郭沔,也只能通过作曲抚琴的方式抒发自己的爱国情感,抚慰自己失意的人生。两宋时期由于异族统治者的野蛮侵略与征服,尽管以祖国共同体利益为根本,维护祖国统一和民族团结,反抗民族压迫和异族侵略成为这一时期爱国思想的主要表现,然而这一阶段的爱国思想是以乡土爱与民族爱为感情基础的,其实是各个民族之间爱国情感的碰撞,但并不能因为爱国思想的民族性特点而否认具有实质爱国行为的民族英雄的气节与忠义。

与此同时,爱国与忠君思想、爱国与正统意识长期并存,从一定程度上来说,君即国家的代表,忠君便是爱国,爱国也是爱正统,这样对国家的爱就变为对某一政权的爱。但是古琴家吴钊先生解读:"郭沔正是借九嶷山为'云水遮蔽'的形象,寄托他对现实的黑暗与贤者不逢时的义愤"③,郭沔的爱国思想中又存在着一种与两宋时期"忠君爱国爱正统"高度融合相区别的地方,那就是在一定程度上爱国与忠君又处于分离的状态。"爱国是绝对的,无条件

---

① (明)龚经:《浙音释字琴谱》(《琴曲集成》第1册),北京:中华书局,2010年,第223页。
② 梁晓隽:《琴曲〈潇湘水云〉流变初探》,中央音乐学院硕士学位论文,2011年,第9页。
③ 吴钊,刘东升:《中国古代音乐史略》,北京:人民音乐出版社,2001年,第186页。

的；而忠君则是有条件的，相对的。爱国的原则高于忠君。"①

> 箕子者，纣之族也。太史公云："纣为淫佚，箕子谏，不听。
> 人或曰可以去矣，箕子曰：'为人臣谏不听，是彰君之恶，而自
> 说于民，吾不忍为也。'乃被发佯狂而为奴。"遂隐而鼓琴以自
> 悲，故传之曰《箕子操》也。②

《琴史》记载商纣王惑于妇人，荒淫无度，国政松弛，比干强谏
而遭杀，箕子面对昏庸无道的君主，多次劝谏无果只得装疯卖傻去
做奴隶。最后他隐居而作琴曲《箕子操》，其部分琴词为"天乎天
哉！欲负石自投河。嗟复嗟，奈社稷何！"③《箕子操》琴曲的音乐特
点是"其声淳以激"④。箕子就是通过这质朴敦厚却不失激怒的琴
乐来表达无报国之门的悲愤心情。

《琴史》载伯夷、叔齐：

> 独二人者以为不可，武王不听，遂不食周粟，隐于首阳山，
> 采薇而食之。作歌曰"登彼西山兮采其薇矣，以暴易暴兮不知
> 其非矣。神农虞夏忽焉没兮，我安适归矣！于嗟徂兮，"命之
> 衰矣！此所谓《采薇操》也。遂饿死于首阳山。⑤

伯夷、叔齐二人因不认同武王伐纣而不愿降周，后隐居首阳
山，不食周粟而采薇食之，遂作琴曲《采薇操》，以思尧舜揖让之节。

---

① 张岱年：《心灵长城—中华爱国主义传统》，合肥：安徽教育出版社，1995 年，第 43 页。
② (宋)朱长文：《琴史》卷 1，钦定四库全书本。
③ (宋)郭茂倩：《乐府诗集》第 3 册，北京：中华书局，1979 年，第 829 页。
④ (汉)桓谭：《新论·琴道》，上海：上海人民出版社，1977 年，第 64 页。
⑤ (宋)朱长文：《琴史》卷 1，钦定四库全书本。

《琴史》记载孔子认为伯夷、叔齐二人"求仁得仁，"孟子认为二人"圣之清者。"《论语》中有关伯夷、叔齐的记载有四处，子贡问："'伯夷、叔齐何人也？'曰：'古之贤人也。'曰：'怨乎？'曰：'求仁而得仁，又何怨？'"（《论语·述而》）子曰："伯夷、叔齐不念旧恶，怨是用希。"（《论语·公冶长》）"齐景公有马千驷，死之日，民无德而称焉。伯夷、叔齐饿于首阳之下，民到于今称之。"（《论语·季氏》）子曰："不降其志，不辱其身，伯夷、叔齐与！"（《论语·微子》）朱熹认为："盖伯夷以父命为尊，叔齐以天伦为重。其逊国也，皆求所以合乎天理之正，而即乎人心之安。既而各得其志焉，则视弃其国犹敝踪尔，何怨之有？"①在世人的眼中，伯夷、叔齐二人深爱着自己的国，因不认同武王伐纣不愿降周，弃君而隐居首阳山，宁可饿死也不肯屈降意志，不让自己的清白之身蒙受玷辱，彰显了二人忠贞的气节与善德善行，因此他们求仁得仁，无怨无悔。

　　"君使臣以礼，臣事君以忠。"（《论语·八佾》）孔子提出了君臣关系的基本原则，是他针对春秋以来的君臣之间权利与义务关系而提出的政治伦理规范，"臣事君以忠"与"君使臣以礼"是君臣双方互有条件的义务，为避免"忠君"成为单方面的绝对义务，孔子又提出"君使臣以礼"对君加以限制。此处孔子所谓的"礼"主要指"经国家，定社稷，序人民，利后嗣者也。"（《左传》）孔子所谓的"忠"指的是只有君真正代表国家和人民的根本利益的时候，臣子才把君看作国家的代表尽"忠"的义务。从《论语》中出现的 18 次讨论"忠"的内容可见，作为臣和作为普通百姓之间的"忠"本质上并无差别。孟子曰："君视臣如手足，则臣视君如腹心；君之视臣如犬马，则臣视君如国人。"（《孟子·离娄下》）由此可见，臣视君不在其尊而在其所作所为是否符合国家和人民的利益。因此，"忠"是对

---

① （宋）朱熹：《四书章句集注·论语集注》，北京：中华书局，2011 年，第 93 页。

国家而不是对某位君主个人的忠诚,如前所述商纣王的行为违背国家和人民的利益,弃君去国也会成为人们的选择。如果君道松弛,国度荒废,"绕树三匝,何枝可依?"人们可以根据自己的价值标准来确定自己的爱国行为了。

无论是《神奇秘谱》的解题,《浙音释字琴谱》的解题,还是《琴学初津》的解题都出现了"九嶷",而九嶷山是潇水的发源地,《史记·五帝本纪》记载舜"南巡狩,崩于苍梧之野,葬于江南九嶷,是为零陵"[1]。可见,九嶷山是舜的葬地,在人们的心目中成了贤明的化身,在此郭沔是"思舜"的一种表达,对舜缔造的圣德之太平盛世的向往。但是每欲望九嶷,却被潇湘之云所蔽,此处"潇湘之云"更是代表了异族的侵略或南宋小朝廷蒙蔽君主、不思恢复失地的投降派。尽管从"清客"转变成乡野隐居者,但其爱国之心未变,只是忠君思想发生了变化,难以明言只好寓于云水,以作曲表达其忠贞的气节和精神,谴责南宋朝廷只为自己继续享受,偷安苟且,鱼肉百姓,直把杭州作汴州,投降妥协而不以社稷苍生为根本的行为。

二、 深沉的故土之思

从《潇湘水云》10 段标题的题名来看,貌似写一种悠然和美的景色,但实蕴国恨,借自然动静跌宕的变化体现自己爱国思想与情感的绵绵升华,表达自己坚贞的民族气节。"今按其曲之妙,古音委宛,宽宏淡茂,恍若烟波缥缈。其和云声二段,轻音缓度,天趣盎然,不云水容与。至疾音而下,指无沮滞,音无痕迹,忽作云驰水涌之势。泛音后,重重跌宕,幽思深远。"[2]以隐逸为题材的作品中又蕴含着失意与幽思的情怀,更是体现了深沉的故土之思,在琴曲的

---

[1] (汉)司马迁:《史记·五帝本纪》卷 1,北京:中华书局,2006 年,第 5 页。
[2] (明)徐上瀛:《大还阁琴谱》(《琴曲集成》第 10 册),北京:中华书局,2010 年,第 445 页。

前后部分表现出了融通和统一的意境。

　　琴曲第1部分是第1段"洞庭烟雨",从《神奇秘谱》中记载的琴谱首句(图4-5)并结合第一段琴词"霏霏四起,微茫千万里,云天倒浸龙宫底。悠扬自得,扁舟看范蠡,一簑江表谁为侣。江乡趣,闲伴渔翁,有网何曾举,假沽名钓誉"[1]可见,琴曲的第1段是全曲的序奏,构成了全曲的主导音调,运用了泛音,另加滚拂、按指等手法,跟着飘逸、自由而不失活泼的泛音,进入到一种碧波万顷、烟波浩渺的意境,使听众感受到祖国山河的秀丽明媚亲切宜人。将人的思绪从空冥带入一个幽静的世界,如清风飘过寂静的潇湘水面。符号表示"从头再作",即重复前一句,在本曲中重复前一句,速度减慢,但比前一句清晰而坚定,似乎预示天地渐渐清朗起来,但仍然如潇湘水面般静谧,以此来衬托作者内心的忧郁情绪,给全曲蒙上了一层阴影。再作,似乎又将听众带回到了空冥之中,表达了作者为祖国的命运忧心忡忡的真挚情感,起到提要钩玄的作用。

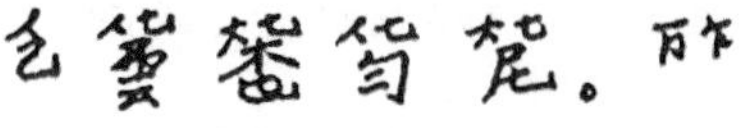

图4-5　《神奇秘谱》中记载的琴谱首句

　　第2部分是第2至第4段,主要是对前一主题的呈示与发展。从《神奇秘谱》中记载的琴谱(图4-6)并结合第2段江汉舒晴的琴词"江汉舒晴,水光云影,清清霁色澜霞明,好风轻。浮天浴日,白浪涌长鲸。壶天物外幽情,破沧溟有客寄闲名,醉里醒醒,歌泽畔也那吊湘灵"[2]可见,第2段是对第1段洞庭烟雨的呈示和发展,音乐逐渐变得相对平静,多用"吟猱"指法,旋律变化多样,带有一种

---

① (明)龚经:《浙音释字琴谱》(《琴曲集成》第1册),北京:中华书局,2010年,第222页。
② (明)龚经:《浙音释字琴谱》(《琴曲集成》第1册),北京:中华书局,2010年,第222页。

不平和之气,暗示作者剧烈的思想变化,让听众能够体会到作者的无奈。第3段出现了琴家认为的"水云声",第3段天光云影是对第2段江汉舒晴的呈示和发展,对全曲进行了铺展,进一步坚定了作者的信念。洞庭烟雨中作者所表达的忧郁情绪以及江汉舒晴中作者的无奈之情从无光云影这段开始转变,开始了对大自然和潇湘之水云的明快描写,从图4-6可见,此段旋律不断由低音区开始提升,节拍也开始从慢拍转向快拍。在欣赏该琴曲的时候,可以感受到作者正在努力用慷慨激昂的音乐来驱除内心的苦闷和身不由己的无奈之情,也表露了作者内心的激情,环顾大好河山,"怀古伤今""倦倦"之情久久不能平息。第4段水接天隅则是对第3段天光云影的补充和完善,进一步用"水云声"为第3部分高潮的到来作铺垫。

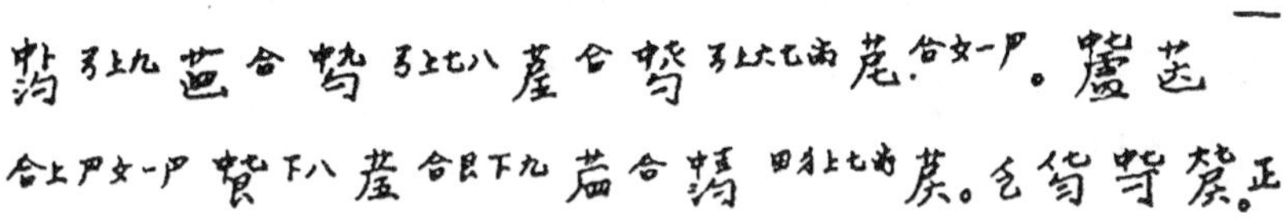

图4-6 《神奇秘谱》中记载的琴谱

第4部分是第8段寒江月冷、第9段万里澄波、第10段影涵万象所构成的全曲逐渐入慢而收尾的部分。第8段以商调式开始又回到了主导音调,但比第1段洞庭烟雨所构成的全曲序奏的主导音调更加坚强有力,其词为:"寒江月冷,银河耿耿,水云遥映菱花镜,增佳兴,潇湘佳胜。凝眸高凭,遥见渔竿轻弄影,窄寄人篱下羊裘,高高帽顶。举月为媒,指天为证,不受殷周聘。世浊我清,众醉我醒,风月襟怀,惟凭诗管领,听天还听命"①。

第9段和第10段音乐情感细腻,起伏较大,重重跌宕,逐步引

———
① (明)龚经:《浙音释字琴谱》《琴曲集成》第1册),北京:中华书局,2010年,第223页。

入了曲终,营造了一种风平浪静,幽思深远的意境。"末段以特殊的变徵音'打圆'来开始,具有转调的意思,给人以耳目一新的感觉。"①本段从变徵音到清角音的变换,也表示作者的心理变化,从挣扎到呐喊,最后归于无奈,也是与曲首的序奏部分遥相呼应,表现出了一种融通和统一的"回归"意象。虽然描写的是山水,但表达的却是人心,南宋国势日衰,政权腐朽,山河破残,中原恢复大业已成蹉跎,郭沔一边感慨时政风云的变幻,一边表达对故国山河的深深眷恋。

　　总的来说,《潇湘水云》具有丰富而深沉的思想内涵,这种思想的发展依赖于作者感情发展的需要。《潇湘水云》是一首结构宏大,描绘了潇湘风景和郭沔内心复杂的情感变化的琴曲,吴文光先生据《神奇秘谱》的打谱本弹奏一般需要 10 分钟左右。从音乐的丰富性来看,《潇湘水云》感情细腻,情景交融,以景写情。全曲多用按音、泛音、散音,加上滚、拂、撮、掐起等指法,在同一乐句中交叉使用,形成音色上的对比,描述风云激荡的背景下作者起伏的情感,如本曲的第 5 段浪卷飞云。第 3 段天光云影利用古琴特有的手法和技巧,产生了著名的"水云声",通过水云相搏、风云变幻的摩擦声反映作者心灵上的感悟和突变。从其音乐的统一性来看,《潇湘水云》的调性"始于商,中转入羽后,又复转为商,而终于商,商调是本曲的主调"②。此外,作者还运用大量衬词,以求得全曲的统一。"回归"在全曲中得到很好的体现,以统一的音乐形象再次唤起人们对北方国土的怀念。第 8 段寒江月冷回到了第 1 段洞庭烟雨的主导音调,结尾和序奏是全曲的思想重点,也体现了前后呼应。从其音乐的节律来看,《潇湘水云》的节律体现了"自然性",二拍、三拍、一拍半、二拍半等千变万化,无规律可循,但这却是一种

---

① 许健:《琴史新编》,北京:中华书局,2012 年,第 172 页。
② 马如骥:《潇湘水云及其联想》,上海:复旦大学出版社,2015 年,第 238—239 页。

更为自然、和谐、丰富的节律,把全曲组合成一个自然的整体,体现乐曲生命的流淌,以达到音乐所追求的最高境界"天人合一"。

三、 文人的忧患意识

从《扬州慢·序》的记载中已知该曲创作的背景内容,公元1176年,姜夔途经扬州,见昔日繁华的扬州城在金兵两次侵略与掠夺后变得满目疮痍,16年来未曾恢复,有感于故园沧桑之巨变遂作琴曲《扬州慢》,并填《扬州慢》词,故称作"自度曲"。"慢"代表慢曲,指调长拍缓,多是低沉怨调;依慢曲所填之词即为"慢词",多为长调,层层渲染适宜抒情。《扬州慢》的曲词中流露出一种清冷的意象,表达了姜夔对于金兵入侵带给扬州城深重灾难的憎恨以及对祖国命运和民族危亡的担忧,是中国传统文人忧患意识的体现。

姜夔制《白石道人歌曲》中记载《扬州慢》的歌词:

> 淮左名都,竹西佳处,解鞍少驻初程。过春风十里,尽荠麦青青。自胡马窥江去后,废池乔木,犹厌言兵。渐黄昏,清角吹寒,都在江城。杜郎俊赏,算而今重到须惊。纵豆蔻词工,青楼梦好,难赋深情。二十四桥仍在,波心荡,冷月无声。念桥边红药,年年知为谁生。[①]

《扬州慢》词是一首乱后感怀之作,可以分上阕和下阕两部分来理解。

上阕主要写景,运用了虚实结合的写法,描绘了姜夔初到扬州后的所见所闻。其中"淮左名都""竹西佳处""春风十里""荠麦青青"主要出自词人对扬州这座名城的耳闻,属于虚写。扬州城在历

---

① (宋)姜夔:《白石道人歌曲》卷4,钦定四库全书本。

史上一直声名显赫，是我国最早的"九州"之一的州名，在经历了楚、西汉、三国魏吴、北周等朝代的发展后，于隋统一中国后改名为"扬州"。北宋时期，由于扬州处于漕运要地而成为东南经济文化可与汴京媲美的城市。南宋时期，扬州一直是抗金、抗元的前线。"废池乔木""清角吹寒"是词人所见，此时的扬州城自金兵两次侵犯后，已生灵涂炭，多年都难愈重患。天气将晚，城楼上吹起了凄凉的号角声。结合之前的所闻，词人初到扬州城触目惊心，"都在江城"这一句实际是词人此时对扬州城的整体感知，扬州城如今成为一座空城，是多么令人伤感啊！

　　下阕主要以扬州城昔日的繁华来反衬今日之萧飒与冷落。通过"杜郎俊赏"，即唐代诗人杜牧当年在扬州的恋爱故事来表达纵有诗词美妙，也难以表达儿女情长。词人多处化用杜牧不同的诗句引出扬州往日之繁华，"豆蔻"出自"娉娉袅袅十三余，豆蔻梢头二月初"；（《赠别》）"青楼"出自"十年一觉扬州梦，赢得青楼薄幸名"；（《遣怀》）"二十四桥"出自"二十四桥明月夜，玉人何处教吹箫"。（《寄扬州韩绰判官》）"波心荡，冷月无声"，一个"冷"字，生出无边凄凉，二十四桥仍在，水波依旧荡漾，冷月之下却没有潺潺之声了，但她却是这今昔枯荣的唯一见证者吧！桥边的红芍药逢时而开，是有情的吗？年年滋长，又是为谁而生呢？

　　琴曲《扬州慢》全词意境深切，格调忧伤，运用了比兴这一诗歌中传统的表现手法来抒发姜夔在看到扬州城被金兵铁骑践踏后变成一座"空城"的个人感受，表现其忧国忧民的爱国热情。从"自胡马窥江去后，废池乔木，犹厌言兵"可见词人对金兵入侵带给扬州城深重灾难的憎恨以及对祖国命运和民族危亡的担忧。姜夔多作游记和咏物之词，意在"感叹身世"，面对国破家亡，其词虽不像岳飞、辛弃疾、陆游、文天祥等所作之词气魄慷慨，昂扬亢奋，令人热血沸腾，但其词的精微细致体现了国仇家恨中的阴柔之美，其描绘的残山剩水又展现了战争的残酷,表达对祖国山河破碎的痛惜之情,对敌人的痛恨,对人民的同情。刘熙载在《艺概》中评论说:"姜白石词幽韵冷香,令人挹之无尽。"陈廷焯主"沉郁"之说,力推白石:"南宋词人,感时伤事,缠绵温厚者,无过碧山,次则白石。"但王国维先生则说:"白石写景之作……终隔一层"①。笔者认为,从姜夔作为一名悲慨时代的江湖琴士的角度来看,可以了解这种"隔一层"的内涵,姜夔在家国危亡的背景下,跳出"感叹身世"题材之作的拘囿,转向表现家仇国恨的伤感之音。

公元 1176 年,年仅 21 岁的姜夔创作了《扬州慢》,而他所处的时代正值"靖康之难"后,宋朝被迫迁都临安,偏安一隅的南宋朝廷,为了自身统治集团的利益,冤杀了主战派的民族英雄岳飞,向金朝屈膝投降,签订了"绍兴和议""隆兴和议"等,对内则大修宫舍,穷奢极欲,只图偏安,不顾北方人民的生活。南宋朝廷因"议和"后每年要向金朝缴纳大量"岁贡",于是采取各种手段压榨人民,农民生活在多重剥削和压迫中。但金兵不遵守"议和"协议,仍然大举进犯,攻破了建康、扬州等地。作为一名穷困落魄的书生,面对祖国山河残状,虽然深恶痛绝,但又不能像担任安抚史的好朋友辛弃疾那样招集义勇,训练军队,杀伐战场,以求祖国统一。于是他拿起笔创作琴曲,抒发自己的爱国情感,在他的《惜红衣》《暗香》《疏影》等曲词中均可见其爱国思想。

宋室南渡后,艺术领域一片悲歌,此时"复雅"则成为古琴曲词的主要风格,词成为文人们探讨人生意义和价值的一种表达方式。"只有将词这种文体用来解决自己的人生价值问题时,词体本身的意义才会凸现出来,而当词人在大量关注文体形式的时候,这种文体无疑已是一种雅化的文体。"②这种雅化的文体与姜夔古雅中正

---

① 王国维:《人间词话》,北京:群言出版社,1995 年,第 33 页。
② 邓乔彬、李康化:《清雅:白石词之美学风度》,《学术月刊》1996 年第 2 期。

的人格精神吻合,他虽是一名漂泊惨淡的清客,寄人篱下,混得一茶一饭,但他不追慕荣华,从无乞食的阿谀之态。他的诗词、书论、音乐创作中都体现了一种孤高狷介与风雅寄兴的风范。他认为,"意格欲高,句法欲响,只求工于句、字,亦末矣"①。他认为应将主体人格融入词的创作风格中,于是他将理学家的"涵养德性"融入了自己的创作中。他也认为,"艺之至,未始不与精神,其于昌黎《送高闲序》"②。他赞同韩愈的观点,主张艺术精神与人之精神的相通,推崇精神之"意"。清代刘熙载评姜夔曰:"姜白石词幽韵冷香,令人抱之无尽。拟诸形容,在乐则琴,在花则梅也"③。

　　然而,面对家国残破、南宋朝廷昏庸腐败、百姓生活困苦,他曾作诗表达对那些荒淫无耻、作威作福的统治阶级和大官僚的不满,但是他的实际生活却又不得不依附于官僚阶层。年少时丧父,寄住其姊家,成人后又成为一名清客的姜夔,这种依附他人的生活有时会使他的心灵受到刺激,从而表现出凄凉伤感之情。姜夔的一生都是在这样"理想与现实"的重重矛盾中悲哀地度过。《扬州慢》运用虚实结合的手法写景,让景在一虚一实之中生动展现;运用比兴的手法,借用杜牧的典故来反衬"空城"扬州,最后用实景"二十四桥仍在,波心荡,冷月无声。念桥边红药,年年知为谁生"④把自己对家国和民生疾苦的深沉关注融入凄凉的景物中,寄托个人的家国之忧。姜夔的老师南宋诗人萧德藻(字东夫,号千岩老人)认为此曲具有"黍离之悲"的意蕴。"黍离之悲"出自《诗经·王风·黍离》:"彼黍离离,彼稷之苗。行迈靡靡,中心摇摇。知我者,谓我心忧,不知我者,谓我何求。悠悠苍天! 此何人哉?"此处联想公元

---

① (宋)姜夔:《白石道人诗说》(夏承焘校辑:《白石诗词集》),北京:人民文学出版社,1959年,第68页。

② (宋)姜夔:《续书谱》,文渊阁四库全书。

③ (清)刘熙载:《艺概》卷4(《刘熙载文集》),南京:江苏古籍出版社,2001年,第140页。

④ (宋)姜夔:《白石道人歌曲》卷4,钦定四库全书本。

前772年周幽王姬宫湦被犬戎杀于骊山，此事彻底颠覆了西周王朝，也毁掉了西周灿烂的文明成果，造成了巨大的历史灾难。此处暗喻金国南侵"胡马窥江"的后果，说明国家的衰败带给百姓的苦难。《诗经·王风·黍离》中的悲，是西周宗庙宫殿已毁的家国破败之恨，而《扬州慢》中姜夔的悲，是因金人侵略的忧国忧民之情。

对国家危亡、民族灾难、百姓生计的忧戚是中国传统文人忧患意识的主要内涵。他们有的用笔墨绘出民族的艰辛坎坷以谴责统治者的昏聩颠顸，如南宋著名画家李唐所绘《采薇图》颂扬人的气节与精神，谴责南宋朝廷投降妥协的行为；有的用文学艺术叙说国家的兴衰浮沉和百姓的劳顿疾苦；有的用音乐艺术表达对祖国前途命运的关切，使得忧患意识在历代文人中经久传承。"君子忧道不忧贫"（《论语·卫灵公》）集中体现了孔子的忧患意识，其核心是回归天下有"道"之社会，他赞赏"志士仁人，无求生以害仁，有杀身以成仁。"（《论语·卫灵公》）"禹思天下有溺者，由己溺之也；稷思天下有饥者，由己饥之也。"（《孟子·离娄下》）孟子也这样训导人们。忧患意识的传承与发展在不同的历史时期表现也有所不同，但是内忧外患、积贫积弱、岌岌可危的南宋朝廷无疑刺激了人民保家卫国之心，忧患意识表现得尤为突出和激烈。他们都拥有一颗关心国家政事的"天下之心"，强调的是个人的志趣、情感与社会、现实的积极联系以及承担拯救民族国家的大任。

四、 遗民的忠君之心

从《泽畔吟》的解题可知，此曲改编自屈原所作《楚辞·渔父》，《浙音释字琴谱》与《重修真传琴谱》记录《泽畔吟》的琴词如下：

> 一游于江泽
> 游于那江泽，形容变尽当时色。千里一身嗟去国，天问无

闻,心空南北,愁相塞。俟罪长沙,时移势迫。渔钓鸥盟,天宽地窄,此情空默。

二行遇渔父

行遇那渔父,委身间渡。子非三圆那大夫,霜寒日暮,于斯何故。欲答情难诉,举世俱皆浊,我独清而恐污,众人皆醉,我独醒,因遭所恶。故无所措,空此孤忠回护。

三蒙世尘埃

蒙世污尘埃,灵均只自哀。恐污洁白,此意徘徊。浮生槁木灰,萧草径叹无媒,心事摧颓,口空哈。时世疑猜,此身孤影楚天涯,物我总忘骸。大义殊乖,逐客怯幽怀,叹沉埋,恢恢天网危,力犯风电。

四鼓枻而歌

鼓枻而歌,沧浪细和,呕哑淖沱,清浊从他,濯缨濯足,何可而不可。见疏空自苦风波,玉堂金马,的那雨笠烟簑。光阴百岁事无多,忠节永无磨。[①]

琴曲共分 4 段,第 1 段"游于江泽"描述了屈原被楚怀王放逐后,游于江泽,他的一片爱国之心受到了压抑,以致形容枯槁,面色憔悴。第 2 段和第 3 段"行遇渔父"和"蒙世尘埃"描述了屈原遇见了渔父,向其倾诉自己的"郁结蒙尘"之情。第 4 段"鼓枻而歌"描述了不意渔父对他不以为然,鼓枻而去。"其无可奈何之意,使闻者莫不感慨伤悼,痛哭流涕,而有叹息不已之意焉。"[②]琴曲第 1 段突出了屈原"被发行吟泽畔""憔悴枯槁"的诗人形象,接着抒写了诗人郁结蒙尘的心境。可以说,屈原的悲剧性遭际给了他追求理

---

① (明)龚经:《浙音释字琴谱》(《琴曲集成》第 1 册),北京:中华书局,2010 年,第 264—265 页。

② (明)朱权:《神奇秘谱》(《琴曲集成》第 1 册),北京:中华书局,2010 年,第 169 页。

想的精诚,而那含着旷世幽怨与不屈希求的楚骚精神又为他的人格之境抹上了一层辉煌的色调,为了体现这楚声意味,徐天民在创作此曲时将"凄凉调"作为该曲的定弦法。此曲后段变徵音和变宫音并存,末段用模拟的柷声象征渔父的离去,表现屈原幽愤深广的精神世界。《琴苑心传全编》称:

> 雪江之拟,泽畔与昌黎之作羑里,苏武之操,思君忠义之心,千世如一,令人抚弦不觉掩涕神伤。①

由此可见,徐天民作《泽畔吟》之琴曲,犹如唐代韩愈所作《羑里》《苏武》,都表达了"思君忠义之心",千世如一,令人抚琴不自觉地掩涕神伤。徐天民与宋末琴家汪元量时常一起弹琴切磋,与徐宇、林昉等频繁唱和,同抒亡国之悲,诗中充满了怫郁不平之思和世事沧桑之悲。作为南宋遗民,他们虽然浪迹江湖,托迹泉石,然以名节自持,心念宋室,长歌当哭,借啸傲吟咏,写其黍离之悲,传达出孤臣义士的共同心声。从琴曲的曲意来看,屈原的遭遇和忧愤深广的情感,引起了徐天民的强烈共鸣,于宋亡后创作此曲,作为南宋遗民的他常于酒酣之际吟唱亡国之恨,寄情于弦上,故琴曲《泽畔吟》以屈原寓雪江先生,寄托了他自己在遭遇宋末离乱以后的忠君之心,也借琴曲表达了一个宋末遗民内心的悲愤抑郁、凄切哀愁。

第三节　宋代琴家琴士古琴曲词中爱国思想的独特倾向

宋代琴家琴士古琴曲词中爱国思想的内涵主要包括坚贞的民

---

① (清)孔兴诱:《琴苑心传金编》(《琴曲集成》第 11 册),北京:中华书局,2010 年,第418 页。

族气节、深沉的故土之思和进退亦忧的文人忧患意识。但是面对南宋末期，复国无望，亡国在即的残酷现实，无论是琴曲《潇湘水云》中郭沔"每欲望九嶷，为潇湘之云所蔽，以寓倦倦之意也"[①]，还是姜夔《扬州慢》中的琴词"自胡马窥江去后，废池乔木，犹厌言兵"[②]的"黍离之悲"，都具有"亡国之音哀以思"和"遗民泪尽胡尘里"的独特意蕴。

一、"亡国之音哀以思"

我国是一个多民族国家，2000 多年来，朝代更迭，岁月沧桑，各领风骚几十至几百年，独特的宗法观念形成了正统和非正统的思想。尽管少数民族入侵中原的现象屡见不鲜，但至两宋之前的朝代或亡于农民起义，或亡于宫廷政变等"内忧"，而宋代却亡于异族入侵的"外患"。因此，整个南宋时期全民族爱国思想的基础和动力是基于"夷夏之辨"和"大一统"的民族意识。"靖康之变"后，面对山河破碎、佞臣当道、国势危急之局面，人们将民族感情寄托于对"旧山河"的眷恋之中。很多文人用诗词曲赋来表达自己深沉的故土之思和民族之爱，南宋这一动荡、巨变的历史时期，催生了大量以"亡国"为主要题材的艺术作品，这些作品凝结着广大群众的血和泪，喊出了爱国志士的心声，唱出了时代的最强音。

"亡国之音哀以思"最早出自《礼记·乐记》，"治世之音安以乐，其政和。乱世之音怨以怒，其政乖。亡国之音哀以思，其民困。声音之道，与政通矣"[③]。一般情况下，"亡国之音"有两层含义：其一是孔颖达在《礼记正义》"疏"中论到"亡国，谓将亡之国也。亡国

---

① （明）朱权：《神奇秘谱》（《琴曲集成》第 1 册），北京：中华书局，2010 年，第 167 页。
② （宋）姜夔：《白石道人歌曲》卷 4，钦定四库全书本。
③ （汉）郑玄注，（唐）孔颖达疏：《礼记正义》卷 37，（李学勤主编：《十三经注疏》，北京：北京大学出版社，1999 年，第 1077 页）。

之时,其音悲哀而愁思,由其民困苦而人心哀思也。前'治世''乱世'皆云世,'亡国'不云世者,以国将亡,无复继世也"①。正如郑国和卫国的音乐是社会动乱的音乐,接近于"慢"了,桑间濮上之乐,政治混乱,人民流离失所,是国家将亡的音乐。"郑卫之音,乱世之音也,比于慢矣。桑间濮上之音,亡国之音也,其政散,其民流,诬上行私而不可止也"②。其二是李清照在《词论》中对南唐李煜词的评价,"独江南李氏君臣尚文雅,故有'小楼吹彻玉笙寒'、'吹皱一池春水'之词。语虽奇甚,所谓亡国之音哀以思也"③。李煜之哀音倾泻了心中的痛苦之情,也麻醉了奋斗的激情,最终导致了亡国的结局,因而此处"亡国之音"表示已亡国家的音乐。从"天下大定,然后正六律,和五声,弦歌诗颂,此之谓德音;德音之谓乐"④可见,有德之音才能称为"乐","亡国之音"即不合"乐德"之音。

"亡国之音哀以思",从其音乐特征来看,中国传统的五声音阶宫、商、角、徵、羽,通常宫音表示雄壮、商音表示悲哀、羽音则表示凄美。"亡国之音"一般运用商调,"这可能是因为这些新声乐曲与民间俗乐的联系较为密切。商调一般不用于官方音乐中,比如《诗》中无商调"⑤。南朝亡国之君陈后主所作《玉树后庭花》据日本林谦三《隋唐燕乐调研究》谓,"日本此曲属清乐"。"后主亦自能度曲,亲执乐器,悦玩无倦,倚弦而歌。别采新声,为《无愁曲》,音韵窈窕,极于哀思,使胡儿阉官之辈,齐唱和之。"⑥北齐后主所作《无

① (汉)郑玄注,(唐)孔颖达疏:《礼记正义》卷37,(李学勤主编:《十三经注疏》,北京:北京大学出版社,1999年,第1077页)。
② (汉)郑玄注,(唐)孔颖达疏:《礼记正义》卷37,(李学勤主编:《十三经注疏》,北京:北京大学出版社,1999年,第1080页)。
③ (宋)胡仔纂集,廖德明校点:《苕溪渔隐丛话》后集,北京:人民文学出版社,1962年,第254页。
④ (汉)郑玄注,(唐)孔颖达疏:《礼记正义》卷39,(李学勤主编:《十三经注疏》,北京:北京大学出版社,1999年,第1123页)。
⑤ (明)朱载堉撰,冯文慈校:《律吕精义》外篇卷5。
⑥ (唐)魏徵等:《隋书》卷14。

愁曲》"被胡儿阉官辈'齐唱和之',颇合于清商新声演唱的惯例"①。
故清乐对其有很大的影响。商调表示悲哀,本身又具有"噍"和
"杀"的音乐特征,"乐者,音之所由生也;其本在人心之感于物也。
是故其哀心感者,其声噍以杀。"(《乐记·乐本篇》)其音乐感染力
很强,极尽哀思,适合表达内心哀愁之激越。

　　儒家向来对新声持批判态度。子夏曾对魏文侯之问"敢问溺
音何从出也?"作答时曰:"郑音好滥淫志,宋音燕女溺志,卫音趋数
烦志,齐音敖辟乔志。此四者皆淫于色而害于德,是以祭祀弗用
也"②。从子夏的回答可见,郑音使人意志放纵,宋音使人意志消
沉,卫音使人意志烦乱,齐音使人意志傲慢,这四种音都满足人的
声色享受,但不利于德行修养,所以祭祀时不用。"溺音"也与儒家
所提倡的"中和"音乐观相违背,如"诗言志,歌永言,声依永,律和
声。八音克谐,无相夺伦,神人以和。"(《尚书·虞书》)"诗言其志
也,歌咏其声也,舞动其容也。三者本于心,然后乐气从之。"(《礼
记·乐记》)由此可见,诗、歌、舞三者本于心,但皆是乐气所从。
"亡国之音"作为儒家音乐理论中一个术语,意为不合"中和"乐德
之乐。"以乐德教国子中、和、祗、庸、孝、友,以乐语教国子兴、道、
讽、诵、言、语,以乐舞教国子舞《云门》《大卷》《大咸》《大韶》《大濩》
《大武》。"③先秦时期"乐"集诗乐舞为一体,故"亡国之音"的音乐理
论也在乐教的内容之中转合变化,作为政教衰乱时期的一种音乐
表征,被赋予了特定的内涵。"人民生活困苦故多哀思",从哀思新
声之中可以探知国家灭亡的趋势,忧思与愁怨必然要表达于外,哀
音之出现就成为必然。宋代而后则转向悲苦之辞乃至亡国之痛的

① 黎国韬:《清乐"亡国之音"论略》,《中国文学研究》2012 年第 2 期。
② (汉)郑玄注,(唐)孔颖达疏:《礼记正义》卷 39,(李学勤主编:《十三经注疏》,北京:北
　 京大学出版社,1999 年,第 1124 页)。
③ 徐正英,常佩雨译注:《周礼》,北京:中华书局,2014 年,第 478 页。

表达。"亡国之音"既指哀思之文,也指哀思之音,是音乐批评、政教批判和文学评论的对象。

南宋末期,复国无望,亡国在即,由于北宋时期汉族文化已经逐步走向世俗化和大众化,音乐与文学已不局限于某个特定阶层,除了宋代帝王、儒学家、文人士大夫,许多普通百姓、妓女乐工、江湖人士等都会通过作曲填词来表达慷慨悲愤、渴望复国之情,毕竟他们只能暗中饮泣悲伤,倾诉哀感。因此,"一旦家国有难,各阶层人民在执戈上马的同时也都有了拿起文艺这个武器参与战斗的可能。这样,就使得民族忧患意识的表露和对爱国主义的歌颂成为当时文学中最普遍和最受重视的主题,成为一代审美主潮"①。郭沔于南宋时期开创了中国琴史上第一个公认的古琴琴派,培养出以汪元量为代表的一批爱国琴师,也创作了大量抒发爱国情感的作品。与此同时,词作为一种文体,是配合伴随着隋唐燕乐而流行的,是为燕乐乐曲填写的歌词,在南宋末期作为"雅正"之音的古琴曲之歌词同样表现为"亡国之音"。他们在感怀个人身世时,又增添了几重亡国之恨。从"声音之道,与政通矣""审乐以知政,而治道备矣"(《乐记·乐本篇》)可见乐曲与国运盛衰相连,"亡国之音"凄恻婉转,闻之辄为泪下,所谓"拟歌先敛,欲笑还颦,最断人肠。"整个南宋时期全民族爱国思想的基础和动力是抵抗和反对外族的威胁和侵略,维护统一的多民族国家。"正因为古代民族与国家统一的特点,才使人民在异民族侵略的情况下,把统治国家政权的皇室当作自己的国家和首领,当作保障自己和平生活的标志来坚决英勇地加以捍卫。在这种情况下,儒家宗旨在维护封建大一统的尊王攘夷、功名事业思想才与人民的利益愿望相符合。"②由此可

---

① 刘扬忠:《唐宋词流派史》,福州:福建人民出版社,1992年,第332页。
② 张惠民:《诗词曲新论·南宋儒家思想与爱国文学》,汕头:汕头大学出版社,2005年,第170页。

见,以爱国为题材的音乐、文学艺术作品是整个南宋民族反抗异族侵略的呼喊,而"亡国之音"则是情感悲伤惨恻的一种艺术表达,也是特定的时代背景造就的。

二、"遗民泪尽胡尘里"

"遗民泪尽胡尘里"出自陆游 1192 年所作爱国诗篇《秋夜将晓出篱门迎凉有感》,此时正值 68 岁的陆游被罢斥归乡 4 年,一边面对南宋的权贵们纵情声色不顾百姓,一边目睹北宋遗民的凄凉生活与痛苦呻吟,这位全身血液和骨髓中都沸腾着爱国激情的伟大爱国诗人,在诗中首先赞美了沦陷区祖国的大好河山,"三万里河东入海,五千仞岳上摩天";其次对北宋遗民的悲惨生活给予极大的同情,"遗民泪尽胡尘里";最后对南宋统治者不收复失地,人民"南望王师又一年"表示愤慨,此时已距离中原沦陷 65 年,北宋在金兵的铁马胡笳下国亡君辱、生灵涂炭,这激起整个汉民族同仇敌忾的反抗心理。作者以乐景写哀,则哀感倍生。

"遗民"一词最早见于春秋、战国时期的相关典籍之中,《左传》中表示"后代、劫后余留的人民、亡国之民"等含义。乐工歌《唐风》,季札说:"思深哉! 其有陶唐氏之遗民乎? 不然,何忧之远也。非令德之后,谁能若娃?"[①]"卫之遗民男女七百有三十人。"[②]《左传·哀公四年》载:"司马致邑,立宗焉,以诱其遗民,而尽俘以归。"当"遗民"一词进入文学文本的时候,主要表示 4 种含义即 4 种类型,第一是隐士,如浔阳三隐陶渊明、周续之、刘程之;第二是沦陷区的人民,正如上述陆游诗中的"遗民泪尽胡尘里"中的遗民;第三是改朝换代不仕新朝之人,如商末遗民伯夷、叔齐被认定为此类典范;第四则是前朝留下的普通百姓。

---

① (清)洪亮吉:《春秋左传诂》卷 6。
② (清)洪亮吉:《春秋左传诂》卷 6。

中国历史上第一个被异族侵略并被取代的朝代便是宋朝,元代蒙古族取代南宋汉族的统治,是民族与文化的更迭。于是宋代遗民的含义在原来的基础上又附加了民族关系,主要指朝代与民族的双重更迭,此时"改朝换代不仕新朝之人"的含义得到强化并带有一定的遗民意识,更作为一种道德准则而存在,与"改朝换代不仕新朝之人"相对应的是"贰臣"。但是先秦儒家所提出的君臣相对关系是"君使臣以礼,臣事君以忠",(《论语·八佾》)对易主行为则较宽容。"良禽择木而栖,贤臣择主而仕"是一种属于理性范畴的忠君,君子亦仁而已矣,何必同?

> 孟子曰:"居下位,不以贤事不肖者,伯夷也;五就汤,五就桀者,伊尹也;不恶污君,不辞小官者,柳下惠也。三子者不同道,其趋一也。一者何也? 曰:仁也。君子亦仁而已矣,何必同?"①

汉代之后,"良禽择木而栖,贤臣择主而仕"的易主而栖行为逐渐被以道德标准衡量,到了宋代,在理学纲常等级的影响下,绝对忠君的思想被强调到极端的地步,出现了大批为捍卫"天理"和"人伦"而奋不顾身的忠诚勇毅之士,"绝对忠君"开始主导汉人思想,"身事二君"则被带上了贬义色彩而区别对待了:

> 忠臣不事二君,贞女不更二夫。齐王不听吾谏,故退而耕于野。国既破亡,吾不能存;今又劫之以兵为君将,是助桀为暴也。②

---

① (宋)朱熹:《四书章句集注·孟子集注》,北京:中华书局,2011年,第320页。
② (汉)司马迁:《史记·田单列传》卷82,北京:中华书局,2006年,第498页。

在朝代更迭后的遗民现象中,同样遭受异族侵略与统治的南宋遗民和明末遗民最具有代表性,从可考的资料来看,程克勤《朱遗民录》和朱明德《广宋遗民录》记载南宋遗民有 400 余人,不乏多位著名人士,如郑所南、谢翱、汪元量等。明末清初遗民数量则更多,仅孙静庵《明遗民录》一书就收集了 800 多位,如黄宗羲、顾炎武等。他们不仅承受着对故土的思念,更忍受着亡国之痛:

> 故宫为禾黍,改馆徒馈于秦牢;新庙游衣冠,招魂漫歌于楚些。虽置河东之赋,莫止江南之哀。遗民失望而痛心,孤臣久繄而呕血。①

这些遗民同时在政治上坚持"绝对忠君"的思想,"不事二君"以保持自己的民族气节。他们恪守儒家传统伦理道德观,坚持"士穷见节义,世乱识忠臣"(《论语·子罕》)的道德追求,拒不出仕,以生命为代价保全人格气节,如文天祥等。他们明志的方式往往是消极"归隐"或积极"复国"。明志的途径不同,其遗民类型也不尽相同,孙克宽先生在《元初南宋遗民初述——不和蒙古人合作的南方儒士》一文中收集了 95 名南宋遗民的事迹,分为四类来研究:"文天祥系列、讲学名儒、山林隐逸、文人词客"②。

郭沔、姜夔与徐天民所生活的时期虽不是南宋灭亡之后(郭沔卒年距离南宋灭亡只有 19 年),但是北宋"靖康之难"后,国势江河日下让文人们的内心无法轻快,充满欲乐不能的沉甸悲哀,"遗民泪尽胡尘里"的描述表现了沦陷区遗民的生活惨况,对饱有爱国热情和忧患意识的文人词客具有极大的影响,因此,宋代琴家琴士的

① (清)毕沅:《续资治通鉴》卷第 115。
② 孙克宽:《元初南宋遗民初述——不和蒙古人合作的南方儒士》,《东海学报》1974 年第 15 期。

音乐艺术作品中往往是一片欢快之后紧跟着三声怨苦，充满深沉的故国之思，有着自觉的"遗民意识"。"凡自觉为遗民，或自觉对前代应有一种效忠之情操者，不论其是否为当时社会后代史家定义为遗民，皆属在内"。①

　　作为"清客"的郭沔、姜夔与徐天民，虽不像辛弃疾、陆游那般招集义勇，训练军队，杀伐战场，也不像文天祥这般以生命为代价抗元死节，他们更像周密、王沂孙、张炎这样众多有心报国无力回天的文人词客一样，拿起文艺这个武器参与战斗。对于敢怒而不敢言的江湖琴家琴士，面对家国残败，虽痛恨南宋朝廷的昏庸腐败，同情百姓生活的困苦，但是他们的实际生活又不得不依附于官僚阶层，寄人篱下的生活时常会刺激他们的心灵，表现出凄凉自悯之情。他们多是将爱国情感与个人悲哀之情交融起来，以寒蝉之悲鸣借物咏怀，通过郭沔所作琴曲《潇湘水云》、姜夔所作琴曲《扬州慢》和徐天民所作《泽畔吟》及其琴词可见，其词旨隐晦，若明若暗，风格凄婉忧忡、含蓄婉约，在形式上更追求精工，在音律上更讲究"雅正"，悲悯自哀身世坎坷，曲折婉转地寄托"遗民泪尽胡尘里"的亡国之痛。

---

① 王瑷玲：《"魂垒怎消医怎识，惟将痛苦付决澜"——吴伟业、黄周星剧作中之"存在"焦虑与自我救赎》，《中国文哲研究集刊》2011 年第 39 期。

第五章　宋代文学家古琴曲词中的友谊观

　　琴,是一件历经 3000 多年历史衍变的乐器,承载了中华民族厚重的文化内涵和丰富的文化意象,在宋代尤其受到统治阶级与文人士大夫群体的喜爱。宋代帝王、士大夫、儒学家、文学家等与僧、道交游甚多,举行古琴雅集活动是这一时期琴史发展的特征,他们在雅集上听文人雅士弹琴,如李彭作《听了公孙弹琴》;听专业琴人弹琴,如李龏作《浙西宪台夏夜听雪江徐天民琴》;在寺院听僧、道弹琴,如梅尧臣作《赠月上人弹琴》;在舟中听琴,如苏轼作《舟中听大人弹琴》;在月下抚琴,如朱淑真作《夏夜弹琴》;在雨天抚琴,如陆游作《春雨二首》;在江上抚琴,如欧阳修作《江上弹琴》等。11 世纪的宋代中国,是文化在精英中传播的时代,它开辟新的方向,开启新的、充满希望的道路,乐观而生机勃发[①]。

　　古琴音乐作为文人音乐的代表,是士精神的一种体现,是对道德的一种坚守,是对正始之音的一种推崇,渗透到文人士大夫的思想、心灵及琴艺琴道等各个方面,他们通过弹琴、著书、制曲、填词、创作诗歌等方式来传递友谊,追寻人性的光辉。本章主要选取宋代著名文学家欧阳修和苏轼所填琴曲《浪淘沙》《醉翁操》的琴词进行分析,挖掘其中蕴含的友谊观的内涵及其共同的价值指向。

---

① (美)刘子健著,赵冬梅译:《中国转向内在—两宋之际的文化内向》,南京:江苏人民出版社,2002 年,第 7 页。

第一节　宋代文学家与古琴艺术

一、古琴艺术与诗歌

　　古琴艺术与诗歌有着与生俱来的密切关系，从中国古典文学可见许多与古琴艺术相关的诗歌。《尚书》中记载："诗言志，歌咏言，声依咏，律和声。八音克谐，无相夺伦，神人以和。"（《尚书·舜典》）由此可见，诗用来表达人的思想，歌是诗的表现方式，声是与歌咏相伴、相和的乐器的声音，八种乐器（"八音"是指金、石、丝、竹、匏、土、革、木，丝即琴和瑟）共奏，达到无比和谐的境地，实现了人与心目中神的精神沟通。《尚书》中另一条记载："戛击鸣球，搏拊琴瑟以咏，祖考来格。"（《尚书·益稷》）由此可见，祭祀的时候一边击器打着节拍，一边以琴瑟伴奏歌诗以咏。

　　（一）古琴艺术与宋前诗歌

　　我国第一部诗歌总集《诗经》中有 7 首与琴相关的诗歌，其中对古琴艺术描绘的佳句优美而精湛，可以从多角度了解西周至春秋时期琴在社会中的状态及功能。"窈窕淑女，琴瑟友之"（《关雎》）写出了"君子"对"淑女"的倾慕之情，他们通过弹奏琴瑟来传递感情。此处"友"除了亲近友善之意，还兼具以弹琴瑟打动淑女之意，作动词之用。"树之榛栗，椅桐梓漆，爰伐琴瑟。"（《定之方中》）此句描述了卫文公复国、共建宫室、研制乐器的场景，从中可见琴瑟是复兴国家不可缺少的一部分，说明琴在春秋时期国家政治与精神中的重要地位和作用。"琴瑟在御，莫不静好。"（《女曰鸡鸣》）这首诗是孔子所言"乐而不淫"的典型，琴瑟已从《关雎》中的恋爱追求的媒介升华到夫妻间的恩爱寄托了，也说明了在春秋时期琴瑟进入了寻常百姓之家。"我有嘉宾，鼓瑟鼓琴。鼓瑟鼓琴，和乐且湛。"(《鹿鸣》)这是贵族士大夫在宴会时所歌唱的。"食之以礼,乐之以乐,将之以实,求之以诚,此所以得其心也。贤者岂以饮食币帛为悦哉？夫婚姻不备,则贞女不行也;礼乐不备,则贤者不处也。贤者不处,则岂得乐而尽其心乎?"①朱熹认为君臣上下、宾客之间的郑重关系在鼓瑟鼓琴中表现和传递,琴在上层贵族们之间起到联络沟通感情的作用。"妻子好合,如鼓琴瑟,兄弟既翕,和乐且湛。"(《堂棣》)此句以琴瑟为喻,引衬家庭和睦来歌颂手足之情。"鼓钟钦钦,鼓瑟鼓琴,笙磬同音,以雅以南,以籥不僭。"(《鼓钟》)此首具有"哀而不怨"的性质,表现了鼓钟瑟琴笙磬籥等乐器及作舞的实际行为,从"不僭"可见其行为均合乎礼仪,也证明琴在雅乐中的存在。"四牡騑騑,六辔如琴。"(《车辇》)这是对迎娶新人时驾车的马匹的歌唱与赞美,朱熹注:"如琴,谓六辔调和,如琴瑟也"②。程俊英曰:"如琴,六辔像琴弦那样整齐调和"③。以弹琴瑟来比喻车驾的六匹骏马,谐调听命,侧面反映琴瑟在当时人们心目中的价值。

　　琴,自上古时期诞生以来,其形制历经多次变迁,于汉魏之际基本定型,这一时期"琴"文学以汉赋为代表,蔡邕《琴赋》、刘向《雅琴赋》、傅毅《琴赋》、马融《琴赋》等均对汉代古琴歌诗产生了一定的影响,《先秦汉魏晋南北朝诗·汉诗卷十一》"琴曲歌辞"部分记载了汉代诗歌,其特点是以琴声抒发悲伤之情。"美人赠我琴琅玕,何以报之双玉盘。"琅玕是装饰琴的一种圆润如珠的美玉,在这里代表非一般价值之琴,让作者发出感叹"何以报之?"由此可见,"知音难遇"也是汉代古琴琴诗时代特征的体现。魏晋南北朝,玄学对诗歌有重要的影响,最突出的表现即陶渊明"无弦

———————

① (宋)朱熹注:《诗集传》,北京:中华书局,2011年,第131页。

② (宋)朱熹注:《诗集传》,北京:中华书局,2011年,第216页。

③ 程俊英、蒋见元:《诗经注析》,北京:中华书局,2011年,第693页。

琴"体现了魏晋风度,"性不解音,而畜素琴一起,弦徽不具,每朋酒之会,辄抚而和之,曰:'但识琴中趣,何劳弦上声。'"(《晋书·列传·隐逸》)嵇康和阮籍是这一时期琴诗创作的代表人物,嵇康以擅弹琴曲《广陵散》著称,曾作诗《赠秀才入军十八首》《四言诗十一首》《答二郭诗》《五言诗三首》《酒会诗》《琴歌》等,他的代表作《与山巨源绝交书》中"浊酒一杯,弹琴一曲,志愿毕矣"已表明其心志,其中"目送归鸿,手挥五弦"留给了后人深刻的印象。阮籍曾作琴曲《酒狂》,其代表琴诗《咏怀》82 首。嵇康与阮籍的诗歌中时常出现"素琴""鸣琴""弹琴咏诗"和"琴诗自乐"的意象,直接影响了魏晋南北朝之后古琴诗歌意象的运用,对后世文人古琴诗歌类型的形成具有重要意义。

唐代,强大而统一的国家政权促进了文化的交流,文学名家辈出,汇聚成强大的"盛唐气象",尤其是音乐艺术成就很高,中外之间各个艺术领域不断交流与融合,著名的《霓裳羽衣曲》就是汉族和北方少数民族音乐结合的产物。唐代建立了专门的音乐机构,也形成了由燕乐、清乐等组成的十部乐,此时在国内兴起的乐器则是筝(现称古筝),历史上有过 8 篇《筝赋》。"据统计,《乐府诗集》中 2239 首乐府,合乐的占 1754 首,《唐诗纪事》所记 1150 诗家中,诗作与音乐有关的共 200 家……这些作品的精妙描写,充分说明了唐代乐舞的高度繁荣,为唐诗表现领域的拓展带来了十分深刻的影响。"①从目前存见的《全唐诗》中 1400 多首琴诗可以发现,其描写的主题主要分两方面,一方面是"古调虽自爱,今人多不弹。"(刘长卿《听弹琴》)这主要描写了唐代宫廷不喜琴乐,琴乐在社会文化和外来音乐的影响下受到冲击而遭到冷落。"丝桐合为琴,中有太古声。古声淡无味,不称今人情。玉徽光彩灭,废弃来已

① 袁行霈:《中国文学史》第 1 卷,北京:高等教育出版社,2002 年,第 219 页。

久……"(白居易《废琴》)另一方面"蛮僧留古镜,蜀客寄新琴。"(皇甫冉《寻戴处士》)在古琴和其他艺术的冲突与共存之下,却出现了多位著名琴家,如赵耶利、董庭兰、崔遵度等,在斫琴工艺方面,则出现了历史上著名的四川雷氏家族所斫之雷琴,影响深远。

（二）古琴艺术与宋代诗歌

古琴音乐是世界上唯一3000年不曾中断的一门传统音乐,无论是上古时期作为"法器"的琴,还是后代作为"乐器"的琴,作为教化的工具、精神的伴侣、文化的象征,古琴体现了传统士的精神、人格和情操。琴的命运总是与各朝代的政治思潮密切相连,总的来说与儒家思想同呼吸共命运并肩走过历史长河。由于宋代社会相对安定、商品经济发达、实施重文抑武国策,加之宋统治者嗜琴,古琴受到文人士大夫前所未有的追捧,究其因不仅是为了自身音乐修养的提升,更是儒家修身齐家治国平天下思想在古琴文化上的体现。宋代古琴文化由此进入了辉煌时代。

从和琴相关的诗与词来看,《全宋诗》(北京大学古文献研究所编撰)中收录了9000多位宋代诗人,共254 240首宋诗,其中琴诗约3 800首;《全宋词》(唐圭璋编,中华书局出版)中收录了1 330多位宋代词人,共21 050首宋词,其中琴词约500首。文坛领袖如范仲淹、欧阳修、苏轼等通晓音律,弹琴作曲,作诗填词以表达对古琴之爱和对古圣贤人的仰慕,更寄托了雅正之音治世的政治理想。范仲淹作"爱此千年器,如见古人面"(《和杨畋孤琴咏》)以及"思古理鸣琴……传此尧舜曲。"(《鸣琴》)欧阳修作"咏歌文王雅,怨刺离骚经。"(《江上弹琴》)苏轼作"琴正古之郑卫"(《杂书琴事》)等。此外,还有柳开、魏野、苏舜钦、文同、梅尧臣、徐积、黄庭坚、李清照、李昭玘等等精通古琴艺术的文人们创作的大量的文学作品。

尽管"唐诗之美在情辞,故丰腴;宋诗之美在气骨,故瘦劲……

唐诗则如高峰远望,意气浩然;宋诗则如曲涧寻幽,情境冷峭"①,但是"宋儒好讲道学,文学也染有极浓厚的道学色彩,甚至把文学视为道学的附庸,作为传道的工具,而有谓文以载道之说"②。故"唐诗多以丰神情韵擅长,宋诗多以筋骨思理见盛"③。由此可见,言理性是唐诗与宋诗的一个重要区别。宋儒把"文以载道"的政教功能赋予古琴,追求"琴以载道",故将古琴音乐所承载的"道"与乐教功能的研究置于古琴音乐本体研究之上,也是言理性在琴诗中的体现,更是"哲理"思潮在琴诗中的体现。

　　由于宋代文人与僧、道交游甚多,在琴坛上出现了为数众多的琴僧,在宋人的文集中常见他们交游唱和的诗作,如《范文正公文集》中《听真上人琴歌》、梅尧臣《宛陵集》中《赠琴僧知白》等。因此,将"理"与"禅"融入琴诗"以琴喻禅"是宋代琴诗的另一个重要特点,苏轼的《琴诗》被认为最具有禅意,也是其哲理诗的代表作:"若言琴上有琴声,放在匣中何不鸣? 若言声在指头上,何不于君指上听?"苏轼的此番思考正是受《楞严经》的影响,"譬如琴、瑟、箜篌、琵琶,虽有妙音,若无妙指,终不能发。汝与众生,亦复如是"④。《琴诗》分析了"声"与"指"的关系,琴音再妙,没有妙指去弹,终究是不能发出妙音的,妙音还要依赖于人的思想感情,从而引发人们对于声与乐的辩证哲理的思考。与此同时,道教与琴诗的相融,留下了许多"有道趣而不作道语"的琴诗。道家日常修炼时常与古琴相伴,视琴为调心、修身、养生的圣器,存见 600 多首古代琴曲中,受道家思想的影响,讲求大音希声,以自然简约为美,以自然景色为主题的琴曲约占 6 成,如《颐真》《逍遥游》《崆峒

---

① 缪钺等:《宋诗鉴赏辞典·论宋诗(代序)》,上海:上海辞书出版社,1987 年,第 2 页。
② 陈子展:《唐宋文学史·宋代部分》,太原:山西人民出版社,2015 年,第 2 页。
③ 钱锺书:《谈艺录》,北京:商务印书馆,2011 年,第 7 页。
④ 赖永海主编,刘鹿鸣译注:《楞严经》,北京:中华书局,2012 年,第 172 页。

问道》《坐忘》等。被尊为道教"南宗五祖"之一的白玉蟾,其所作带"琴"字的诗作达 60 多篇,如《听赵琴士鸣弦》《赠陈高士琴歌》《赠陶琴师》等,从其"竹炉烧起紫荷檀,古琴鸣咽鸣中吕"(《三级泉》)诗句中可见宋代古琴与道教的密切关系,其琴诗中对音乐描写细腻,又能将琴心与道心同时关照,因此无论在古琴音乐还是宗教意识方面都具有较高的艺术价值。

二、 欧阳修与《浪淘沙》

(一) 欧阳修与古琴

欧阳修(1007 年—1072 年),字永叔,号醉翁、六一居士,吉州永丰人。四岁而孤,宋仁宗天圣八年(1030 年)中进士,次年任洛阳留守推官司,庆历五年(1045 年)因"庆历新政"失败,欧阳修上疏分辩而被贬为滁州太守,在此期间创作了著名散文《醉翁亭记》,皇祐元年(1049 年)回朝,嘉祐二年(1057 年)主持进士考试,录取苏轼、苏辙、曾巩等人,随后又相继任多种职务直至宋英宗四年至五年,遭诬谤,请辞未批,宋神宗熙宁三年改知蔡州,并改号"六一居士",次年以太子少师身份请辞后居颍州,五年卒,谥文忠。

欧阳修一生参与编修《崇文总目》《新唐书》,又自修《新五代史》,他提倡平实的文风,反对卑靡拘谨的骈文,经过欧阳修倡导的文风改革,大家开始写内容充实和朴素的文章,被誉为"文章道义天下宗师"(《渑水燕谈录》)的欧阳修影响了一代文人。他作为宋代文坛领袖,诗文辞赋,琴棋书画,样样精通。宋神宗熙宁三年(1070 年),年迈的欧阳修被贬蔡州后改其号"醉翁"为"六一居士",并作《六一居士传》以明心志。他感叹道,"吾家藏书一万卷,集录三代以来金石遗文一千卷,有琴一张,有棋一局,而常置酒一壶……以吾一翁,老于此五物间。"从其年少至年迈所拥有的"六一"之一的琴可见,古琴伴随了他一生。

> 予尝有幽忧之疾,退而闲居,不能治,既而学琴于友人孙
> 道滋,受宫声数引,久则乐之,愉然不知疾之在体也。……心
> 平而和者,则疾之忘也宜矣。①

从《琴史》记载可见,欧阳修认为古琴音乐能够平抑其心志精
神。他因"幽忧之疾"而学琴于友人孙道滋,学了五声(宫商角徵
羽)和几支琴曲,在其影响下久而乐之,竟然忘了疾在体也。这一
段是他赠予即将赴剑浦当县尉的好友杨寘的琴说,因为杨寘年少
体弱多病,又赴东南几千里远的剑浦,生活在异俗之地,怕是心里
多有些不平的心思,故欧阳修将自己"以琴疗养"的经历告诉好友
杨寘,"声之至者,能和其心之所不平。心平而和者,则疾之忘也
宜矣。"他把以琴养心的方法推荐给他。此处也可见欧阳修的观
点与魏晋时期嵇康的认识颇为相似,琴声"可以导养神气,宣和情
志,处穷独而不闷者,莫近于音声也"②。因此欧阳修本人"自少不
喜郑卫,独爱琴声"③。二人以琴为"正声"的观点一致。

> 吾家三琴,其一传为张越琴,其一传为楼则琴、其一传为
> 雷氏琴、其制作皆精而有法……平生患难,南北奔驰,琴曲率
> 皆废忘,独《流水》一曲梦寝不忘,今老矣,犹时时能作之。其
> 它不过数小调弄,足以自娱。④

---

① (宋)朱长文:《琴史》卷5,钦定四库全书本。
② (魏)嵇康:《嵇中散集》卷2,台北:台湾中华书局,1981年,第1页。
③ (宋)欧阳修:《三琴记》,见《欧阳文忠公集》卷63。
④ (宋)欧阳修:《三琴记》,见《欧阳文忠公集》卷63。

　　欧阳修嗜琴如命,不仅善弹琴,珍藏名琴,还创作了《晓莺啼》《隐士游》《浪淘沙》等曲。其所著《三琴记》记载他最爱弹小《流水》一曲,还藏有三张名琴,其中一张是张越琴,13 个琴徽都是金徽,琴声宽畅而悠远。一张为唐代所传雷氏琴,雷琴较同时代其他琴而言,有诸多优点,所以在唐代才受到喜爱与追求。唐琴是宋儒们所喜好与追求的,在当时如果拥有一张唐琴,便已视如珍宝,荣幸至极,而欧阳修家藏三张唐琴,可见他对琴的珍爱和对琴乐的热爱。

　　欧阳修一生抚琴的几十年间,也因琴缘而结交了许多琴友,其中除了士大夫,还有僧道等。从其所作《送杨寘序》可见,为了送远方赴任的好友,欧阳修邀请作为其良师益友的孙道滋参加,饮酒一杯,抚琴一曲,当作临别的纪念,也可见他与孙道滋来往密切。欧阳修还常与《琴史》作者朱长文之父、书法家蔡襄等一起弹琴、弈棋、饮酒。庆历年间,他与梅尧臣结下了师友之谊,二人皆以文而名,且同好琴,从二人相互赠送的诗文来看,如"相游从唱和之乐",他们交往十分密切。此外,欧阳修还交游一些精于琴的僧道,从其所作琴诗《赠琴僧知白》《赠无为军李道士》等可见,他与琴僧知白、道士李景仙交往甚多。

　　(二)琴曲《浪淘沙》的创作背景

　　琴曲《浪淘沙》见于《和文注音琴谱》和《明和本东皋琴谱》,这两部琴谱的作者均是心越禅师(原名蒋兴俦)。其中,《和文注音琴谱》编撰完成于清康熙十五年;《明和本东皋琴谱》是 1677 年心越禅师东渡日本寻求避难后的作品,完成于日本明和八年。极其喜爱古琴的心越禅师在前往日本的时候带去了几张古琴,从此拉开了我国古琴在日本传播的序幕,其所教授的琴曲多数是根据我国著名诗词编写的音乐。《浪淘沙》原为唐代教坊曲名,后用作词牌名,唐代白居易、刘禹锡,南唐后主李煜,北宋柳永等均依词牌名而创作了不同的曲调,有的依小调唱和而作乐府歌辞,有的衍小令,有的作长调慢曲。词是为了适应音乐的需要,而此首《浪淘沙》是宋代著名文坛领袖欧阳修于宋仁宗明道元年(1032年)任洛阳留守推官时所作,从《明和本东皋琴谱》中可见《浪淘沙》的曲词(节选),如下图(5-1):

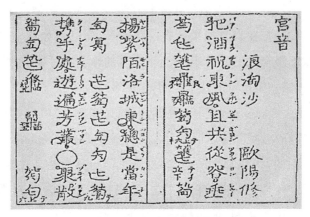

5-1 《明和本东皋琴谱》载《浪淘沙》曲词

把酒祝东风,且共从容。垂杨紫陌洛城东。总是当时携手处,游遍芳丛。聚散苦匆匆,此恨无穷。今年花胜去年红。可惜明年花更好,知与谁同?①

欧阳修任洛阳留守推官3年期间,与梅尧臣、尹洙结下了深厚的情谊。明道元年(1032年)春,梅尧臣从河阳赶到洛阳,与欧阳修抚琴唱和,把酒言欢,故地重游。本首词从“总是当时携手处,游遍芳丛”可见作者是于春日和友人梅尧臣同游洛阳城东有感而作,“垂杨紫陌洛城东”“今年花胜去年红”,这春光旖旎的洛阳美景见证了他们的友谊。从“今年花胜去年红。可惜明年花更好,知与谁同”可见,作者在此用“去年、今年、明年”三年的花季作比较,足见

---

① (清)蒋兴俦:《和文注音琴谱》《琴曲集成》第12册),北京:中华书局,2010年,第169页。

作者去年与好友梅尧臣已欣赏过此花,时隔一年二人重逢,今年又能与友人一起故地重游,而面对良辰美景友人不能多停留,将要离开了,因而他感叹"聚散苦匆匆,此恨无穷。"他融离别之情于赏花,用乐景写衷情,使得感情更真挚,表达了人生聚散无常的伤感以及朋友相聚时的欢愉之情,正所谓"有朋自远方来,不亦乐乎?"(《论语·学而》)他同时也寄希望于明年的繁花胜景能够与友人同赏,表示对友谊的珍惜。

为了纪念与欧阳修之游,梅尧臣曾写下《再至洛中寒食》《依韵和欧阳永叔同游近郊》等诗。而欧阳修也曾为二人的友谊与琴缘寄诗与梅尧臣(字圣俞),如《寄圣俞》《与梅圣俞书》,其中在《夜坐弹琴有感二首呈圣俞》之诗中他写道:

> 吾爱陶靖节,有琴常自随。无弦人莫听,此乐有谁知。君子笃自信,众人喜随时。其中苟有得,外物竟何为。寄谢伯牙子,何须钟子期。①

欧阳修以陶渊明的无弦琴之乐谁人知来表达与梅尧臣的相知之情,后段也以"伯牙与钟子期"自喻二人,表达知己之情深。梅尧臣也有写《次韵和永叔夜坐鼓琴有感》二首赠欧阳修,回应欧阳修之作。其一为:

> 夜坐弹玉琴,琴韵与指随。不辞再三弹,但恨世少知。知公爱陶潜,全身衰弊时。有琴不按弦,与俗异所为。寂然得真

---

① (宋)欧阳修:《夜坐弹琴有感二首呈圣俞》《全宋诗》第 6 册),北京:北京大学出版社,1998 年,第 3655 页。

趣,乃至无言期。①

三、 苏轼与《醉翁操》

（一）苏轼与古琴

苏轼(1037 年—1101 年),字子瞻,号东坡居士,四川眉山人。宋仁宗嘉祐二年(1057 年),与其弟苏辙同榜中进士,其父苏洵能文,世称"三苏",均名列"唐宋八大家"。嘉祐二年,母丧,返乡服孝;嘉祐四年,服丧期满赴京,任大理评事、签书凤翔府判官;宋英宗治平二年(1065 年),任职史馆;宋神宗熙宁二年(1069 年),因与王安石变法政见不同,主动要求外放,出任杭州通判,后迁密州和徐州等地;元丰二年(1079 年),因"乌台诗案"而入狱,后被贬为黄州团练副使。至此,苏轼开始了一生三次被贬的波澜曲折的人生,直至宋徽宗即位,遇赦放还,于建中靖国元年(1101 年)卒于江苏常州。苏轼是集诗词、文章、书法、绘画、音乐才华为一体的巨儒、政治家和佛教徒,他是第一个把佛教哲学注入儒诗的诗人,在中国文化史上影响甚远。

苏轼一生与古琴结下不解之缘,有着精深的琴学修养,从文学角度来看,他作有大量琴诗;从艺术角度来看,他多次为琴曲填词,如《醉翁吟》《瑶池燕》等,其中《阳关曲》填词有 3 个版本。苏轼出身于书香门第之家,年少时就受到其父苏洵抚琴的熏陶,作为儒士的苏洵信奉雅、正之音。其弟苏辙酷爱古琴,收藏了唐代著名的雷琴,苏轼曾拆开此琴的琴面与琴底,探究琴的发音原理。此事记载于《杂书琴事·家藏雷琴》,"琴声出于两池间,其背微隆如韭叶,然

---

① (宋)梅尧臣:《次韵和永叔夜坐鼓琴有感》(《全宋诗》第 5 册),北京:北京大学出版社,1998 年,第 3331 页。

声欲出而隘、徘徊不去,乃有余韵,此最不传之妙"①。苏轼有着精深的琴学修养,留下了蔚为可观的琴文、琴诗和琴词。三苏父子皆爱琴,明代琴家张大命写道:"古人多以琴世其家,最著者……眉山三苏,斯皆清风颉颃,不坠家声于峄阳者也"②。其中苏洵琴艺最为精湛。嘉祐四年,苏轼兄弟与父一起赴京,夜泊戎州,兄弟二人在船舱中听其父弹琴,均写下了相关的琴诗。苏辙作有《舟中听琴》一诗,苏轼作有《舟中听大人弹琴》:

> 弹琴江浦夜漏永,敛衽窃听独激昂。风松瀑布已清绝,更爱玉佩声琅珰。自从郑卫乱雅乐,古器残缺世已忘。千家寥落独琴在,有如老仙不死阅兴亡。世人不容独反古,强以新曲求铿锵。微音淡弄忽变转,数声浮脆如笙簧。无情枯木今尚尔,何况古意堕渺茫。江空月出人响绝,夜阑更请弹文王。③

从以上诗句可以看出,苏家二兄弟从小即受父亲琴乐的熏陶,一听琴声便激昂不已。苏轼感慨"自从郑卫乱雅乐,古器残缺世已忘",可以看出他的古琴曲词伦理思想是典型的崇雅斥郑的儒家琴学主张。"夜阑更请弹文王",这里说明了其父所弹奏的是古曲《文王操》,此曲是用来歌颂周文王的高尚人格。"微音淡弄忽变转""何况古意堕渺茫",说明苏轼的琴乐审美思想是以平和为准则的,而"微音淡弄"也正是先秦儒家的琴乐审美思想。这种崇雅斥郑的儒家琴学主张和以平和为准则的琴乐审美思想,从社会因素来看,

---

① (宋)苏轼:《杂书琴事·家藏雷琴》(曾枣庄、刘琳主编《全宋文》第91册),上海:上海辞书出版社,2006年,第46页。
② (明)张大命:《阳春堂琴经》(《琴曲集成》第7册),北京:中华书局,2010年,第329页。
③ (宋)苏轼:《舟中听大人弹琴》(《全宋诗》第14册),北京:北京大学出版社,1988年,第9086页。

与当时北宋复古思潮密切相连;从个人因素来看,此时的苏轼正要赴京任官,在仕途起步与顺利的时候,是以儒家入世思想为主导的。此种崇古尚雅的琴学主张,在其所作《次韵子由弹琴》和《琴书杂事》中均有所体现。宋成玉磵在《琴论》中也有描述:"《文王思士》,其声古雅,世俗罕闻,子瞻酷爱之,尝有诗云'江空月出人响绝,夜阑更请弹文王'"①。

苏轼的一生是落空的政治抱负与悲情的家庭生活交织的一生。治平二年(1065 年),年仅 27 岁的妻王弗病故,不到 30 岁的苏轼遭受第一次丧妻之痛;治平三年(1066 年),其父苏洵病故,返乡服孝;熙宁元年(1068 年)娶王弗堂妹王闰之为妻;元丰二年(1079 年)因"乌台诗案"入狱;元丰三年(1080 年)被贬黄州;元祐八年(1093 年)妻王闰之病故;绍圣元年(1094 年)被贬惠州;绍圣四年(1098 年)被贬海南儋州;建中靖国元年(1101 年)北返,卒于江苏常州。苏轼的一生遭受新旧两派势力的排挤与打击,在其仕途不顺之时,又遇上家庭生活的变故,济世经邦的壮志难酬,无可奈何的多次遭贬,此时他多以佛老的出世思想为其精神支柱。

苏轼"固执、多嘴、妙语连珠、口没遮拦、光明磊落"②,多次被贬的他在反思了以往的立身行事后,开始思考生命的真谛,思考自己的个性,研究如何得到心灵的安定,他抚琴、听琴、谈琴、填词等,希望过上平静不争的生活,在情感上也更接近于以超然物外,全生避害为宗旨的道家思想。魏了翁在所作《跋公安张氏所藏东坡帖》中总结了苏轼一生的境界变化:

① (宋)成玉磵:《论琴》(范煜梅《历代琴学资料选》),成都:四川教育出版社,2013 年,第 115 页。
② 林语堂:《苏东坡传》,海口:海南出版社,2001 年,第 22 页。

　　方嘉祐治平间,年盛气强。熙宁以后,婴祸触患,靡所回挠。元祐再出,益趋平实,片言只词,风动四方。殆绍圣后,则消释贯融,沉毅诚悫,又非中身以前比矣。①

　　宋代文人多与僧人交游频繁,苏轼无论在哪里都交往僧人,其中不乏擅琴的琴僧,如琴聪、惟贤、佛印等等。直到生命的尽头,还与从杭州赶来探望自己的好友维琳方丈谈论现世与来世的问题。他一生写过多首与琴僧听琴、弹琴的诗文,如《听贤师琴》《听僧昭素琴》《法云寺钟铭》《赠诗僧道通》等等。

　　绍圣四年(1097年),苏轼被贬海南,谪居儋州,此时已61岁的苏轼,对佛学的喜爱也更加深入,佛道精神促使他排解内心的苦闷,尽量保持身心的平静。这一期间他尤其爱读《楞严经》,苏轼有一首《琴诗》被认为最具有禅意,也是其哲理诗的代表作。

　　著名美学家、文艺评论家王世德教授认为:

　　　　在苏轼身上,屈原的执着与忠心,阮籍的韬晦放达,陶潜的自然自适,白居易的济世独善,都有所继承与改变,从而形成了儒道佛新的融合。②

可见苏轼是集儒、道、佛三家思想于一身的人。儒、道、佛杂糅的思想特色融入其诗文,也同样倾注于一生与他相伴的好友——古琴之中。敏感与寂寞的灵魂,使他必然以执着的精神创造精妙绝伦的诗文;痛苦与孤独的心灵,使他必然以巨大的热情投向艺术生活。

① (宋)魏了翁:《跋公安张氏所藏东坡帖》(曾枣庄、刘琳主编《全宋文》第310册),上海:上海辞书出版社,2006年,第173页。
② 王世德:《苏轼融合儒道佛的特色》,《重庆师院学报(哲学社会科学版)》1993第1期。

（二）琴曲《醉翁操》的创作背景

《醉翁操》由苏轼为琴曲《醉翁吟》所填之词演变而来，而《醉翁吟》又是沈遵根据欧阳修所作《醉翁亭记》一文而作曲。

首先，从《醉翁亭记》到《醉翁吟》的演变如下。庆历三年（1043年），范仲淹等人推行"庆历新政"，庆历五年，因新政失败，范仲淹等人相继被贬，欧阳修上疏分辩而被贬为滁州太守。谪居滁州期间，欧阳修一方面体会到了与民同乐，另一方面也感叹正值盛年却自号"醉翁"寄情于山水背后的苦衷，于庆历六年创作了散文《醉翁亭记》。庆历八年，欧阳修的友人陈明（字退蒙）书丹，勒石亭上，于是"天下莫不传诵，家至户到，当时为之纸贵"①。

由于《醉翁亭记》描绘的亭、山、水等美景以及宾客相聚饮酒的和谐意境打动了许多读者，人们都想前往一探究竟。太常博士沈遵阅读此文后，便慕名前往滁州欣赏风景，受到此文的启发，"爱其山水，归而以琴写之，作《醉翁吟》一调。"②但是只有曲而无词。宋至和二年（1055年），欧阳修与沈遵相会，二人饮酒正酣，沈遵为欧阳修弹奏了自己作曲的《醉翁吟》，欧阳修为其琴声所感动，他好琴，通琴，于嘉祐元年（1056年）作楚辞体《醉翁吟·并序》：

> 余作醉翁亭于滁州，太常博士沈遵，好奇之士也，闻而往游焉。爱其山水，归而以琴写之，作《醉翁吟》三迭……夜阑酒半，援琴而作之，有其声而无其辞，乃为之辞以赠之。其辞曰：
> "始翁之来，兽见而深伏，鸟见而高飞。翁醒而往兮醉而归……嗟我无德于其人兮，有情于山禽与野麋。贤哉沈子兮，

---

① （宋）朱弁：《曲洧旧闻》卷3。
② 许健：《琴史新编》，北京：中华书局，2012年，第155页。

能写我心而慰彼相思。"①

　　从《醉翁吟·并序》中可得知以下信息：一是沈遵作《醉翁吟》有三迭；二是欧阳修自己为《醉翁吟》作词，主要描述了在滁州的生活和赞美沈遵所作之曲，这也是最早可见《醉翁吟》的词。此时，欧阳修的好友梅尧臣也为《醉翁吟》填词一首。同年，欧阳修又为沈遵写下了诗歌《赠沈遵·并序》。之后，梅尧臣、刘敞、王令又作诗赠予沈遵。

　　其次，从《醉翁吟》到《醉翁操》的演变如下。从欧阳修为沈遵所作诗歌《赠沈遵·并序》可以了解到，琴曲《醉翁吟》约创作于皇祐元年（1049年）左右，距欧阳修离开滁州两年左右了。30年后，欧阳修与沈遵已去世。沈遵生前家中有一门客崔闲，是庐山道人，精于琴乐，也非常喜欢沈遵所作《醉翁吟》，但是他一直感觉欧阳修所作楚辞体琴词与琴声不合，一心想求得一首好词。于是他就以减字谱记录下《醉翁吟》的曲，请欧阳修的门生苏轼填词。元丰五年（1082年），苏轼将《醉翁吟》改为《醉翁操》，作《醉翁操·并引》为其填词一首，至此苏轼版的《醉翁操》便诞生了。从存见明清时期的琴谱可见清代程雄所撰《松风阁琴谱》和《松声操》琴谱均记录为《醉翁操》，但其琴词并不是苏轼所作。《风宣玄品》琴谱中记录为《醉翁吟》，但其琴词是苏轼所作，见图（5-2）。另《全宋诗》第14册所记录的《醉翁操·并引》是苏轼所作《醉翁操》。

———————

① （宋）欧阳修：《醉翁吟·并序》（见曾枣庄、刘琳主编《全宋文》第31册），上海：上海辞书出版社，2006年，第136页。

图5-2 《风宣玄品》载《醉翁吟》曲词

琅然,清圆,谁弹。响空山,无言。惟翁醉中知其天,月明风露娟娟。人未眠,荷蒉过山前。曰有心也哉此贤。(第二叠泛声同此)。醉翁啸咏,声和流泉。醉翁去后,空有朝吟夜怨。山有时而同童巅,水有时而回渊,思翁无岁年。翁今为飞仙,此意在人间,试听徽外两三弦。[①]

苏轼认为沈遵所作之曲《醉翁吟》节奏跌宕起伏,音乐华美流畅,无无伦比,作出了"节奏疏宕,而音指华畅,知琴者以为绝伦"[②]的评价,但认为其与欧阳修所作楚辞体琴词并不相合。崔闲与苏轼二人合作非常顺利,由崔闲弹琴,苏轼顷刻即倚声填词,一字不改,使得此曲大为增色,《渑水燕谈录》中记载自此"声词皆备,

① (明)朱厚爝:《风宣玄品》(《琴曲集成》第2册),北京:中华书局,2010年,第168页。
② 邹同庆、王宗堂:《苏轼词编年校注》,北京:中华书局,2002年,第451页。

遂为琴中绝妙,好事者争传。"苏轼给沈遵之子法真禅师去信云:
"二水同器,有不相入;二琴同手,有不相应。沈君信手弹琴而与泉
合,居士纵笔作词而与琴会,此必有真同者矣"①。其后,法真禅师
将苏轼所作《醉翁操》之词寄于舅父郭祥正,但他对苏轼之词不以
为然,于是以其声和之,作《醉翁操——效东坡》,后被镌刻在法真
禅师所在寺院——本觉寺的一块石碑上。随后效仿者甚多,"如辛
弃疾、楼钥等根据苏轼词的格律谱填词,写有《醉翁操》词,从而使
《醉翁操》成为一个颇为流行的词牌"②。两宋时期《醉翁吟》和《醉
翁操》两曲流行的版本有 14 种之多,到了明清时期,可以在 6 种不
同的琴谱中见此两曲的记载。但只有明代朱厚爝所纂琴谱《风宣
玄品》中记载的《醉翁操》之词是苏轼所作。

第二节　宋代文学家古琴曲词中友谊观的内涵

友谊是朋友间相互交往产生的一种特殊情感,在儒家五伦之
中,作会社会伦理的"朋友"一伦有别于同为家族伦理的"君臣、父
子、夫妇、兄弟"四伦。由于"朋友"一伦始终游离于家族伦理之外,
既突破了血缘关系,又不受政治所约束,故而成了五伦中一种特殊
的人伦关系,它一方面处于辅助地位,另一方面又是纲纪人伦之
根基,"朋友"一伦修身养性的功能决定了其重要作用。这种聚散
自由的社会化的人际关系,具有选择性、平等性、主忠信、责善辅
仁等特点。本节基于"知音之谊"和"师友之谊"这两大友谊伦理
的形态来分析欧阳修、苏轼、梅尧臣等文学家古琴曲词中友谊观
的内涵。

---

① (宋)王辟之:《渑水燕谈录》卷 8,钦定四库全书本。
② 章华英:《宋代古琴音乐研究》,北京:中华书局,2013 年,第 497 页。

一、 同道相合，并立则乐

儒家思想中的"朋友"是建立在以"仁"为宗旨,以"义"为准则,以"礼"为规范的立身济世之道基础之上的一种超越了血缘家族的拘囿和外在政治权力限制的人际关系,具有共同的人生目标。在儒家的经典著作中可见许多有关朋友"同道相合"的论述,如"方以类聚,物以群分,吉凶生矣。"(《周易・系辞上》)"二人同心,其利断金;同心之言,其嗅如兰。"(《周易・系辞上》)"与君子游,芷乎如入兰芷之室,久而不闻其香,则与之化矣。"(《大戴礼记》)"儒有合志同方,营道同术;并立则乐,相下不厌;久不相见,闻流言不信;其行本方立义,同而进,不同而退,其交友有如此者。"(《礼记・儒行》)这些都说明了交友在于有共同的志向,共同的道术,不受身份地位的差异的影响,若能并立于朝则交欢为乐,"同而进,不同而退"也说明了儒家提倡的交友之道是在"志同道合"的前提下"和而不同"。

儒家崇尚朋友之道,亦以交友为乐。宋仁宗天圣九年(1031年)欧阳修任洛阳留守推官,此时梅尧臣由桐城调任河南县主簿,在欧阳修任职 3 年间与其产生了深厚的友谊而结为至交,开启了二人近 30 年的"知音之谊",见证这份"知音之谊"的即二人的诗歌唱和,其中梅尧臣所作达 130 篇,欧阳修所作的与其唱和的诗歌有 60 余首,另有 40 余封二人的书信。如果探究这份"知音之谊"产生的原因,那么借用欧阳修的一句诗便足以说明:"因嗟与君交,事事无不同。"(《乞药有感呈梅圣俞》)欧阳修感叹与梅尧臣在很多事情的认识与判断上都高度一致,"事事无不同"的具体原因,主要体现在 4 个方面:相同的抚琴爱好;相似的性格特征;共同的诗文追求;互相的人生慰藉,而这也正是儒家交友之道"同道相合"的体现。

　　欧阳修入仕初期便与洛阳的文人名士交游颇多,他们时常游园唱酬,以诗酒琴书自乐,徘徊于钟灵毓秀的名胜山川和繁花似锦的田园之中,在当时形成了以欧阳修与梅尧臣为中心的洛阳文人集团。宋仁宗天圣九年,也即欧阳修入仕第一年(1031 年)便在普明寺后园(系唐代白居易故园)举行了一次文人的古琴雅集,他们兴致盎然,抚琴烹茶,留下了千古佳话。欧阳修也曾作诗《普明院避暑》来纪念这次雅集,"选胜避炎郁,林泉清可佳。拂琴惊水鸟,代塵折山花。就简刻筹粉,浮瓯烹露芽。归鞍微带雨,不惜角巾斜"①。正所谓"文之以觞咏弦歌,饰之以山水风月。"(《序洛诗》)

　　从欧阳修与梅尧臣二人年轻时第一次相遇的情形"逢君伊水畔,一见已开颜。不暇谒大尹,相携步香山"(《书怀感事寄梅圣俞》)来看,二人一见如故,相见恨晚,言谈甚欢,改变了去拜见西京留守钱惟演的计划,随性去逛香山,展现了一种豪迈自信、狂放不羁的个性风采。欧阳修曾在诗中言:"无言两忘形,相对或终日。微生书刚毅,劲强早难屈。"(《新营小斋凿地炉辄成五言三十七韵》)梅尧臣在诗中亦云:"酒酣耳热试发泄,二子尚乃惊我为。"(《醉中留别永叔子履》)在关心国事,批评时政方面二人又有着刚正不阿、遇事敢言的性格特征,而正是这种刚正直率的性格给欧阳修的仕途带来三次贬谪。

　　宋仁宗景祐三年(1036 年)因范仲淹与吕夷简的新旧党争,随着范仲淹被贬饶州,欧阳修也因是其支持者而被贬夷陵,梅尧臣虽无高位,不能在朝堂上为其助威,但他奋笔写下《闻欧阳永叔滴夷陵》《寄范饶州待制》等诗文为失意的正直之士打气,赞叹欧阳修仗义执言,不畏权贵的精神,同时也作《猛虎行》等诗文给予吕夷简等人刻骨的嘲讽。居住在夷陵这偏僻贫穷之地期间,欧阳修常以抚

---

① (宋)欧阳修:《普明院避暑》(《全宋诗》第 6 册),北京:北京大学出版社,1998 年,第 3782 页。

琴为乐,排遣心中的失意与苦闷,曾写道:"我昔谪穷县,相逢清汉阴。拂尘时解榻,置酒屡横琴"①。宋仁宗庆历三年(1043年)范仲淹等人推行"庆历新政",这是一次找准了北宋社会"短板",也找到了改革的"切入点",但是在庆历五年(1045年)范仲淹等人相继被排挤出朝廷,欧阳修不仅上疏为范仲淹分辩,还作文《与高司谏书》严厉批评谏官高若讷落井下石,并骂其"不知人间有羞耻事",后被贬为滁州太守。在此期间,欧阳修自号"醉翁",寄情于山水,留下了著名的散文《醉翁亭记》,他常放情诗酒,遨游山水,也以琴抒发失意:"援琴写得入此曲,聊以自慰穷山间"②。

欧阳修被贬谪滁州期间,一直与梅尧臣保持着诗歌唱和,用这种方式来表达朋友之间相知相契的感情。从他们的诗文、书信中可见二人交往十分密切,"某此愈久愈乐,不独为学之外有山水琴酒之适而已"③。他还为梅尧臣的诗十卷写序,提出一个著名的理论"穷而后工"来形容二人。梅尧臣明白欧阳修一再被贬谪的原因都不是为了自己,而是为了他人,正是这铮铮铁骨,为人为政贞正,谏议从不回隐的可贵品质让他十分敬佩,曾作诗以陶渊明不向权贵低头而不出仕的崇高气节来赞扬欧阳修"渊明节本高,曾不为吏屈。"(《送永叔归乾德》)欧阳修十分敬重梅尧臣,"嗟哉我岂敢知子,论诗赖子初指迷。"(《再和圣俞见答》)他说自己的诗歌是受梅尧臣的影响,视梅尧臣为诗歌导师,也期望能与他同朝,"并立则乐",兼济天下。欧阳修也懂得被称为宋诗"开山祖师"的梅尧臣,同在当时以文而名,这一生怀才不遇,屡试进士不第内心深处的戚

---

① (宋)欧阳修:《送杨君归汉上》(《全宋诗》第6册),北京:北京大学出版社,1998年,第3787页。

② (宋)欧阳修:《奉答原甫见过宠示之作》(《全宋诗》第6册),北京:北京大学出版社,1998年,第3652页。

③ (宋)欧阳修:《与梅圣俞书》(庆历七年)(曾枣庄、刘琳主编《全宋文》第33册),上海:上海辞书出版社,2006年,第320页。

戚之感，直到 50 岁梅尧臣才被赐予同进士出身，后由欧阳修荐为国子监直讲，累迁尚书都官员外郎。欧阳修作诗《七交七首·梅主簿》，其中称赞梅尧臣"圣俞翘楚才，乃是东南秀。"二人相知相惜，莫逆于心，相互慰藉。从儒家对择友的原则来看，欧阳修与梅尧臣属于"友直，则闻其过；友谅，则进于诚；友多闻，则进于明"①。

　　伯牙鼓琴，钟子期听之。方鼓琴而志在太山，钟子期曰："善哉乎鼓琴！巍巍乎若太山。"少选之间，而志在流水，钟子期又曰："善哉乎鼓琴！汤汤乎若流水。"钟子期死，伯牙破琴绝弦，终身不复鼓琴，以为世无足复为鼓琴者。②

"知音之谊"源自春秋时期伯牙与子期"知音之交"的故事，伯牙拥有高超的琴技，子期具有高超的艺术欣赏力，可以通过伯牙所弹奏的琴声来了解其内心世界，可见琴可以用来寻求"知音"，而"知音"又成为高山流水之友谊的代表，也突出了"知音"的难能可得。宋仁宗嘉祐四年（1059 年）欧阳修作诗二首给梅尧臣，其一为：

　　钟子忽已死，伯牙其已乎。绝弦谢世人，知音从此无。瓠巴鱼自跃，此事见于书。师旷尝一鼓，群鹤舞空虚。吾恐二三说，其言皆过欤。不然古今人，愚智邈已殊。奈何人有耳，不及鸟与鱼。③

欧阳修描写半夜弹琴想到了伯牙与子期高山流水遇知音的故

---

① （宋）朱熹：《四书章句集注·论语集注》，北京：中华书局，2011 年，第 160 页。
② 许维遹，梁运华：《吕氏春秋集释》卷 14。
③ （宋）欧阳修：《夜坐弹琴有感二首呈圣俞》《全宋诗》第 6 册），北京：北京大学出版社，1998 年，第 3655 页。

事,子期死后,伯牙破琴绝弦,终身不复鼓琴,恨无知音赏。他继而又想到了瓠巴鼓琴而沉鱼出听,盲人乐师师旷鼓琴,群鹤在天空起舞鸣叫,而感慨知音再难寻觅,"奈何人有耳,不及鸟与鱼。"梅尧臣也作诗二首回赠欧阳修,其中言:"公今乃有感,其不在兹钦。鱼跃与鹤舞,物情曾未殊。无情则无应,何必问鸟鱼"①。"七条琴上五音寒,此技自古知音难。"欧阳修借琴之知音难觅来抒发千古得梅尧臣一知音足矣,用伯牙与钟子期来自喻二人,用他们的"知音之交"来象征两人同道相合,相知至深的"知音之谊"。

二、 以文会友,以友辅仁

"朋友"是建立在以"仁"为宗旨,"义"为准则,"礼"为规范的道义基础上的人际关系,儒家认为"君子以文会友,以友辅仁。"(《论语·颜渊》)这是一种立足于提高个人道德修养,又促进朋友间和谐相处的交往观。朋友之谊在于相互学习、相互切磋、相互帮助而共同提高。在儒家的经典著作中可见许多相关的论述,"《象》曰:丽泽,兑。君子以朋友讲习。两泽相丽,互相滋益。'朋友讲习',其象如此"②。《彖》曰:"兑,说也。"两泽相连而交浸润之象,朋友作为良师益友,共同学习,研究学问,讲解义理,从而获浸润之象,欢悦之意。故"君子以朋友讲习者,同门曰朋,同志曰友,朋友聚居,讲习道义,相说(悦)之盛,莫过于此也。故君子象之以朋友讲习也"③。朋友之间的交往除相互学习,还应相切磋以善友道,"司谏掌纠万民之德而劝之朋友,正其行而强之道艺,巡问而观察之"④。

---

① (宋)梅尧臣:《次韵和永叔夜坐鼓琴有感》(《全宋诗》第5册),北京:北京大学出版社,1998年,第3331页。

② (宋)朱熹著,柯誉整理:《周易本义》,北京:中央编译出版社,2010年,第164页。

③ (魏)王弼注,(唐)孔颖达疏:《周易正义》卷第6,(李学勤主编:《十三经注疏》,北京:北京大学出版社,1999年,第235页)。

④ 徐正英,常佩雨译注:《周礼》,北京:中华书局,2014年,第297页。

孔子十分重视交友之道,"三人行,必有我师焉。择其善者而从之,其不善者而改之。"(《论语·述而》)朱熹引尹氏曰:"见贤思齐,见不贤而内自省,则善恶皆我之师,进善其有穷乎?"[1]儒家认为人际交往中应从其善而改其恶,"见贤思齐焉,见不贤而内自省也。"(《论语·里仁》)

在儒家的人伦体系中,朋友一伦不仅包含"友"之意,还具有"师"之意,"师"与"友"在五伦中占有同样重要的地位。从孔子招收弟子以讲学为业来看,儒家学派中就包括了以孔子为师,众多弟子因志同道合而以"友"相称的"师友"团体,"同门曰朋",子游称子张"吾友"(《论语·子张》),曾子称颜渊"吾友"(《论语·泰伯》)等,此外孔子也称其弟子为"友",由此可见,"儒家最初是以'师友'团体的形式出现的"[2]。而"儒家精神乃以教育为主,为儒则必为师,尊师重道,又为中国文化传统主要精神所在"[3]。因此,师友之交成为友谊伦理的重要形态,也是儒家人伦关系中的重要内容,"师友"为人伦之重的共同追求是"修养心性,完善仁德",其"根本关怀就是学习如何成为人"[4]。曾子认为"以文会友"是人际交往中完善仁德,即"辅仁"的重要途径,即"学莫便乎近其人"(《荀子·劝学》)。《论语》中记载"有朋自远方来,不亦说乎?"(《论语·学而》)"与朋友交而不信乎?"(《论语·学而》)"朋友数,斯疏矣。"(《论语·里仁》)"主忠信,无友不如己者,过则勿惮改。"(《论语·子罕》)"忠告而善道之,不可则止,毋自辱焉。"(《论语·颜渊》)"乐节礼乐,乐道人之善,乐多贤友,益矣。"(《论语·季氏》)由此可见,曾子所言之友是包含"师"在内的社会各界益友。

---

① (宋)朱熹:《四书章句集注·论语集注》,北京:中华书局,2011年,第95页。
② 揭芳:《儒家人伦建构中的师友之辨》,《中州学刊》2017年第11期。
③ 钱穆:《现代中国学术论衡》,长沙:岳麓书社,1986年,第17页。
④ 杜维明:《东亚价值与多元现代性》,北京:中国社会科学出版社,2001年,第120页。

儒家思想正是在后世学者效仿孔子建立的这些"师友"团体中得以传承与发展的。欧阳修作为一代儒宗和文坛领袖,鼓励后学,提携人才,一生以"奖引后进如恐不及"而名闻天下。欧阳修的门生众多,"唐宋八大家"中除其本人以外,王安石、曾巩、"三苏"父子五位文坛巨子均被他相中、推介和提携。欧阳修作为北宋诗文革新运动的领导者,承接了唐代韩愈倡导的古文运动,下至苏轼时,这场运动才宣告胜利,这是一支在儒学复兴中力挽内圣外王的力量。于欧阳修而言,苏轼是其门生中成就最高的一位,于苏轼而言,其一生都是欧阳修的忠实追随者和继承者。

宋神宗元丰五年(1082年),苏轼为琴曲《醉翁操》填词,"声词皆备,遂为琴中绝妙,好事者争传。"(《渑水燕谈录》)欧阳修的散文《醉翁亭记》也得以广泛传播。《醉翁操》是一首在句中押韵的词,两三个字就有一韵。此词运用比喻、通感的修辞和以声写声的手法来描绘声音,"琅然,清圆,谁弹"出自《楚辞·东皇太一》中"抚长剑兮玉珥,璆锵鸣兮琳琅"[1]。"琳琅"是美玉名,此处"琅然"即用翠玉清脆之音来比喻琅琊山泉水潺潺之声。"响空山,无言。"那么这绝妙的乐曲又是从哪里来的呢?正是天地间自然之声组成的一首无与伦比的乐曲。"惟翁醉中知其天",只有德隆望尊、雅量高致之士欧阳永叔,才能沉醉其中得其三趣。"月明风露娟娟,人未眠,荷蒉过山前。曰有心也哉此贤。"这月明风朗之夜,人们被这美妙的天籁之音所吸引而久久不能入眠,连荷蒉也被吸引而来。"子击磬于卫,有荷蒉而过孔氏之门者,曰:'有心哉,击磬乎!'"(《论语·宪问》)圣人之心未尝忘天下,此人闻其磬声而知之,则亦非常人矣。此处"荷蒉"指隐士,作者引用隐士对击磬者的评价来赞扬寂静山谷中流泉的自然之音。

---

[1] (战国)屈原著,吴广平校注:《楚辞》,长沙:岳麓书社,2006年,第48页。

"醉翁啸咏，声和流泉"，此句回到《醉翁亭记》中醉翁与大自然融为一体的境界，醉翁在琅琊山长歌咏啸，与山谷中泉水之音相伴相合，这天籁人籁合二为一，仿佛到了天人合一的至高境界。"醉翁去后，空有朝吟夜怨。"醉翁离开之后，天籁之音再也没有人籁之音相伴了，只留下清泉的自然之曲，独自朝夕吟咏，却又似乎带着不舍与埋怨。"山有时而同童巅，水有时而回渊。"随着时光流逝，山川河流都可能发生变化，也许山无草木，也许水也不会永远朝同一方向流淌，万事万物都有可能发生变化，那么这琅琊山谷的流泉也可能不再那么完美。"思翁无岁年，翁今为飞仙。"尽管醉翁已经化仙而去，无论事与物的变化如何，人们对醉翁的思念之心是永远不会变化的。"此意在人间，试听徽外两三弦。"虽然鸣泉之声与醉翁的长歌咏啸不复存在，但是天籁人籁合二为一的这种天人合一之境界，却能够永远留在人间。如何留在人间呢？苏轼用画龙点睛之笔点出全词的主旨："试听徽外两三弦"，也即通过弹奏美妙的琴乐，让琅琊幽谷泉水的潺潺之声，风动泉鸣之声以及醉翁的啸咏之声，都复现于徽外两三弦之间。

纵观苏轼所作《醉翁操》的琴词，从文字来看是描述了滁州山间朝暮变化的四时之景以及人与自然和谐的一幅美景，但从"思翁无岁年"可见，实则体现了苏轼对这位在人品、政绩、德行、学养和文才上都备受尊赞以及对自己具有提携之恩的"恩师"之深切怀念和追思。所以，《醉翁操》的琴词表面描述了欧阳修醉心山水、诗酒唱游，实则表达了他乐以民声，心寄天下，也更体现了欧阳修与苏轼这份长达十六载的"师友之谊"。

　　嘉祐二年，欧阳文忠公考试礼部进士，疾时文之诡异，思有以救之。梅圣俞时与其事，得公《论刑赏》以示文忠。文忠惊喜，以为异人，欲以冠多士，疑曾子固所为。子固，文忠门下士也,乃置公第二。复以《春秋》对义,居第一,殿试中乙科。①

　　从以上苏辙为其兄苏轼所写的墓志铭可见,苏轼与欧阳修第一次相逢于礼部初试,苏轼也于那时正式拜入欧阳修门下。苏轼的文《刑赏忠厚之至论》受到欧阳修的赞赏,本想把这篇文定为第一,但以为此文是门生曾巩所作,为避嫌而取第二,后由礼部复试,又以春秋对义而获第一,仁宗殿试中乙科。可以说这次相逢,对于苏轼而言不仅是高中了进士,也让他见到了童蒙之时便心向往之而崇拜已久的文坛领袖。"轼自龆龀,以学为嬉。童子何知,谓公吾师。昼诵其文,夜梦见之。"②元祐六年(1091 年)苏轼在写《祭欧阳文忠公夫人文》时曾追忆自己童蒙之时即闻欧公,未识欧公,梦中见之,便昼夜背诵其文,称其"吾师"了。苏轼在高中进士后酬谢诸公的文章《上梅直讲书》中也有详细说明:"轼七八岁时,始知读书。闻今天下有欧阳公者,其为人如古孟轲、韩愈之徒;而又有梅公者从之游,而与之上下其议论。其后益壮,始能读其文词,想见其为人,其飘然脱去世俗之乐而自乐其乐也"③。可见欧阳修这位文坛领袖的大名早已刻入苏轼的心中,从儿时便以欧公为偶像,之后更是一生追随欧公。而欧阳修在读到此文后大喜,并"以书语圣俞曰:'老夫当避此人,放出一头地'"④。可见其对获得苏轼此等弟子的喜悦之情。在《谢欧阳内翰书》中苏轼言:"轼愿长在下风,与宾客之末,使其区区之心,长有所发"⑤。二人遂开启了长达 16 年的"师友之谊",苏轼对这位恩师终生感念。

　　这 16 年的"师友之谊"中,在欧阳修的言传身教下,苏轼耳濡

---

① (宋)苏辙撰:《栾城后集》卷 22。
② (宋)苏轼撰:《苏轼文集》卷 36。
③ (宋)苏轼撰:《苏轼文集》卷 48。
④ (宋)苏辙撰:《栾城后集》卷 22。
⑤ (宋)苏轼撰:《苏轼文集》卷 49。

目染,学习到了恩师为人为政忠贞和为学为文严谨的高尚品质,苏轼称他"以救时行道为贤,以犯颜纳说为忠。"(《居士集叙》)"欧阳子,今之韩愈也。"(《居士集叙》)在诗文革新运动中,苏轼称道欧阳修"招来雄俊魁伟敦厚朴直之士,罢去浮巧轻媚丛错采绣之文"[1]的不朽功绩。总之,欧阳修的文学创作、君子三德、治国保家理念都对苏轼为人、为政和文学创作产生了深远的影响。欧阳修公开盛赞并标举苏氏兄弟的文章用以和"太学体"作斗争,遏制了形式主义文风的回潮,以散体文言文替代骈体文言文,完成了自唐代韩愈倡导的古文运动起始的诗文革新运动的历史任务。儒家倡导"以文会友,以友辅仁"(《论语·颜渊》)的朋友之道,不仅是个人通过交往而修德明道,更是将这种"师友"团体在更广泛的领域推广,通过塑造这一种道义性共同体来实现修身、齐家、治国、平天下的政治理想。在后世儒者的继承与发扬之下,"朋友"一伦的伦理意义进一步扩展到"善兄弟为友""君臣相友",这也体现了"师友之谊"中所蕴含的师友之道的精神。

三、 朋友有信,久而敬之

"朋友"关系是一种游离于家族伦理之外,既突破了血缘关系,又不受政治所约束的人际关系,道义是建立朋友关系的基础,而维系朋友关系的准则是"信"。"信"是一种优秀的道德品质,也是儒家道德规范的重要组成部分。从孔子提出"朋友信之",(《论语·公冶长》)到曾子的"与朋友交而不信乎?"(《论语·学而》)再到孟子把"朋友有信"定为五伦道德规范之一,"信"至此成为朋友在社会交往中所必须遵守的道德规范。"信"主要有两层基本内涵,其一,"信,诚也。从人言。"(《说文解字》)这是要求人们言行一致,南

---

[1] (宋)苏轼撰:《苏轼文集》卷49。

唐徐锴在许慎之解的基础上进而解释为"君子先行其言,然后从之。"(《说文解字系传》)"信誓旦旦,不思其反。"(《诗经·卫风·氓》)"瑕不掩瑜,瑜不掩瑕,忠也;孚尹旁达,信也。"(《礼义·聘义》)"君子不亮,恶乎执?"《孟子·告子章句下》朱熹注:"亮,信也,与谅同。恶乎执,言凡事苟且,无所执持也"①。这是指无信用者无操守。其二,"信,言合于意也。"(《墨子·经上》)"言必信,行必果,使言行之合,犹合符节也,无言而不行也。"(《墨子·兼爱下》)"君子名之必可言也,言之必可行也,君子于其言,无所苟而已矣!"(《论语·子路》)"可欲之谓善,有诸己之谓信。"(《孟子·尽心下》)这都要求人们言合于意,无言不行。

"信"除了有以上两层基本内涵,还有五层延伸的含义,即诚信、义信、礼信、谨信、忠信。其以"诚"为道德基础,内在的意向是"忠"。属于道德范畴的"诚"是诚实无欺之意,"所谓诚其意者,毋自欺也。"(《大学》)"诚信者,天下之结也。"(《管子·枢言》)"诚"是所有德目的根本,没有诚,其他德目也无从谈起了,而与"诚"最具有直接关系的德目是"忠""信","信"是内心忠诚的外化,是最能体现"忠""诚"的品德,是人社会化的道德实践,"吾日三省吾身:为人谋而不忠乎? 与朋友交而不信乎? 传不习乎?"(《论语·学而》)"主忠信,徙义,崇德也。"(《论语·颜渊》)儒家非常重视"信",尤其在朋友交往中以"信"为共同遵循的道德准则。然而"信"也是要建立在道义的基础上,脱离了"义"而追求"信"则会偏离正道。有子曰:"信近于义,言可复也。"(《论语·学而》)孟子曰:"大人者,言不必信,行不必果,惟义所在。"(《孟子·离娄下》)儒家提出"修己以敬","居处恭,执事敬,与人忠。"(《论语·子路》)"言思忠,事思敬。"(《论语·季氏》)"言忠信,行笃敬。"(《论语·卫灵公》)由此可

---

① (宋)朱熹:《四书章句集注·孟子集注》,北京:中华书局,2011年,第324页。

见,由"忠""信"到"敬"关系十分密切,所以在朋友交往时还应相互敬重,子曰:"晏平仲善与人交,久而敬之。"(《论语·公冶长》)朱熹引程子曰:"人交久则敬衰,久而能敬,所以为善"①。

儒家也认为朋友相交不仅要有"信",还要做到"久而敬之",朋友相敬才能友谊长存。

欧阳修与梅尧臣 30 年的"知音之谊"和欧阳修与苏轼 16 年的"师友之谊"都体现着儒家朋友之间"交友以信,久而敬之"的伦理规范。被誉为宋诗"开山祖师"的梅尧臣,在北宋诗歌进程中发挥着承前启后的重要作用,一生创作诗歌 2800 余首,所著《宛陵先生文集》留存于世。欧阳修极其欣赏与敬重他的才华,认为自己的诗不及他,其云:"文会忝予盟,诗坛推子将。"(《寄圣俞》)欧阳修视他为诗歌导师,"嗟哉我岂敢知子,论诗赖子初指迷。"(《再和圣俞见答》)南宋著名诗论评论家刘克庄说:"宛陵出,然后桑濮之淫哇稍息,风雅之气脉复续,其功不在欧、尹下"②。梅尧臣又是以欧阳修为首的北宋诗文革新运动的主要推动力量,作为在宋代文坛声名显赫的文学家,欧阳修与梅尧臣并称为"欧梅"。30 年的密切交往中二人时常"相游从唱和之乐",通过"琴"来传递友谊。

欧阳修与苏轼是年纪相差 30 岁的两代人,却拥有 16 年恩义有加的"师友之谊",欧阳修在人品、政绩、德行、学养等方面都给予苏轼深刻而巨大的影响,苏轼对于恩师的师德、师范、师训终生躬行恪守,酬答唱和,丽泽切磋,不仅对恩师心悦诚服地效仿,而且也实现了青出于蓝而胜于蓝的超越,终将恩师的宏愿伟业诗文革新运动胜利完成。在文学史上"欧苏"成为北宋"古文"鼎盛的标记。如果说苏轼对欧公的仰慕始自少年之时,那么在其高中进士之时有一段引经据典的"小插曲"则令苏轼对这位宽宏大度、胸怀坦荡、堪

---

① (宋)朱熹:《四书章句集注·论语集注》,北京:中华书局,2011 年,第 78 页。
② (宋)刘克庄撰,王秀梅点校:《后村诗话·前集》,北京:中华书局,1983 年,第 22 页。

称宿儒的恩师倍加敬重,而且终生难忘。

> 当尧之时,皋陶为士,将杀人。皋陶曰"杀之"三;尧曰"宥之"三。故天下畏皋陶执法之坚,而乐尧用刑之宽。①

对于这段雄辩有力的引据,主考官欧阳修和梅尧臣均记不得是出自哪本典籍。陆游在《老学庵笔记》中记载:

> 公以为皆偶忘之,然亦大称叹。初欲以为魁,终以此不果。及揭榜,见东坡姓名,始谓圣俞曰:"此郎必有所据,更恨吾辈不能记耳。"及谒谢,首问之,东坡亦对曰:"何须出处?"乃与圣俞语合。公赏其豪迈,太息不已。②

东坡的"何须出处"是根据《三国志·孔融传》"想当然"地编造曹操与孔融的对话而来。而欧阳修听后尽管"太息不已",对他杜撰典故的合理性不认同,但也并没有给予苏轼严厉的批评,还委婉赞许他:"善读书,善用书。他日文章必独步天下。"罗大经评说:"东坡生平熟此二书,故其为文,横说竖说,惟意所到,俊辩痛快,无复滞碍"③。"此二书"指《庄子》和《战国策》。

欧阳修对苏轼的影响也是多方面的,欧公的"无弦琴情结""颍州情结"都在苏轼的一生中体现得淋漓尽致,也反映出苏轼终其一生对恩师崇敬不已。宋神宗熙宁四年(1071年)欧阳修连呈三"表"力请辞官退休,终于以太子少师身份请辞后居颍州,实现了"退居颍州,归老西湖"的理想。事实上欧阳修于宋仁宗皇祐元年(1049

---

① (宋)苏轼撰:《苏轼文集》卷40。
② (宋)陆游:《老学庵笔记》卷8,北京:中华书局,1979年,第102页。
③ (宋)罗大经:《鹤林玉露》乙编卷3。

年)第一次踏入颍州便被颍州的风土人情和"十顷碧琉璃"的西湖吸引了,自此也便与颍州结下了不解之缘。欧阳修知颍期间创作了大量的诗歌抒发对颍州的热爱,如《初至颍州西湖种瑞莲黄杨》《西湖泛舟》《西湖戏作》等。熙宁四年(1071 年)苏轼因反对王安石变法而陷入政治旋涡,无奈申请外任,赴杭州任通判,7 月离京赴杭途经陈州而去探望兄弟苏辙,后二人专程拜谒致仕归颍的恩师欧阳修,师徒在西湖边举杯邀明月,文人雅集亦有作诗抚琴吟唱,苏轼作诗《陪欧阳公燕西湖》、苏辙亦作诗《陪欧阳少师永叔燕颍州西湖》,留下了美好的回忆。无独有偶,时隔 20 年,宋哲宗元祐六年(1091 年)苏轼也曾自请出知颍州,欧苏两代宗师虽不同时,却同样地神往颍州、歌唱颍州,不仅因为当时颍州的特殊地理位置(汴京通往江南的要冲)和旖旎风光,更重要的是颍州也寄托着苏轼对恩师的崇敬与思念之情。师徒二人对颍州的治理倾入了"家"一般的热情,颍州永远铭记他们的德政,"筑陂堰以通西湖,引湖水以灌溉民田,建书院以教民之子弟。"(《正德颍州府志》)苏轼十分推崇欧阳修,曾在《六一泉铭》(并序)中赞誉恩师:"公,天人也。人见其暂寓人间,而不知其乘云驭风历五岳而跨沧海也"①。在《答舒焕书》中再次赞誉:

> 恐未易过,非独不肖所不敢当也。天之生斯人,意其甚难,非且使之休息千百年,恐未能复生斯人也。世人或自以为似之,或至以为过之,非狂则愚而已。②

宋神宗元丰三年(1080 年),苏轼因"乌台诗案"被贬谪黄州,开启了自己耕种劳作如陶渊明一般归隐田园的生活。元丰四年,开

---

① (宋)苏轼撰:《苏轼文集》卷 19。
② (宋)苏轼撰:《苏轼文集》卷 56。

垦东坡，自号"东坡居士"，《行香子·述怀》一词反映了他当时的处境和思想感情：

> ……且陶陶、乐尽天真。几时归去，作个闲人。对一张琴，一壶酒，一溪云。①

苏轼十分推崇陶渊明，视其为知音，甚至与陶渊明隔空对话，曾作诗：

> ……屡从渊明游，云山出毫端。借君无弦琴，寓我非指弹。岂惟舞独鹤，便可摄飞鸾。还将岭茅瘴，一洗月阙寒。②
>
> 谁谓渊明贫，尚有一素琴。心闲手自适，寄此无穷音。佳辰爱重九，芳菊起自寻……③

苏轼也曾对陶渊明的"无弦琴"发表看法："但抚弄以寄意，如此为得其真"④。"但识琴中趣，何劳弦上声？"⑤

其师欧阳修于宋仁宗嘉祐四年（1059年）作诗二首给梅尧臣，其中在《夜坐弹琴有感二首呈圣俞》之诗中也言及自己对陶渊明的喜爱，以陶渊明的无弦琴之乐谁人知来表达与梅尧臣的相知之情，也以"伯牙与钟子期"自喻二人，表达知己之情深。

---

① （宋）苏轼撰：《行香子·述怀》（唐圭璋编《全宋词》第 1 册），北京：中华书局，1997 年，第 302 页。

② （宋）苏轼撰：《和陶东方有一士》（《全宋诗》第 14 册），北京：北京大学出版社，1998 年，第 9547 页。

③ （宋）苏轼撰：《和陶贫士七首》（《全宋诗》第 14 册），北京：北京大学出版社，1998 年，第 9519 页。

④ （宋）苏轼撰：《渊明无弦琴》（曾枣庄、刘琳主编《全宋文》第 90 册），上海：上海辞书出版社，2006 年，第 375 页。

⑤ （宋）朱长文：《琴史》卷 4，文渊阁四库全书本。

> 吾爱陶靖节,有琴常自随。无弦人莫听,此乐有谁知。君子笃自信,众人喜随时。其中苟有得,外物竟何为。寄谢伯牙子,何须钟子期。①

在宦海中浮沉的师徒二人一生多次被贬,充满出生与入世,理想与现实的矛盾。他们在朝为政,忠于职守,直言极谏;外任时,施德政造福一方百姓;被贬谪之时,他们把未能实现的政治抱负移情于对当地风俗人情的热爱。在这危机重重,十面埋伏的政治仕途中,弹琴啸吟反而帮助他们逃避冷酷的现实,促使他们转向安静思考个体内在生命价值的问题,让内心回归平静祥和,以更高层次的修身养性来完成生命的超越。在精神上,他们始终以"不以物喜,不以己悲。居庙堂之高,则忧其民;处江湖之远,则忧其君"(《岳阳楼记》)的儒家理想人格为自己的最高追求。

第三节　宋代文学家古琴曲词中友谊观的价值指向

"古之君子未尝不知琴也",古琴音乐作为古代文人音乐的代表,宋代文学家通过弹琴、著书、制曲、填词、创作诗歌等方式以文会友,以友辅仁,琴铭、题款和书法使得琴更具有文人的气息。宋代文人对古琴的热爱并非取决于古琴艺术之乐本体"技"与"艺"的层面,而是因为其中蕴含着一种深刻思想内涵,从而突出了以古琴修身养性以致于"道"的意义。也正是对于以琴载"道"、艺成于"德"思想的追求,成就了琴"八音之首","众器之中,琴德最优"的崇高地位。

---

① (宋)欧阳修:《夜坐弹琴有感二首呈圣俞》(《全宋诗》第6册),北京:北京大学出版社,1998年,第3655页。

一、 琴以载道之琴禁

韩愈对北宋的影响是多方面的,中唐时期为复兴儒学而发起古文运动。反映在琴坛上,韩愈参照汉代蔡邕所著《琴操》为其中的10首古琴曲重新填词成《琴操十首》,以己为道统之传承人,代古之圣贤抒发情感,弘扬仁义之目标。"韩昌黎之在北宋,可谓千秋万岁,名不寂寞者矣。"[①]到了北宋时期,韩愈的思想广为接受,参与道统论构建的人员众多,除了理学家、政治家,还有以欧阳修与苏轼为代表的文学家。欧阳修延续韩愈领导的"古文运动",开启了北宋诗文革新运动,提出"文必以道俱"的古文理论,苏轼作为欧阳修的弟子,又从恩师手中接过续统重任,并提出了看似"行文",实质"行道"的道统谱系,即由孔子、孟子、韩愈、欧阳修组成的具有很强"文士"气息的谱系[②]。而这种"文士"不仅满足于做单纯的学术研究,更要经世致用,以行动去践行"道"。反映在琴坛上,宋人把"文以明道""文以载道"的社会道德教化功能转移到古琴上,援琴入"道",以琴载"道",将"琴"视为修身成人的重要道器,强调以"道"为根本的修身成人为人生的最高目标,正如陈旸《乐书》所言:"卒乎载道而与之俱矣。"

从《论语》中可见,儒家的"道"主要指人之"道"。从社会层面来说即治国的政治之道。"天下有道,则礼乐征伐自天子出;天下无道,则礼乐征伐自诸侯出。"(《论语·季氏》)"邦有道,危言危行;邦无道,危行言孙。"(《论语·宪问》)从个人层面来说,人之"道"则是个人修身养性和为人处世之道,"君子谋道不谋食……君子忧道不忧贫。"(《论语·卫灵公》)"人能弘道,非道弘人。"(《论语·卫灵公》)孔子要求"所谓大臣者,以道事君。"(《论语·先进》)故而可以

---

① 钱钟书:《谈艺录》,北京:中华书局,1984年,第157页。
② (宋)苏轼撰:《苏轼文集》卷10。

认为个人层面的修身处世之道是社会层面治国之道的基础，也正是儒家修齐治平之意义所在。孔子人之"道"的意涵主要体现在三个方面：首先，"仁"是人之"道"建立的基础，"君子务本，本立而道生。孝弟也者，其为仁之本与！"（《论语·学而》）"仁"也是一种高尚的道德情操，"夫仁者，已欲立而立人，已欲达而达人。"（《论语·雍也》）其次，"礼"是作为人之"道"的外在道德约束，"君子博学于文，约之以礼，亦可以弗畔矣夫！"（《论语·雍也》）依此孔子提出了"正名"观："名不正，则言不顺；言不顺，则事不成；事不成，则礼乐不兴；礼乐不兴，则刑罚不中；刑罚不中，则民无所措手足。"（《论语·子路》）孔子的正名是以《周礼》为依据，对君臣父子等与其所对应和应承担的社会义务与职责的规定，"礼"作为人之"道"的道德约束，只是它的一种外在形式，更重要的是"不能以礼让为国，如礼何"（《论语·里仁》）的意涵，这也是实现"天下有道，则礼乐征伐自天子出"（《论语·季氏》）的基础。最后，在孔子看来，虽然以"道"作为人之最高追求，但是从他的人生境界"七十而从心所欲，不逾矩"（《论语·为政》）来看，理想中的最高人格是立于道而又超越道的，"志于道，据于德，依于仁，游于艺。"（《论语·述而》）"兴于诗，立于礼，成于乐。"（《论语·泰伯》）正是这样一种由"道"至"艺"至"乐"的修身成人的方式，才使得"道"与"乐"相连。"游于艺"之"艺"朱熹解释为："艺，则礼乐之文，射、御、书、数之法，皆至理所寓，而日用间不可阙者也。朝夕游焉，以博其义理之趣，则应务有余，而心亦无所放矣"①。这也止是孔子由"技"入"道"的观点。六艺之中孔子突出了"乐"的作用，认为乐是最终阶段，而"乐"与"礼"同样都是以"仁"为基础的，"人而不仁，如礼何？人而不仁，如乐何？"（《论语·八佾》）孔子认为没有"仁"的品质就不会遵守"礼"，

---

① （宋）朱熹：《四书章句集注·论语集注》，北京：中华书局，2011年，第91页。

也不可能具有"乐"所蕴含的高尚道德情操,那"礼乐"又有何作用呢?"礼云礼云,玉帛云乎哉?乐云乐云,钟鼓云乎哉?"(《论语·阳货》)所以"礼"与"乐"并不在于外在的形式,而在于"仁"。孔子也赋予诗、礼、乐不同的修身作用,刘宝楠注解,学诗可以修身,学礼可以立身,乐以治性,故能成性,成性亦修身也[①]。以"诗"和"礼"修身,再经由"乐"的修养便能实现修身成人。孟子在肯定孔子"仁也者,人也。合而言之,道也"(《孟子·尽心章句下》)的基础上又加以补充,进一步阐明如何才能达到仁义之道,"恻隐之心,仁之端也;羞恶之心,义之端也;辞让之心,礼之端也;是非之心,智之端也。"(《孟子·公孙丑章句上》)孟子将恻隐之心、羞恶之心、辞让之心、是非之心分别对应于仁义礼智的道德品质,并认为这些品质是人之本性所固有的。孟子认为通过"善养吾浩然之气"来进行人格修养,"充实之谓美,"充实着浩然之气的人格精神便是美,"善"与"美"的统一即具有"道"的人格精神之美。"乐者,圣人之所乐业,而可以善民心,其感人身,其移风易俗,故先王导之以礼乐而民和睦。"(《乐论》)荀子提出了人性本恶的观点,但他强化了孔子"乐"的教化作用,认为乐可以将人之恶的本性引导向善,从而维护社会的稳定。

作为"八音之首"的琴,从"琴之为器"的角度来看,上古至殷商时期,琴是巫师祭祀时使用的"法器";周代,琴成为对贵族阶级施以政治教化时的"礼器";春秋至战国时期,随着琴在民间的流行,此时琴是人观照内心世界的"道器",发扬了其乐教功能。"修诗以咏之,修礼以节之。"(《国语·晋语》)"君子之近琴瑟,以仪节也,非以慆心也。"(《左传·昭公元年》)此时,琴以载"道"的观念逐渐形成。汉代桓谭所著《新论》"琴道第十六"[②]是"琴道"一词最早的出

---

① (清)刘宝楠撰:《论语正义》,北京:中华书局,1990年,第298页。
② (汉)桓谭:《新论·琴道》,上海:上海人民出版社,1977年,第63页。

处，"琴之言禁也，君子守以自禁也"①。琴是君子用以自守自禁之
器。琴之为禁，到底禁什么？"琴，禁也。"（《说文解字》）"琴者，禁
也，所以禁止淫邪，正人心也。"②"伏羲作琴，所以御邪僻防心淫，以
修身理性及其天真也。"③"盖其声正而不乱，足以禁邪止淫也。"④
"养君中和之正性，禁尔忿欲之邪心。"（《朱文公文集·紫阳琴铭》
卷85）由此可见，"琴者，禁也"主要是禁音、禁欲以及琴人之禁等，
突出代表了儒家的琴乐思想，认为琴乐首要的是教化功能，而非艺
术功能，这也使得"琴之禁"观念通达至"琴道"思想。"子谓韶，'尽
美矣，又尽善也'。谓武，'尽美矣，未尽善也。'"（《论语·八佾》）孔
子认为韶乐尽美尽善，体现了儒家的乐论，"乐"以艺术美的形式表
达了善的内涵的统一，即乐以修德和乐以制礼。从琴人之禁的琴
之禁来看，不仅受"乐者，德之华"（《乐记·乐象篇》）的影响，对琴
人的道德品性也有相应规定，正如《太古遗音》所言："凡学琴，必须
要有文章，能吟咏者；貌必要清，不能粗俗者；心必要有仁慈德义，
能甘贫守志者；言必要有诚信，无浮华薄饰者"⑤。此句强调琴人之
德性，听琴者可以受"中正平和"之琴乐的熏陶，"以乐激善"，从而
"去其气质之偏、物欲之蔽，以复其性，以尽其伦而后已焉。"（《朱文
公文集》卷15）

　　宋代文人事必言古，多有尚古基因，自欧阳修继唐代韩愈"古
文运动"开启北宋诗文革新运动后，在这种复古思潮的引领下，儒
家乐教与"三代之治"的政治理想被注入古琴中，从宋代著名书学
理论家朱长文所著的我国第一部《琴史》可见，"道重于乐"是该本

---

① （汉）桓谭：《新论·琴道》，上海：上海人民出版社，1977年，第63页。
② （汉）班固撰：《白虎通义》，北京：中国书店，2018年，第59页。
③ （汉）蔡邕：《琴操》，南京：江苏古籍出版社，1988年，第1页。
④ （唐）薛易简：《琴诀》（范煜梅《历代琴学资料选》），成都：四川教育出版社，2013年，第
　66页。
⑤ （宋）田芝翁：《太古遗音》（《琴曲集成》第1册），北京：中华书局，2010年，第38页。

的最大特色，作者始终将"琴道"置于首位，作为"三代之音"遗存的古琴，与儒家圣贤紧密相连，也即治世的代表。苏轼具有深厚的崇古情结，他在《琴非雅声》一文中说："世以琴为雅声，过矣，琴正古之郑卫耳。"他对当时的古琴音乐缺乏古之正声提出了批评，表达了自己对于琴为雅声、琴为古音的追求。在《舟中听大人弹琴》中，"自从郑卫乱雅乐，古器残缺世已忘"和"夜阑更请弹文王"也表达了他对于古代礼乐文明和雅正之声的尊崇。欧阳修在《国学试策三道》中说："黄钟六律之音尚贱于末节，大武三王之事犹讥于未善，况鼓琴之末技，亡国之遗音，又乌足道哉!"可见他对待琴"技"与琴"道"也是秉持儒家对于琴的乐教功能的重视的观点，突出"琴道"导志和移人的乐教功能，对琴的音乐艺术之美不以为意，认为"琴之为技小矣"。

二、 艺成于德之琴心

在宋代儒学复兴的思潮中文学家是一支不可或缺的力量，他们组成了"斯文"道统，从文以载"道"转移至琴以载"道"，将"琴道"置于"琴艺"，即"乐本体"之上，更加突出了"禁止淫邪，正人心也"的琴禁观念，也进一步强化了琴的乐教功能。《乐记》所言："德成而上，艺成而下"，这说明了德行的修养是主要的，懂得技艺是次要的，"德"是艺成的基础，"艺成于德，其庶乎深矣。""乐者，德之华"，也说明了"德"音才能被称为"乐"，否则只能被称为"声"或"音"。"八音广博，琴德最优，古者圣贤玩琴以养心。"①因而君子需要通过抚琴、听琴等一系列实践活动修身理性以培养"琴德"。刘向在《说苑·修文》中认为琴是最适宜君子的修德之器。朱长文所著《琴史》论述了琴乐不同于其他金石丝竹之乐的娱人娱己功能，关键是

---

① (汉)桓谭:《新论·琴道》,上海:上海人民出版社,1977年,第64页。

发挥"琴德"在人伦社会中的作用，以"中正平和"的琴乐，荡涤人心中的淫佚与渣滓，养人之性情，成就个人之德性，在个人道德修养提升的同时，也成就众人之德，实现政教清明的社会。刘籍在其所著《琴议》中将琴乐分为三个层次："琴德、琴境、琴道。"其认为"终练德而合雅颂，使千载之后，同声见知，此乃琴道深矣"[①]。可见，琴德是琴境与琴道的基础，合雅颂之德乐是前提，抚琴听琴之时，受到"声意雅正""哀而不伤""质而能文"等"琴德"之熏陶即修德养性之过程。此外，合雅颂之德乐在抚琴的过程中，要求"用指分明，运动闲和"，不需要"繁手淫声"，进一步对抚琴姿势也作了雅化的要求，因为雅正之乐"正而有美德"，若"合繁则不合雅势焉。"（《西麓堂琴统》）刘籍把"琴境"理解为"遇物发声，想象成曲"的一种人、物、乐相融合的情境。如伯牙学琴于成连，在掌握了各种琴技后仍不得其曲之神韵，其师置伯牙于东海蓬莱山多日不返，伯牙在大海涛声、山林松石、群鸟啁啾之情境中"想象成曲"，遂谱曲《高山流水》，"此则境之深矣"。

　　然而琴"德"之主体又在人心。《乐记》言："乐者，心之动也。"乐是人内心活动的表现，人心能够产生思想感情而使"音"出，人心受到外界事物的影响，便会表现为不同的思想感情而使"声"出，有规律变化的"声"即组成"音"，按照一定结构关系演奏的"音"加上舞蹈和诗歌就叫作"乐"。由此可见，"乐者，音之所由生也"，乐产生的根源是"感于物而动"，人的思想感情受到外界事物的刺激，产生不同的喜怒哀乐之情，其表达的思想感情也是相异的。"喜怒哀乐之未发，谓之中。发而皆中节，谓之和。"（《中庸》）既然乐是从人之情而来，那么就要对人之情中产生噍杀之声、粗粝之声的哀心和怒心用"中正平和"之琴乐进行教化，将高尚的道德品质注入人心，

[①] （宋）刘籍：《琴议篇》（吴钊等：《中国古代乐论选辑》），北京：人民音乐出版社，2011年，第249页。

使心之善性得以扩充。情之正也，心即和，故乐能调和性情，通畅人心而培养琴德。

欧阳修的琴乐观深受《乐记》思想的影响，其天圣七年（1029年）的应试文《国学策试二道》中写道，"物所以感乎目，情所以动乎心，合之为大中，发之为至和"①。可见他认为乐具有导志和移人的功能，在于"感人以和"。他也认为乐"顺天地，调阴阳"，可以节制人的欲望，也可以调和人的性情，从而突出了乐的作用。他认为应制《大章》《大濩》之类的德之乐，而欣赏乐就应当欣赏夫子所闻之《韶》乐。欧阳修写给梅尧臣的文《书梅圣俞稿后》中有一段论述了乐的本质以及乐与诗歌的关系，其中认为："凡乐，达天地之和而与人之气相接，故其疾徐奋动可以感于心，欢欣恻怆可以察于声"②。乐是连接天、地、人之和气，具有"动荡血脉，流通精神"之功用，可以使人喜、悲、歌、泣。欧阳修写给杨寘的送别之文《送杨寘序》中认为琴乐具有"道其堙郁，写其忧思"的养心功能，并以自己早年学琴弹琴治疗"幽忧之疾"一事为例，劝慰好友也通过琴乐"平其心以养其疾"。

总之，由于宋代理学家所主张"性即是理"和"心即是理"的不同思想，因此对"艺""德""道"关系的认识与界定也有一定的差异。二程继承了《中庸》的思想，提出了"性即是理"的重要命题，认为人性与天理是一种同一的关系，这种人性是"真我"，而"理"则是对"自我"，即"私我"的限制与禁抑。故以程颐、邵雍、张载等为代表的理学家认为"理"存在于天下万物之中，并体现在人伦日常之间，他们主张通过穷理的方式来达到修身的目的。琴不是"理"，但琴

---

① （宋）欧阳修：《国学策试二道》（曾枣庄、刘琳主编《全宋文》第35册），上海：上海辞书出版社，2006年，第57页。

② （宋）欧阳修：《书梅圣俞稿后》（曾枣庄、刘琳主编《全宋文》第34册），上海：上海辞书出版社，2006年，第77页。

中有"理"，所以他们认为琴与诗歌词赋棋书画有着同样的载道功能，是一种载道之器，可以通过抚琴、听琴等琴乐的实践活动来探究琴之"理"，变化气质以成就高尚的道德人格，但琴也是"艺"，从儒家提出"游于艺"来看，其依据仍然是"道""德"与"仁"，所以不可沉溺于琴之"技"与"艺"的音乐属性，而应追求其中蕴含的"理"而最终落实到"成德"。

陆九渊认为"心即是理"，提倡运用"自存本心"的方法，通过反省内求的方式发掘本心之善。据此，他提出"艺即是道，道即是艺"①的思想。由此可见，无论是作为艺的琴棋书画，还是诗歌词赋均合于道，琴亦艺也，故琴是道。陆九渊认为"理"在人的心中而不在外，通过存心和养心的方法来穷理以实现道德修身，故"礼乐之本原在心"，人的心中本然地含有礼乐，琴乐本原在吾心，"琴之所以为乐也……德不在手而在心，乐不在心而在道，兴不在音而在趣，可以感天地之和，可以合神明之德"②。可见，"道"是乐存在的依据和创造法则，"德"之本是心，心之自然生发就是理。因此，在宋人的视野中琴乐原本就具有调和情志、感动善心的化人之功效。随着"心即是理"思想的发展，到了明代，李贽在阳明心学的影响下，提出了"琴者，心也，琴者，吟也，所以吟其心也"（《焚书》）之命题，使得以"心"为本原的儒家礼乐思想得到内在发展，以"吟其心"的方式使"情"的表达有了途径。

---

① （宋）陆九渊，（明）王守仁：《象山语录》《阳明传习录》，上海：上海古籍出版社，2000年，第101页。

② （明）朱厚爝：《风宣玄品》《琴曲集成》第2册，北京：中华书局，2010年，第16页。

第六章　宋代民间古琴曲词中的英雄观

　　"英雄"是"杰出的人物"，是"在主动承担和完成具有重大社会意义的活动中表现出的自我牺牲气概和行为。表现为勇敢、奋不顾身和自我牺牲的精神"①。英雄作为民族群体的典型代表，从伦理学视角而言，是民众的生命意识、主体利益、伦理企盼的结晶。英雄所体现的是人类精神的礼赞，他集中揭示了特定的社会与文化之下人格的榜样与理想。英雄所融汇的伦理内涵即英雄式的"理想人格"。在中国古琴发展史上，作为雅乐代表的古琴深受宋代统治阶级的喜好，由于"上之所好，下必从之"，在朝廷的倡导与帝王的推崇之下，不仅皇室贵族、名公巨卿、逸民隐士、道冠僧侣、寒门儒生在宫廷、江湖、山林、僧院抚琴的身影随处可见，而且在民间也流传一些"佚名"所作之琴曲，此类琴曲最早出现在宋代的琴谱之中，多数是根据千百年来在民间流传甚广的英雄故事改编而成，由于宋代社会的历史特殊性，这类从宋代民间叙事歌曲中移植而来的琴曲集中反映了民众对"英雄"的崇拜，也暗合了宋代民众的伦理企盼。本章主要选取在民间流传中具有代表性的琴曲《楚歌》和《文王思舜》，分析其古琴曲词中所蕴含的民间英雄崇拜、英雄人格的内涵等。

---

①《辞海》（缩印本），上海：上海辞书出版社，1989年，第649—650页。

第一节 宋代民间古琴曲词中的英雄崇拜

由于宋代琴曲主要有"调子"和"操弄"两种体裁,"调子"主要指流传于宋代的琴歌(配歌词),"操弄"通常指纯琴乐曲。朱长文曾在《琴史》中谈及调子:"其细调琐曲,虽有辞,多近鄙俚,适足以助欢欣耳,稽诸事,作歌声"①。由此可见,此类"调子"形式逐渐走向俚俗并广泛流传于民间,琴曲《楚歌》与《文王思舜》正属于此类体裁。

一、琴曲《楚歌》与英雄崇拜

琴曲《楚歌》,最早出现在宋代琴僧释居月所撰《琴曲谱录》和《琴书类集》之中,但《琴曲谱录》和《琴书类集》均见于元人陶宗仪的《说郛》。由于释居月具体的生卒年及活动情况不详,仅从涵芬楼版《说郛·琴书类集》中下题"宋僧居月,钱塘人"可知释居月为今杭州人。根据《琴曲谱录》和《琴书类集》所收录的琴曲均为北宋及以前的作品可大致推测,释居月生活在北宋仁宗以前。然而《琴曲谱录》和《琴书类集》中并未记载琴曲的创作者和曲谱,此类"佚名"创作的琴曲多数是从民间叙事歌曲中移植而来的。存见最早记录琴曲《楚歌》曲谱的琴谱是明代宁王朱权于1425年编撰的《神奇秘谱》中第60首琴曲,凡8段。见下图(6-1):

据《历代古琴文献汇编——琴曲释义卷》(上)记载,"《楚歌》共收录于15部琴谱内"②。这些包括《浙音释字琴谱》《谢琳太古遗音》《黄士达太古遗音》《西麓堂琴统》《新刊发明琴谱》等等。其所述解

---

① (宋)朱长文:《琴史》卷6,钦定四库全书本。
② 刘晓睿主编:《历代古琴文献汇编——琴曲释义卷》(上),杭州:西泠印社出版社,2020年,第103页。

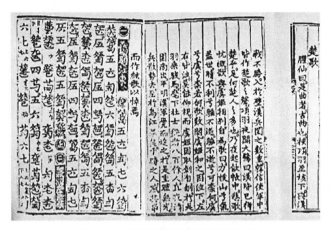

图 6-1 《神奇秘谱》载《楚歌》曲谱

题、创作背景与《神奇秘谱》基本相同,《神奇秘谱》曲意/解题曰:

> 臞仙曰:是曲者,古曲也。按项羽至垓下,与汉战不胜,入
> 于壁,汉兵围之数重。韩信使军中皆作楚歌之声,项羽夜闻,
> 大惊曰:汉皆已得楚乎,是何楚人之多也乃夜起饮帐中,悲歌
> 忼慨,欲与虞姬相别。自为歌曰:力拔山兮气盖世,时不利兮
> 骓不逝,骓不逝兮可奈何,虞兮虞兮奈若何。歌数阕,虞姬和
> 之,因泣下,左右皆泣,莫能仰视,而虞姬因取剑自刎。于是羽
> 乘骏马,麾下壮士从者八百馀人,直夜溃围南出。平明,汉军
> 觉而追之。于是重瞳无光,兵散势去,至于乌江毕矣。于时之
> 人,感其事而作弦歌以悼焉。①

从以上曲意/解题可知,此解题的内容主要是根据司马迁所撰
《史记·项羽本纪》的记载而改编,"项王军壁垓下,兵少食尽,汉军
及诸侯兵围之数重。夜闻汉军四面皆楚歌,项王乃大惊曰:'汉皆

---

① (明)朱权:《神奇秘谱》(《琴曲集成》第1册),北京:中华书局,2010年,第174页。

已得楚乎？是何楚人之多也！'项王则夜起，饮帐中。有美人名虞，常幸从；骏马名骓，常骑之。于是项王乃悲歌慷慨，自为诗曰：'力拔山兮气盖世，时不利兮骓不逝，骓不逝兮可奈何，虞兮虞兮奈若何。'歌数阕，美人和之。项王泣数行下，左右皆泣，莫能仰视"①。

史书中记载的正是千百年来在民间广泛流传的一个感人的故事，《神奇秘谱》载有 8 个段标题："一、忆别江东；二、气欲吞秦；三、夜闻铁笛；四、八千兵散；五、英雄气消；六、泣别虞姬；七、阴陵失道；八、乌江不渡"②。由此可见，琴曲《楚歌》是按照故事的情节发展的时间顺序展开的。明正德六年谢琳撰辑的《谢琳太古遗音》琴谱中第 20 首琴曲，记录了 11 个段标题和琴词。明弘治四年龚经所撰《浙音释字琴谱》中第 17 首琴曲则记录了《楚歌》的 8 段琴词：

一　衔枚出塞

寒风飒飒兮九月霜天，家乡忆别兮十有余年。父母盼望兮心悬悬，早晚忧煎。衔枚出塞，晓夜无眠，执锐被坚，间关留连。尘埃兮狼烟，雁来兮消息无传。铁马兮北风寒月，鸟巢南天，何日归旋。

二　气欲吞秦

拔山力那颠覆，吞秦声吞哭，哽咽心兮何抑郁，逡巡兮那五更促。人生兮皆从你那父母生，休忘了那养育，乾湿三年那乳哺艰辛，保爱如珠玉。望儿立计成家，老来也旨其羹与菽。倚门朝暮，反使双眉蹙，肝肠刀割兮死生难卜。

三　夜闻铁笛

铁笛声声报道，听声声报道归宜早。负剑担枪，铁衣尘

---

① （汉）司马迁：《史记·项羽本纪》卷 7，北京：中华书局，2006 年，第 68—69 页。
② （明）朱权：《神奇秘谱》（《琴曲集成》第 1 册），北京：中华书局，2010 年，第 174—176 页。

土,征战如何好。眠沙卧草,萝裹旌旗忽倒,急忙惊觉,枕鼓眠旗懊恼,生死谁为保。光阴兮似箭也如梭,急催人老。恨山川的那盘泊盘泊路难行,问君呵,何日得返家乡道,父母恩谁报。碌碌碌碌兮何时了,何时了,只恐那无常事怎生了,输赢生死兮怎生是了。江东云渺渺,关山程杳杳,妻子也如何好,世事也难分晓。不如归去兮,事事皆了,行歌坐眺。

四　尘土十年

辞亲奉那君王,十年兮百战那疆场。我家东望也何方,是何方,八千子弟兮好同返江东上。

五　英雄气消

人生百岁,春梦也一场。战阵苦奔忙,伤心百箭疮,身死不归故乡,你那魂魄滞他方,父母断肝肠,两头消息茫茫。诸军将,你那早识便宜兮,免得将身到那无常。楚歌兮,机深张子房。

六　泣别虞姬

项王兮对虞姬也,泣说一个因依。时不利兮那骓不逝,无可奈何兮虞姬雨分离。悲歌的那痛惨凄,溃围南渡也,星布八百乘余骑。

七　阴陵失道

溃围用渡出淮,失陷大泽,汉师追至和州界,逼来城门外。历思从起兵,越而今而八载,百未管而一败。依谁罪,阴陵失道真无奈,溃围斩将,往事难追悔。

八　乌江不渡

乌江亭长艤舟来,江东虽小王何碍。顾急渡,于心独愧,无奈八千子弟于今也都何在。无面见,无面见江东父兄辈。①

---

① (明)龚经:《浙音释字琴谱》(《琴曲集成》第1册),北京:中华书局,2010年,第226—227页。

从以上琴词可见,全曲有两个突出的主题,一是表现项羽的"忆别",二是表现其"泣别",当项羽英雄气消,泣别虞姬,兵势散去之时选择了"乌江自刎"。"于时之人,感其事而作弦歌以悼焉。"琴曲《楚歌》的最早出处是北宋年间释居月所撰的《琴曲谱录》和《琴书类集》,并未在北宋之前相关琴谱或古籍中看到过记载,那么对于"于时之人"所作,应当理解为宋人所作,而非《浙音释字琴谱》所言"子房作"①,楚汉相争之时,刘邦采用张良之计,在楚营四周唱起楚地民歌,楚兵闻乡音而军心涣散。试想作为"敌方"的张良何以可能作弦歌悼念项羽以示崇拜呢? 宋人对项羽的失败表示惋惜,同时又对这位失败英雄充满了崇拜之情,故而作弦歌以悼念焉。

二、 琴曲《文王思舜》与英雄崇拜

琴曲《文王思舜》最早出现在宋代琴僧释居月所撰《琴曲谱录》和《琴书类集》之中,但并未记载琴曲的创作者和曲谱,直到明嘉靖三十一年撰刊的《新刊发明琴谱》中第 20 首琴曲才见其曲谱与琴词,凡 8 段。见下图(6-2):

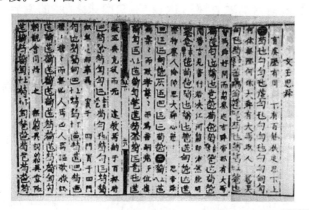

图 6-2　《新刊发明琴谱》载《文王思舜》曲谱

---

① (明)龚经:《浙音释字琴谱》(《琴曲集成》第 1 册),北京:中华书局,2010 年,第 225 页。

据《历代古琴文献汇编——琴曲释义卷》(下)所记载,"《文王思舜》共收录于 3 部琴谱内"①。此三部琴谱分别为《新刊发明琴谱》《风宣玄品》《太音传习》,但其对琴曲《文王思舜》的收录不尽相同,其中《风宣玄品》记录了琴曲的 11 段段标题且无琴词:"一圣德遐思、二嗣尧摄位、三任贤使能、四益民五教、五奉天朝命、六民相自治、七天格神享、八君臣相戒、九艰效无能、十羞比前王、十一治化期虞"②。《新刊发明琴谱》记录为 8 段且无曲意/解题,《风宣玄品》记录为 11 段且无曲意/解题,《太音传习》记录为 10 段且无段标题,其记录的曲意/解题曰:

> 友山考谱曰:文王之所以为文也,纯一不已。言天道不已,文王纯于天道,亦不已也。鼓此曲令人荡涤邪秽,消融查滓,信有不知肉味之妙。此固可与知者道也。③

以上《太音传习》的曲意/解题只是对文王的品德"纯"进行了赞扬,并说明了琴曲《文王思舜》所带来的"益处",也即儒家乐教的功效"荡涤邪秽,消融查滓",达到"不知肉味之妙"的境界,这也正如《论语》中所言:"子在齐闻《韶》,三月不知肉味"。同样,《太音传习》的曲意/解题将琴曲《文王思舜》列为与孔子赞赏的《韶》乐一样的地位,即"尽善尽美"之境界。明嘉靖十年黄龙山所撰《新刊发明琴谱》中第 20 首琴曲则记录了《文王思舜》的 8 段琴词:

一 有虞历有周,下有百余秋,追思下上何休,无那何休。

---

① 刘晓睿主编:《历代古琴文献汇编——琴曲释义卷》(下),杭州:西泠印社出版社,2020
   年,第 1400 页。
② (明)朱厚爝:《风宣玄品》(《琴曲集成》第 2 册),北京:中华书局,2010 年,第 243—
   248 页。
③ (明)李仁:《太音传习》(《琴曲集成》第 4 册),北京:中华书局,2010 年,第 28 页。

大舜有大焉，取人以为善。大智焉，舜好问，而的那察迩言，舜帝那有大焉。闻善言，见善行，若决江河，的那即沛然。能明庶物，察人伦，仰思大舜心悬悬。

二　思帝舜焉，业业而致孝，孜孜而为善。嗣尧帝位，慎徽五典，克从而无违教焉。纳于百揆，时叙无违那事焉。宾于四门，宾于四门，穆穆，穆穆，而无凶人焉，凶人焉。讴歌岳讼，朝觐会同归之，无的那异词，的那异意。陟帝位，奉天道，当先当先。

三　大舜在璇玑玉衡，齐七政，讲事神之礼焉。讲事神之礼，类于上帝，禋六宗，望山川。遍群臣，去四凶，举十六相，在予那朝焉。咨那四岳，明那四目，达四聪焉。咨十二牧，的那食艰时，柔远人能迩焉。

四　禹宅百揆。后稷播百谷，播百谷，命契以敷五教，皋陶以明五刑焉，明五刑那焉，益掌虞工之事，典礼的那夔之职那焉。

五　礼法彰，德治民心，有司不犯焉。比屋那封四夷王焉。不待帝韶，万物那而自成焉。帝不下席，不下而天下治焉。当时大治，犹有庶顽谗说之未化，苗不服硬，里治常情，处之度外，舜不忍焉。侯以明，挞以记，以记，使知所愧，格则使承，的那否则咸使之那所惩，所惩。

六　功成乐奏，堂上那祖考来格，那祖考来格。堂下鸟与兽跄跄鸣焉。韶那九成，凤凰来朝仪。

七　君臣之间，不已治足，克艰戒，大禹陈焉。警无虞，罔失法度，那益陈焉。一日万机，竞业，竞业，皋陶又陈焉。追思大节兮无穷焉。

八　大舜大舜作歌兮，敕天命，惟时惟几那焉。臣言君行，的那君唱臣和焉。

追思无穷兮，大舜有大焉。①

从以上 8 段琴词可见，宋人拟作"文王"主要从圣德遐思、嗣尧摄位、任贤使能、益民五教、奉天朝命、民相自治、天格神享、君臣相戒、治化期虞等方面来歌颂帝舜的德孝与功绩，在琴词最后表达出因帝舜"有大焉"而"追思无穷"。事实上，由于宋代的崇儒风气盛行，故《文王思舜》等琴曲饱含儒学色彩。舜生活在一个充满敌意的环境中，三番五次被父亲、继母和兄弟迫害，但舜运用自己的智慧和勇敢战胜了对手，最后成为帝王之时宽宥了对手，此时，在宋人的心中，舜是德孝型的"英雄"。帝舜的德孝是"有大焉"的主要内涵，也表达出宋人对帝舜的"英雄"崇拜。

第二节　宋代民间古琴曲词中的英雄人格内涵

宋代宫廷官府的音乐机构衰减，宋代音乐逐渐从原来的以宫廷音乐为主下移至以民间音乐为主，促使宋代音乐呈现出了新的发展面貌。民间广大街市场所日益兴盛，出现了社会机构，如杂剧的"绯绿社"、清乐的"清音社"、唱本的"书会"，也出现了一种重要的演出机构"勾栏"，北宋时期汴梁有 50 多处勾栏和 10 多处瓦舍。在音乐方面出现了以北方杂剧、南戏为代表的戏曲艺术和以鼓子词为主的说唱艺术，同时古琴音乐也有了显著的发展，琴坛上出现了欣欣向荣的景象。

宋人据民间叙事歌曲移植而来的琴曲《楚歌》和《文王思舜》表达了对霸王英雄项羽和圣君英雄舜的崇拜之情，而最早在宋代杂

---

① （明）黄龙山：《新刊发明琴谱》（《琴曲集成》第 1 册），北京：中华书局，2010 年，第 383—385 页。

剧《霸王剑器》《霸王诸宫调》和金院本①《霸王院本》中就已出现了项羽的英雄形象。尽管这些作品今日已遗失，但我们可以看出，项羽文化有着广泛的群众基础。英雄在价值观上的取向所融汇的伦理内涵在社会生活和文化体系中居于核心地位。英雄成为宋人心中的理想人格，引导了志存高远、勇于开创、杀身成仁、舍生取义、孝悌力田、以德报怨的人格趋向。

一、志存高远，勇于开创

自古以来，"志"于儒学而言具有灵魂性的意义，"勇"则是一个极为重要而普遍的道德范畴。儒家立志传统由孔子发端，而孟子对此有重大的发扬，至宋代张载、程颢、程颐、陆九渊、朱熹等人又有重要延续与扩展。子曰："吾十有五而志于学"，（《论语·为政》）"志于道，据于德，依于仁，游于艺"，（《论语·述而》）"苟志于仁，无恶也"，（《论语·里仁》）"士志于道，而耻恶衣恶食者，未足与议也"，（《论语·里仁》）"三军可夺帅也，匹夫不可夺志也。"（《论语·子罕》）"勇"既是一种个人德性伦理，也是一种社会规范伦理。儒家经典中关于"勇"的记载有："仡仡勇夫，射驭弗违，我尚弗欲"，（《尚书·秦誓》）"战陈无勇，非孝也"，（《礼记》）"吾闻胜也信而勇，不为不利。舍诸边竟，使卫藩焉"，（《左传·哀公十六年》）"由也好勇过我，无所取材"，（《论语·公冶长》）"知、仁、勇三者，天下之达德也。"（《中庸·第二十章》）儒家进一步把勇加以伦理化的改造，明确地将它作为"三达德"之一，还将勇与五伦联系起来。

项籍（前232年—前202年），下相人也，字羽。项氏家族世世为楚将，封于项，故姓项氏②。项家世代为楚将，项羽年少便接受传

①金院本，是宋杂剧在宋、金南北分治之后，保留在北方地区并得到发展的宋杂剧。
②（汉）司马迁：《史记·项羽本纪》卷7，北京：中华书局，2006年，第59页。

统儒家思想的教育,家门渊源的影响和教育使他的荣誉观、价值观、人际观都受到儒家五常思想的影响,可以说,仁义礼智信在他的身上体现得淋漓尽致。作为楚将的贵族后裔,他年少时便有大志,要"学万人敌"以武力推翻秦王朝,为家国复仇。"项籍少时,学书不成,去学剑,又不成。项梁怒之。籍曰:'书,足以记名姓而已。剑,一人敌,不足学,学万人敌。'"①"秦始皇帝游会稽,渡浙江,梁与籍俱观。籍曰:'彼可取而代也。'"②当他与叔父项梁一起在会稽目睹秦始皇出巡时威武壮观的场面,不禁脱口而出:"彼可取而代也。"尽管项梁掩其口,曰:"勿妄言,族矣!"但还是可见年少的项羽就已立雄心壮志做将军、做帝王了。

志存高远的项羽并不是空有一腔热情与骄傲,而是将所立之雄心壮"志"终生付诸实践之中。作为中国历史上著名的军事家、政治家,他对于秦汉时期中国社会的发展影响甚大,从其一生的历史功绩便可见其勇气、霸气。

> 秦无道,秦振长策取宇。将天下虎视,一世二世至于万世,见戏耳。弃礼乐,焚诗书,万里长城居。③

随着公元前 209 年陈胜吴广发动的大泽乡起义拉开了秦末农民起义的序幕,在巨鹿之战中,"诸侯军救巨鹿下者十余壁,莫敢纵兵",项羽抵达后则:

> 皆沉船,破釜甑,烧庐舍,持三日粮,以示士卒必死,无一还心。于是至则围王离,与秦军遇,九战,绝其甬道,大破之,

① (汉)司马迁:《史记·项羽本纪》卷 7,北京:中华书局,2006 年,第 59 页。
② (汉)司马迁:《史记·项羽本纪》卷 7,北京:中华书局,2006 年,第 59 页。
③ (明)谢琳:《谢琳太古遗音》(《琴曲集成》第 1 册),北京:中华书局,2010 年,第 294 页。

杀苏角，虏王离，涉间不降楚，自烧杀。当是时，楚兵冠诸侯。诸侯军救钜鹿下者十余壁，莫敢纵兵。及楚击秦，诸将皆从壁上观。楚战士无不一以当十，楚兵呼声动天，诸侯军无不人人惴恐，于是已破秦军，项羽召见诸侯将，入辕门，无不膝行而前，莫敢仰视，项羽由是始为诸侯上将军，诸侯皆属焉。①

《谢琳太古遗音》中记录的第三段"铁衣尘土"的部分琴词如下：

辞亲兮，事君王，十年在疆场。辞父母，事君王，旅越历风霜，铁衣尘土是辉光。父母谁奉养，妻子别而谁将。时势无常，武勇猖狂，驱龙蛇，逐犬羊，干戈戚扬。威武威武，为守天一方。②

可见，项羽由此威慑四海，奠定其天下诸侯盟主的地位。后世学者多论其学兵法时"略知其意，又不肯竞学"，认定项羽性格浮躁，只懂得兵法之皮毛。但是从其战场的表现来看，项羽不仅通晓兵法，而且得其精髓，否则何以可见其"起兵至今八岁矣，身七十余战，所当者破，所击者服，未尝败北，遂霸有天下"③呢？正是在项王灭秦的基础上，"身胜七十余战，惟一战不胜"④，才有"沛公入关"。

总之，项羽在巨鹿之围的关键时刻有勇有谋，具有卓越的军事指控能力和谋略，关键时刻挺身而出，这种敢于担当，敢于负责的处事态度令当时诸侯军折服，赢得后人的赞叹和敬重。项羽是天

① （汉）司马迁：《史记·项羽本纪》卷7，北京：中华书局，2006年，第61—62页。
② （明）谢琳：《谢琳太古遗音》《琴曲集成》第1册），北京：中华书局，2010年，第293页。
③ （汉）司马迁：《史记·项羽本纪》卷7，北京：中华书局，2006年，第69页。
④ （明）谢琳：《谢琳太古遗音》《琴曲集成》第1册），北京：中华书局，2010年，第295页。

才战略家,也是雄视天下的创业者,少立大志,骁勇善战,从咸阳拔山扛鼎,气压万夫,到江东举兵反秦,推翻暴秦,终建立西楚成为"西楚霸王"。而此种霸王体制是由项羽开创的,是中国历史上首次建立的新体制和新秩序,"分裂天下,而封王侯,政由羽出,号为霸王,位虽不终,近古以来未尝有也。"[1]"这种融汇古今、对应现状的结果,成为秦王朝走向汉王朝、郡县制走向郡国制、中央集权走向地方分权、绝对皇权走向相对皇权之间的过渡。"[2]

二、 杀身成仁,舍生取义

儒家历来把"义利"观当作一个中心问题来思考、讨论。"义利"自夏周之际便已出现,两者的历史演变也印证了"义利"的辩证统一关系。对待"义利"问题关系到一个人的道德修养和价值取向,能否正确地看待和处置"义利"问题是儒家的命脉所在。"何谓人义?父慈,子孝,兄良,弟悌,夫义,妇听,长惠,幼顺,君仁,臣忠,十者谓之人义。"(《礼记·礼运》)"主忠信,徙义,崇德。"(《论语·颜渊》)"义"是人立身处世的道德标准,指的是道德道义,从形式上来看,义是一种社会规则,也就是使人的行为合宜适当,是协调社会关系的标准。

《浙音释字琴谱》中《楚歌》第 2 段和第 8 段的部分琴词如下:

> 二 气欲吞秦 人生兮皆从你那父母生,休忘了那养育,乾湿三年那乳哺艰辛,保爱如珠玉。望儿立计成家……。
>
> 八 乌江不渡 乌江亭长艤舟来,江东虽小王何碍。顾急渡,于心独愧,无奈八千子弟于今也都何在。无面见,无面

---

① (汉)司马迁:《史记·项羽本纪》卷 7,北京:中华书局,2006 年,第 70 页。
② 李开元:《复活的历史——秦帝国的崩溃》,北京:中华书局,2007 年,第 233 页。

见江东父兄辈。①

《谢琳太古遗音》中《楚歌》的"夜闻铁笛"部分琴词记载如下：

> 辞父母，事君王，辛苦忙忙。铁笛弄宫商，寒夜五更长，念父母在何方，听铁笛惊梦想。辞父母，事君王，十年在他乡，我心彷徨。②

可以看出，项羽在"义利"之间毫不犹豫地选择了"义"，具体表现在他情义深重、舍生取义，杀身成仁。在《浙音释字琴谱》中全曲的"忆别"部分，他首先表达愧对父母的养育之情，"人生兮皆从你那父母生，休忘了那养育"。《谢琳太古遗音》中多次出现"辞父母，事君王"。在《浙音释字琴谱》中全曲的"泣别"部分，即第6段琴词"泣别虞姬"中，项羽作一曲悲歌《垓下歌》："力拔山兮气盖世，时不利兮骓不逝。骓不逝兮可奈何，虞兮虞兮奈若何！"③虞姬唱和着，可谓悲壮凄美，项羽也是泣下如雨，左右的随从也是哭得抬不起头来。琴词中唱道，"别我妻子，断恩义""妻子也如何好，世事也难分晓"，表现出项羽对虞姬的牵挂与担心以及去留两难的矛盾心理，令人感受到他对虞姬的深情厚意和眷恋难舍之情。

　　《神奇秘谱》中记载："按项羽至垓下，与汉战不胜，入于壁，汉捕围之数重"④。项羽从垓下突围来到乌江边，乌江亭长舣船欲渡他过江，助他逃生，但是项羽拒绝了，他说："顾急渡，于心独愧，无奈八千子弟于今也都何在。无面见，无面见江东父兄辈"。纵使项

① （明）龚经：《浙音释字琴谱》《琴曲集成》第1册），北京：中华书局，2010年，第226页。
② （明）谢琳：《谢琳太古遗音》《琴曲集成》第1册），北京：中华书局，2010年，第294页。
③ （汉）司马迁：《史记·项羽本纪》卷7，北京：中华书局，2006年，第69页。
④ （明）朱权：《神奇秘谱》《琴曲集成》第1册），北京：中华书局，2010年，第174页。

羽一人渡江归乡,但八千子弟无一人生还,怎能不愧对江东的父老乡亲呢? 再者在项羽的价值观中:"富贵不归故乡,如衣绣夜行,谁知之者!"[1]倘若他一个人渡江,那么陪他一起出生入死突围到乌江的二十八骑兄弟也只能被俘送命,他于心独愧啊! 由此可见,项羽对共同征战的弟兄们重情重义,而在渡江逃生的问题上,最终选择了"乌江自刎",舍弃自己的生命取其义。此"义",于其而言还体现在与对手的较量中,鸿门宴上之所以不杀刘邦,主要还是项伯说:"今人有大功而击之,不义也,不如因善遇之"[2]。樊哙也说:"今人有大功而击之,此亡秦之续耳"。因为一个义字,项羽放弃了最好的机会。事实上这也是项羽不乘人之危的道义使然。

项氏家族世世为楚将,项羽自然维持着家族的自尊、骄傲与名望。如果渡乌江保其命,他将愧对家乡的父老弟兄,反之会被俘虏而遭羞辱。于是他选择了一条既能保持气节与操守,也能保持人格的一种道德主义的路径,宁愿站着死也不愿跪着生。子曰:"志士仁人,无求生以害仁,有杀身以成仁"。(《论语·卫灵公》)孟子曰:"生,亦我所欲也;义,亦我所欲也。二者不可得兼,舍生而取义者也"。(《孟子·告子上》)正是儒家这种"杀身成仁,舍生取义"的责任感促使项羽最终以生命来维护家族的名誉,维护自己心中的大"义"。其大义之举感天动地,震撼人们的心灵,净化人们的灵魂。

三、 孝悌力田,以德报怨

虞舜者,名曰重华,冀州人也,字都君,是中国上古时代父系氏族社会后期部落联盟首领,被后世尊为五帝之一,是华夏文明的重要奠基人。

从《新刊发明琴谱》记录的第 1 段琴词可见,全曲从对舜的"圣

---

[1] (汉)司马迁:《史记·项羽本纪》卷 7,北京:中华书局,2006 年,第 64 页。
[2] (汉)司马迁:《史记·项羽本纪》卷 7,北京:中华书局,2006 年,第 63 页。

德"开始进行"遐思",思舜的"有大焉"即"取人以为善",思舜的"大智焉"即"舜好问","能明庶物,察人伦",因而"仰思大舜心县悬悬。"这一段从宏观角度说明舜的"有大焉"即"善"与"智"。

《尚书正义》中言及:

> 慎徽五典,五典克从;纳于百揆,百揆时叙;宾于四门,四门穆穆;纳于大麓,烈风雷雨弗迷。[①]

第 2 段琴词则以"嗣尧摄位"为主题而思帝舜的"业业而致孝,孳孳而为善":

> 嗣尧帝位,慎徽五典,克从而无违教焉。纳于百揆,时须无违那事焉。宾于四门,宾于四门,穆穆,穆穆,而无凶人焉,凶人焉。讴歌岳讼,朝觐会同归之,无的那异词,的那异意。至帝位,奉天道,当先当先。

结合两者所言便可知,第 2 段琴词是根据《尚书正义》中的基本内容而改编的,主要描述了尧摄位于舜,以司徒、百揆、四岳之位验舜之德。帝尧初命舜以司徒之位,执掌五典。舜则谨慎敬畏,美其教化,于是百姓皆能顺从父义、母慈、兄友、弟恭、子孝之礼。尧又使其掌管百揆之职,统领庶务,于是礼乐刑政、纪纲法度渐渐都能顺时而叙,无有废弛。尧又使其身兼四岳之职,宾于四方之诸侯部落,于是四方感于舜之德行,皆穆穆然和顺通畅。尧帝又使其入山林川泽,见舜于烈风雷雨中自若,毫不迷乱,此又足见舜之厚德。尧帝以诸难事考舜德,而舜之厚德处处可显,于是便举天下而付之也。

---

① (汉)孔安国传,(唐)孔颖达正义:《尚书正义》,上海:上海古籍出版社,2007 年,第73 页。

《史记》中记载:

> 舜年二十以孝闻。
>
> 舜父瞽叟顽,母嚚,弟象傲,皆欲杀舜。舜顺适不失子道,兄弟孝慈。欲杀,不可得;即求,尝在侧。[1]

在家族中舜多次受其父、继母与弟象的迫害,"使舜上涂廪,瞽叟从下纵火""后瞽叟又使舜穿井,舜穿井为匿空旁出",屡次的迫害舜都使用自己的智慧化险为夷。"舜复事瞽叟爱弟弥谨",并没有惩罚与报复他们,而是通过自己这种以德报怨的至贤至孝的行为,获得了在家庭和社会生活中的主导地位。

第 4 段和第 5 段琴词主要歌颂了舜的功绩,"后稷播五谷",后稷教导百姓种庄稼,栽培谷物。谷物成熟了,老百姓便得到了养育。"契以敷五教",舜谨慎地施行五常教化,即"父子有亲,君臣有义,夫妇有别,长幼有序,朋友有信","宽容而不要以威胁慑服人。""皋陶以明五刑焉",帝舜任用皋陶"作士":"汝作士,五刑有服,五服三就,五流有宅,五宅三居,维明克允。"这便是后来皋陶的法制基础,即"象以典刑,流有五刑,鞭作官刑,扑作教刑,金作赎刑","礼法彰,德洽民心,有司不犯焉"。

> 功成乐奏,堂上那祖考来格,那祖考来格。堂下鸟与兽锵锵鸣焉。韶那九成,凤凰来朝仪。[2]

这是第 6 段琴词"功成乐奏",唱诵帝舜成就了伟业才作"乐",社会

---

[1] (汉)司马迁:《史记·五帝本纪》卷 1,北京:中华书局,2006 年,第 3—4 页。

[2] (明)黄龙山:《新刊发明琴谱》(《琴曲集成》第 1 册),北京:中华书局,2010 年,第 385 页。

治理安定了才作"礼",功业大的君王所制定的"乐"更完备,政治清明的社会所作的"礼"更周全。君王制礼作"乐"以呼天地之命,奖赏诸侯以实现融洽的社会关系。这一段琴词事实上对应了《乐记》中的论述,"王者功成作乐,治定制礼;其功大者其乐备,其治辨者其礼具。干戚之舞,非备乐也;执亨而祀,非达礼也。以五帝殊时,不相沿颂乐,三王异世,不相袭礼"①。"故圣人作乐以应天,作礼以配地。礼乐明备,天地官矣。"②可见,"制礼作乐"于王者而言均为国之重事,是与政治、军事成就相适应的王权要求,对于王者是功成的体现,更是其政治性和权威性的昭示。"箫韶九成,凤皇来仪。"(《尚书·益稷》)箫韶九曲连续演奏,凤凰也随乐声翩翩起舞。此处《韶》乐正是《论语》中记载的"孔子闻韶,三月不知肉味。"《韶》乐,又称"舜乐",(《说文》)是先秦"六乐"之首,也是历史上等级最高、流传最久的雅乐。《韶》乐体现了被誉为"中华道德始祖"的虞舜的德行圣迹,蕴含了中华民族最深沉、最普遍的道德理想追求,是儒家所尊崇的思想道德典范,被誉为"中华第一乐章"。

第8段琴词记载:"大舜大舜作歌兮"。"昔者舜作五弦之琴以歌《南风》。"(《礼记·乐记》)"舜弹五弦之琴,歌《南风》之诗。"(《古今乐录》)"舜歌《南风》而天下治,《南风》者,生长之音也。舜乐好之,乐与天地同,意得万国之欢心,故天下治也。"(《史记·乐书》)"舜为天子,弹五弦之琴,歌《南风》之诗,而天下治。"(《淮南子·泰族训》)由此可见,第8段琴词中记载的大舜作歌,仅就当前文献资料而言,应该即吟唱《南风》之诗,弹琴曲《南风歌》。

从以上琴词分析可知,宋代民间流传的此类"古风圣德"的琴

---

① (汉)郑玄注,(唐)孔颖达疏:《礼记正义》卷37,(李学勤主编:《十三经注疏》,北京:北京大学出版社,1999年,第1091页)。

② (汉)郑玄注,(唐)孔颖达疏:《礼记正义》卷37,(李学勤主编:《十三经注疏》,北京:北京大学出版社,1999年,第1094页)。

曲是对古代圣贤至德节操的描述与上古纯朴民风的写真。正如琴谱《太音传习》中记录的"曲意/解题"所言：

> 友山考谱曰：鼓此曲令人荡涤邪秽，消融查滓，信有不知肉味之妙。此固可与知者道也。[①]

其韵平和、其声雅正，是儒家道德理念的最佳体现。操弄既久，既可荡涤其淫秽，又可消融其渣滓，会油然而生一股雍容肃穆之气，也会感受人类的初始心境，纯朴而天真，听者亦然。

第三节　宋代民间古琴曲词中的英雄观与社会教化

中华民族自古以来就有崇拜英雄的情结。穿越漫长的历史进程，英雄崇拜不断被强化，从启蒙华夏的三皇五帝，到思想激荡的诸子百家，从缔造盛世的明君治臣，到抵御外侮的志士仁人，再到位卑未敢忘忧国的普通民众……宋代统治者受乐教传统的影响，开始关注民间古琴音乐，结合当时宋代社会的时代背景，因势利导，使其发挥教化的功能。

为了达到乐教的理想目的，宋代官方对民间音乐的表演形式和内容也加以限制。"约束城市乡村，不得祈福为名，敛掠财物，装弄傀儡。"[②]这是绍兴元年(1190年)朱熹任福建漳州知事任上颁布《劝谕榜》，对于聚敛钱财的傀儡戏统治者予以禁止，而对于一些单纯的傀儡戏的演出，则未颁布禁止的诏令。"诸以杂言为词曲，以番乐紊乱正声者，各杖一百。"[③]《庆元条法事类》中记载官方对于音

---

① (明)李仁：《太音传习》(《琴曲集成》第4册)，北京：中华书局，2010年，第28页。
② (宋)朱熹：《晦庵先生朱文公集》卷100。
③ (宋)谢深甫：《庆元条法事类》卷18。

乐中的淫秽杂词予以禁止。由此可见,宋代官方对民间乐教仍倾向于"恶紫之夺朱也;恶郑声之乱雅乐也,恶利口之覆邦家者"(《论语·阳货》)的态度,不允许在民间艺术中加入淫秽杂词,阻碍雅乐教化功能的实现。据此,从广泛流传于民间的琴曲《楚歌》和《文王思舜》可窥见其在民间的教化方式、内容与特点。

一、 英雄崇拜与乐教方式

首先,官方以琴曲故事中的榜样人物来引导民众。"榜者,所以矫不正也。"①而"样"则是指一种模式,所以"榜样"就是矫正其思想行为,使其符合既定的模式。而教化本身就是使民众的思想行为符合统治者所倡导的价值观、道德观,从而实现个人的社会化。因此,可以说榜样本身就具有教化功能,榜样最初是对圣人的崇拜。在儒家思想形成以后,人们对孔子推崇备至,施教者由君主下移至社会中的贤德之人,因此中国古代社会便形成了一种崇圣的心理。统治者便利用崇圣的心理,以圣人作为榜样来推行教化,激励民众"人人可为尧舜"。榜样有这种教化能力主要是出于两个方面的原因:一是"其身正,不令而行;其身不正,虽令不从。"(《论语·子路篇》)榜样品行端正,他们的行为凝结了社会所追求的品德,是对教化内容的完美实践;二是榜样在社会中所获得的赞美激励了百姓效仿和自我鞭策。

琴曲《楚歌》《文王思舜》正是通过树立项羽和帝舜二位"榜样"的形象来推行教化,激励民众"人人可为尧舜"。尽管项羽被人称为"失败英雄""悲剧英雄",甚至是"缺陷英雄",但是从《楚歌》的琴词可见这丝毫不影响人们对项羽的崇拜。项羽志存高远,勇于开创,少立大志,骁勇善战,从咸阳拔山扛鼎,气压万夫,到江东举兵

---

① (战国)韩非子著,徐翠兰,木公译注:《韩非子》,太原:山西古籍出版社,2003 年,第227 页。

反秦,推翻暴秦,终建立西楚成为"西楚霸王"。项氏杀身成仁、舍生取义,"按项羽至垓下,与汉战不胜,入于壁,汉捕围之数重"①。此时的项羽选择了一条既能保持气节与操守,也能保持人格的一种道德主义的路径,宁愿站着死也不愿跪着生。正是儒家这种"杀身成仁,舍生取义"的责任感使项羽最终以生命来维护家族的名誉,维护自己心中的大"义"。从《文王思舜》的琴词可见,帝舜孝悌力田、以德报怨,最终通过了帝尧的考验,成就了一番大业,"天下明德皆自虞帝起"②。

其次,通过操弄琴曲来感化人。荀子曾指出乐:"入人也深,化人也速。"(《荀子·乐论》)汉代刘向也提出了类似的观点:"凡从外入者,莫深于声音,变人最极。"(《说苑·修文》)二人都认为音乐能够快速地感化人。这主要是缘于"乐者,音之所由生也,其本在人必之感于物也。"(《乐记·乐本篇》)乐,是由声音产生的,它的根源在于人对事物的感受。因此,音乐能够激起人们思想的共鸣,影响人的情感,振荡人的心灵,感化人,即所谓"音成于内而化于外。"

宋代民间音乐和宫廷音乐的交流有利于民间音乐的雅化,这也是古代官方通过民间俗乐教化民众的方式之一,用雅乐来规范俗乐,以此来引导民众的礼乐观念,从而达到礼乐教化的目的。琴者通过自己抚琴或为他人弹奏,通过声音的起伏变化,刺激感官,使听者沉醉于音乐表演之中,感受忠孝节义、是非善恶、杀身成仁、舍生取义等琴曲中人物的人格内涵,于潜移默化之中达到教化效果。而听琴人,正是因为声音的变化发生情感的变化,激发内心的真、善、美,朝着琴曲演绎的"雅乐正声"而变化自身的气质。正如琴谱《太音传习》中记录琴曲《文王思舜》的"曲意/解题"所言:"友山考谱曰:鼓此曲令人荡涤邪秽,消融查滓,信有不知肉味之妙。

① (明)朱权:《神奇秘谱》(《琴曲集成》第1册),北京:中华书局,2010年,第174页。
② (汉)司马迁:《史记·项羽本纪》卷1,北京:中华书局,2006年,第5页。

此固可与知者道也"①。

二、 英雄崇拜与乐教内容

中华民族自古以来对英雄的崇拜是从神化的英雄形象至个性化的英雄形象、集体主义的英雄形象至平民化的英雄形象这一条路径演变发展的。可以说，英雄情结浓缩了中华民族苍凉悲壮的历史和顽强奋进的民族精神，构成了中华民族传统文化的基调，成为民族生存发展的内在精神动力。人民崇拜的英雄便是人民心中的信仰，社会崇拜的英雄便是推进社会前进的力量。中国古代英雄形象的演变是中国古代社会演变的缩影，这些英雄早已经成了民族精神的化身，给予人们精神的力量，推动社会不断前进发展。

"英雄"崇拜作为人类本质力量的自我观照，是人类社会共同的文化情绪。但是"英雄"又是一个历史的范畴，具有政治和文化的内涵，其内涵与外延总是与社会背景、文化心理和习俗风尚等紧密联系在一起。宋代经济文化发达，民间艺术的创作空间得到显著拓展，而军事又相对羸弱，这种矛盾交织加上官方乐教的影响，宋代民间对"英雄"的崇拜，更加突出了对于儒家理想人格的追求。结合琴曲《楚歌》《文王思舜》中"英雄"人物项羽和帝舜的人格内涵，可以发现宋代民间乐教的内容在继承古人的基础上又具有鲜明的特色。项羽和帝舜同作为民众所崇拜的"英雄"，他们身上的共同之处是"英雄"与"圣人"的双重身份展现了儒家的圣人观。儒家圣人是恪守道德的模范，他们拥有"通天达世的神异能力与人神同体的特殊身份、具备文化创制的能力担当兴邦除患的责任、坚持道德楷模的身份与人伦典范的意义"②。这也正是宋代官方开展的

---

① （明）李仁:《太音传习》(《琴曲集成》第 4 册)，北京:中华书局，2010 年，第 28 页。
② 刘亚琼:《郭店儒家简圣人观研究》，山东师范大学硕士学位论文，2017 年，第 7 页。

乐教内容,即宣扬通天达世,人神同体,建功立业,兴邦除患,效仿道德楷模和人伦典范。

第一,通天达世,人神同体。从能力上来看,英雄与圣人均可冥契天道,通天达世。一方面圣人将天上与人间、神圣与世俗连接在一起,冥契天道、知来测往,实现了神秘互通的目的。"大圣者,知通乎大道,应变而不穷,辨乎万物之性情者也。"(《荀子·哀公》)"闻君子道,聪也。闻而知之,圣也。圣人知天道也。"(《郭店楚墓竹简·五行》)另一方面,圣人也有人的属性或隶属于人世的部分。"所谓圣人者,乃人文历史中之杰出人物,而并非自然界之神。"①"圣人与众同欲。"(《左传·成公六年》)"圣人亦人也""圣人与我同类者。"(《孟子·告子下》)"圣人"来自现实,但又高于现实,他是人与神的融合。从外貌来看,"舜,姚姓也,目重瞳,故名重华。"(《帝王世纪》)"籍长八尺余,力能扛鼎,才气过人,虽吴中子弟皆已惮籍矣。"②由此可见,项羽与帝舜他们都不完全归属于人间或天上,神话中的英雄与圣王体系中的圣人介于神灵与百姓之间,神话英雄是高于人类的存在,但他们又不是纯粹的神,英雄们有自己的情感和血泪,会在命运的安排下遭遇挫折和困苦,同样,圣人上通下达,代天立言规制,却又无法不老不死,支天平地。

第二,建功立业,兴邦除患。在建立功业方面,帝舜与项羽又展现了英雄与圣人身份的一致性。从文化创制到抗争自然,从灭患救世到征战兴邦,既是英雄的业绩,又是圣人的标志特征。琴曲《文王思舜》的琴词记载道:"韶那九成,凤凰来朝仪"③。"舜为天子,弹五弦之琴,歌《南风》之诗,而天下治。"(《淮南子·泰族训》)

---

① 钱穆:《中国学术思想史论丛》(一),生活·读书·新知三联书店,2009年版,第93页。
② (汉)司马迁:《史记·项羽本纪》卷7,北京:中华书局,2006年,第59页。
③ (明)黄龙山:《新刊发明琴谱》(《琴曲集成》第1册),北京:中华书局,2010年,第385页。

因而"治定功成,礼乐乃兴"①。这类人物的光辉业绩给人类创造了安定的生存环境和便利的生活条件,使得人们将最初投注于自然之神与至上天神身上的崇敬之情转投于英雄与圣人的身上。在兴邦除患方面,帝舜承担的责任和取得的功绩主要表现在治水平土和征战伐叛。"舜使益掌火,益烈山泽而焚之,禽兽逃匿。"(《孟子·滕文公上》)英雄们为了保护人民、清除反叛势力,还要征战沙场,毕竟,战功彪炳才是英雄被人歌颂的根本,而被儒家敬奉的圣人,为了稳定社会秩序、驱除入侵者也进行着除危平叛的武力斗争。"舜却苗民""窜三苗于三危。"(《尚书·尧典》)"是以尧伐兜,舜伐有苗,禹伐共工,汤伐有夏,文王伐崇,武王伐纣,此四帝、两王皆以仁义之兵行于天下也。"(《荀子·议兵》)项羽"起兵至今八岁矣,身七十余战,所当者破,所击者服,未尝败北,遂霸有天下"②。项王灭秦为汉朝的建立奠定了基础。

第三,道德楷模,人伦典范。中国人认为英雄必须得"健壮有力"。从琴曲《楚歌》的琴词"力拔山兮气盖世"可知项羽是个力大无穷的盖世英雄。据《史记·项羽本纪》记载,项羽身高八尺有余,能举鼎,力气过人。其次,英雄性格豪爽,内心耿直,从无偷奸耍滑的心思。由此可见,对英雄的崇拜从对力量的赞美变化到对协调人与人关系之"德"的褒奖,英雄不但是力的象征者和功业的创造者,而且是道德楷模与人伦典范。儒者所推崇的英雄、圣人更是几乎与完美道德画上了等号,英雄、圣人是人类所有美好品德的集中体现与最高升华。"规矩,方圆之至也;圣人,人伦之至也。"(《孟子·离娄上》)"圣人天德。"(《郭店楚墓竹·成之闻之》)"积善成德,而神明自得,圣心备焉。"(《荀子·劝学》)"圣也者,尽伦者也。"

① (汉)司马迁:《史记·乐书第二》卷24,北京:中华书局,2006年,第125页。
② (汉)司马迁:《史记·乐书第二》卷24,北京:中华书局,2006年,第69页。

《礼论》）因此,这种特性使得英雄与圣人更相似,无论是在英雄的故事里,还是在圣人的世界中,他们都是道德的楷模,人伦的典范。

三、 英雄崇拜与乐教特点

宋代,随着商品经济的发展,市民阶层不断壮大,宋代民间音乐发展繁荣,随即形成了宋代特有的市井音乐文化生活。北宋时期,宫廷音乐审美倾向也因皇帝提倡节俭朴素的理念而越发趋于短小精致。至南宋时期,掌管与从事宫廷音乐的机构——教坊,由于当时政治环境的内外交困而被废止,虽然后来重新建立,但最终还是被废止。"会庆节北使初来,当大宴,始下临安府募市人为之,不置教坊,止令修内司先两句教习。"①民间艺人进入宫廷表演,必然受到宫廷艺人的影响,被其雅化。宋代皇帝均崇尚古琴音乐文化之风,客观上促进了宫廷雅乐下行的趋势。徐复观曾指出中国文化的发展始终存在着基层文化和高层文化的区别对立,二者相互渗透,相互影响,即基层文化对高层文化有一种吸纳、积尘、保持作用,这种作用不是以观念的形式,而是以风俗习惯的形式呈现出来②。宋代民间音乐和宫廷音乐的交流,有利于民间音乐的雅化,这也是古代官方通过民间俗乐教化民众的方式之一,用雅乐来规范俗乐,以此来引导民众的礼乐观念,从而达到礼乐教化的目的。宋代民间音乐表演场所多样,深受各个阶层的欢迎,其所传达的思想也渗透到了各个阶层之中,教化对象广泛,进而实现了教化思想的社会化。

由于古琴被视为"三代之音"的遗存而被当作雅乐和治世的代表,深受统治阶级的喜好,"上之所好,下必从之",在朝廷的倡导与帝王的推崇之下,宋代古琴艺术的发展达到了高峰,呈现出一派繁

① (宋)李心传:《建炎以来朝野杂记》乙集卷。
② 李维武:《徐复观文集》卷1,武汉:湖北人民出版社,2002年,第14页。

荣景象,随处可见皇室贵族、逸民隐士、寒门儒生等不同嗜琴群体的抚琴身影。然而,此时民间主要通过书院发挥古琴的教化功能,这种教化都是面对特定的群体,可以说宋代民间琴乐教化对象具有特定性。例如始建于宋开宝九年(976年)的岳麓书院,在建设初期郡守朱洞便十分重视礼乐教化,南宋理学家、岳麓书院山长张栻非常重视乐教,认为"乐节礼乐,则足以养中和之德。"绍熙四年(1193年)朱熹出任潭州荆湖南路安抚史时,大力兴建和振兴岳麓书院,力图恢复古代乐教传统。书院是相对独立于官学的民间性学术研究和教育机构,实行开放式办学,较好地践行了孔子"有教无类"的教育思想,对学生没有身份、年龄、地域的限制,对入学学生的道德与学业有要求。在提倡"士无故不彻琴瑟"的传统琴乐文化中,弹琴俨然已成为传统文人修身养性的途径。也就是说,书院学生是受到琴乐教化的特定群体。

　　结合琴曲《楚歌》《文王思舜》的琴词与背景,便可以发现,宋代书院极力追溯和传承先秦儒家乐教的传统,即追溯先秦儒家乐教的三大内容:"乐德""乐语""乐舞"。而从琴曲《楚歌》《文王思舜》的琴词来看,主要集中在"乐德"教育,其本质仍是伦理教化。概言之,宋代琴乐的道德教化的内容具有复古性的特点。先秦儒家乐教传统中"乐德"的核心在于"以乐成德",通过音乐潜移默化的作用使人自觉遵守行为规范和礼仪习俗,并明辨尊卑、君臣、贵贱等人伦关系。"不学操缦,不能安弦。"(《礼记·学记》)岳麓书院"乐德"教育不仅解读和阐释先秦儒家的经典,贯彻"以乐修身""以乐成德"的教育观念,而且其师生多数能琴、喜琴,其中以朱熹与其门生蔡元定为代表。朱熹关于乐的著述多达十余万言,其乐教主张既提倡个人道德修养的提升,也追求政教清明的理想社会,朱熹说:"去其气质之偏、物欲之蔽,以复其性,以尽其伦而后已焉。"(《朱文公文集·讲义》卷15)人有偏有蔽、有邪有恶,因而需要开化

而明明德，去其蔽邪而复其本心。朱熹曾参与詹元善家庭乐工的
《诗》乐表演，将赵彦肃的《风雅十二诗谱》编入其晚年所著《仪礼经
传通解》，为刘玶家藏"复斋"与"蒙斋"二琴撰写琴铭，还时常抚琴
自娱或传授琴艺、教唱琴歌。开展乐律实验是朱熹"知行互发"原
理的重要体现。在乐律实验中不仅要明了乐律内在的数理逻辑，
还要通过音乐实践进行推敲和检验。为此，朱熹不仅同门生蔡元
定从数理上商讨"黄钟还原"问题，协助其完成了乐律学著作《律吕
新书》，还要求"季通截小竹管吹之"（《朱子语类》卷92）为验，以定
中声。其晚年与蔡元定就《周礼·磬氏》中记载的《乐》书所定磬式
尺寸进行了讨论并实验。朱熹真正践行了孔子提出的"兴于诗，立
于礼，成于乐"，（《论语·泰伯篇》）将礼乐的完成视为人的修养完
善的至高阶段。

结　语

　　随着 2003 年古琴艺术被联合国教科文组织列为世界"人类口头和非物质文化遗产代表作"之后,古琴文化艺术的发展出现了新的生机,"古琴热"现象也应运而生,然而如今古琴的传承保护正面临"器存而意不存"的境遇,非传统意识与商业气息正在改变着古琴文化艺术。古琴文化艺术作为儒家思想的一种载体,其传承保护的价值主要体现在提升个人的道德修养,培养君子人格,进而促进和谐社会的建设。结合古琴文化艺术的当下境遇,本书对其传承保护提出以下对策建议:首先,加强古琴文化艺术的广泛传播,提高其认知度;其次,促进"学院派"与"民间派"的结合,充分发挥其优势;最后,架起政府与琴人之间沟通的桥梁,建立合作关系。

　　古琴自公元前 10 世纪产生以来,历经 3000 多年的发展与变化,作为"八音之首"的琴,经历了从"法器""礼器""道器"至"乐器"的转变。先秦至明清时期历代琴学文献和相关典籍中,都记载着学者们对琴学思想的探究,尽管琴学思想受到道家学说和佛教思想的影响,但其学术血缘主要在儒家思想中,并主导着古琴在历史中地位的发展。可以说,古琴作为儒家思想的一种载体,其命运与儒家思想的兴衰程度是成正比的,儒学兴则琴学盛。

　　在古琴文化艺术的发展史中,古琴音乐是文人音乐的代表,是士精神的一种体现,是对道德的一种坚守,是对正始之音的一种推崇,渗透到文人士大夫的思想、心灵、琴艺及琴道等各个方面。文人以琴修养自身、依凭精神、寄托理想,从而提升德性修养,培养君子人格,构建政教清明的理想社会。因此,古琴文化艺术的传承保护内在地具有个人修身养性的需求和社会发展的需求二重内涵。

首先,从个人修身养性的需求来看,作为"八音之首""乐之统"的古琴,是儒家思想的一种载体,是士阶层修身养性,坚持道德情操的"道器",是帝王教化众民、安顺天下、安和人心的重要工具,也正是对于琴以载"道"、艺成于"德"的追求,成就了古琴"众器之中,琴德最优"的崇高地位,在众多乐器中脱颖而出,成为统治阶层的教化工具、知识分子的修养标志。"左手吟猱绰注,右手轻重疾徐,更有一般难说,其人须是读书。"(《指诀》)这是唐代琴家曹柔的"学琴四句","其人须是读书"便说明了古代琴人最看重"读书"。读什么书?曹柔并没有明确说明,但回到中国古代文人的文化背景便可知此书乃"经史子集""诗词歌赋"等。当代著名琴家吴钊先生曾说:"要想弹好琴,首先要学好传统演奏技术与技巧,要多'读书',要深刻领会中华优秀传统文化的真谛,要更多地着力于个人道德情操的修养,注重内在艺术精神的抒发"①。由此可见,弹琴与读书以及道德修养的关系甚密,无论是古代琴家还是当代琴家都认为弹琴与读书是相辅相成的,其共同的价值指向是去其气质之偏以提高道德修养。2014年,习近平总书记在文艺工作座谈会上讲到传承中华文化,"'以古人之规矩,开自己之生面',实现中华文化的创造性转化和创新性发展"②。结合当今古琴文化艺术的传承来看,不能把古琴只当作一种艺术来传承,仅注重其技艺,而忽视其思想内涵,这样古琴所积淀的深厚的中华优秀传统文化和人文精神都得不到传承保护。当然,也并不能视琴如古代"法器""礼器"

---

① 吴钊:《回顾、思考与展望——中国古琴艺术入选"人类口头和非物质文化遗产代表作"五周年纪念》,《艺术评论》2008年第11期,第28页。

② 习近平:《习近平总书记在文艺工作座谈会上的重要讲话学习读本》,北京:学习出版社,2015年,第29页。

"道器"那样"神秘高贵"，远离人民的精神文化需求，在提倡"阳春白雪"与"下里巴人"共存以及琴以载"道"与技近于"道"，也即琴道与琴艺的共同传承是古琴文化艺术纵深发展和古琴文化艺术传承保护的一种思路。

其次，古琴文化艺术作为一种社会意识形态，必然受社会环境、政治背景和道德观念的影响，是对其所赖以生存的经济基础和社会现实的反映。在儒者的理解中，古琴是"三代之音"的遗存，因而是雅乐的代表。儒家思想对古琴文化艺术的影响从未间断过，古琴作为儒家乐教思想的一种载体，与其相融相通并肩走过 3000 多年曲折的历史长河。在儒家的视域中，乐"可以养人之性情，而荡涤其邪秽，消融其查滓。"(《四书章句集注·论语集注》)而古琴文化艺术作为礼乐教化的重要载体，可以提升个人道德修养、促进社会和谐发展、协调人与人之间的关系。从社会发展的需求来看，我国正处于复杂的转型期，建设和谐社会，发展社会主义先进文化，离不开优秀传统文化这份精神支撑。古琴艺术作为优秀文化遗产，我们必须传承保护并汲取其中的积极因素，用"礼乐教化"来培养人们良好的生活习惯和行为准则，唤醒当代人的审美意识和实现道德觉悟。"只有坚持从历史走向未来，从延续民族文化血脉中开拓前进，我们才能做好今天的事业。"①古琴文化艺术传承保护要面对文化的"古今"之辩，既要在现代社会中找到自身的合理定位，同时还要能够创新发展自身，增强其在现代社会中的文化力。习近平总书记说："创造性转化，就是要按照时代特点和要求，对那些至今仍有借鉴价值的内涵和陈旧的表现形式加以改造，赋予其新的时代内涵和现代表达形式，激活其生命力。创新性发展，就是要按照时代的新进步新进展，对中华优秀传统文化的内涵加以补

---

① 习近平：《在纪念孔子诞辰 2565 周年国际学术研讨会暨国际儒学联合会第五届全员大会开幕会上的讲话》，人民日报 2014 年 9 月 25 日(02 版)。

充、拓展、完善,增强其影响力和感召力"①。

在 3000 多年的古琴发展史中,作为"八音之首"的琴,经历了从"法器""礼器""道器"至"乐器"的转变。上古至殷商时期,琴是巫师祭祀时所使用的沟通人神之"法器";周代,琴成为对贵族阶级施以政治教化时之"礼器",此时,琴以载"道"的观念逐渐形成;汉代,琴被尊为"乐之统",儒家提倡发扬其乐教功能,节制人的仪节。琴作为儒家乐教的载体,是士阶层修身养性,坚持道德情操的"道器",成为文人士大夫精神的象征。魏晋至隋唐是儒家乐教思想的衰微期。魏晋时期,士阶层追求从人生苦难中解脱与到达逍遥境界,琴以载"道"的思想由教化性转向了艺术性,体现在琴乐的艺术审美之中,反映出一种更深沉的生命关照。唐代,儒学衰蔽佛学昌,儒家乐教思想并无新声产生,一部分士人坚守传统儒家乐教的精神,但更多的是琴乐在社会文化和外来音乐的冲击下,遭受冷落。宋代,重文抑武的国策,商品经济的发达,儒学的复兴等都为古琴文化艺术的繁荣奠定了客观基础,此时儒家乐教思想与琴乐传承俱盛,呈现出一种圣贤气象。随着明清时期儒家乐教思想的衰微,琴学传教也逐渐走出了人们的视野,琴艺则成为人们的娱乐项目,虽然琴曲作品较多,但新作和成功之作并不如宋代。民国至新中国成立初期,琴艺独存但也几近消亡,儒家琴学义理消声。面对古琴的生存危机,通琴儒者一方面坚持传统琴学主张,另一方面以复兴琴学为己任。

直至 2003 年,古琴艺术被联合国教科文组织列为世界"人类口头和非物质文化遗产代表作"之后,终于从严冬的冷门走入了初夏的温暖,时而令人感到酣畅淋漓之快。此时的古琴是作为"乐

---

① 习近平:《习近平总书记系列重要讲话读本》,北京:学习出版社、人民出版社,2016年,第 203 页。

器"呈现在世人的眼前,也即以"艺人琴"的身份表达人们的思想感情,追求乐本体的功能。这给古琴文化艺术的发展带来了新的生机,鲜为人知的古琴又回到了世人的视野中。随后,国内第一家古琴社团机构在人民大会堂成立;2008 年在北京奥运会开幕式上,古琴通过大屏幕向世界传递古老的华夏之声。与此同时,学习弹奏古琴的人也随之增加,甚至学习斫琴的人也与日俱增;古琴在拍卖市场上的价格也一路飙升,如 2010 年在北京保利秋拍中,宋徽宗御制清乾隆御铭"松石间意"琴以 1.3664 亿元成交;同年北京匡时拍卖中,"宋代朱晦翁藏仲尼式古琴",即南宋思想家朱熹所藏的一张血统纯正的宋代古琴以 1120 万元成交;社会上大量的琴馆和培训机构也如雨后春笋般兴起,以琴馆教学为生也成为一种新的生存方式了。民间对于"申遗"后古琴乐器的保护与传承也做了大量的工作,如在古琴研制、琴艺推广、名琴复制和非物质文化遗产生产性保护传承等方面进行了实践等,这些都为推动古琴文化艺术的传承以及弘扬中华优秀传统文化作出了积极的贡献。随着"古琴热"现象的产生,非传统意识与商业气息正在改变着古琴文化艺术本身。如今古琴的传承正面临"器存而意不存"的危机,当前古琴传习只是一种停留在"技术"层面的教学,只关注"音乐门类"或"艺术特长",多是教学弹琴的技法和具体的琴曲,期间也讲解一定的乐理知识,但是有关琴以载"道"之文化思想的内容则较少涉及,所试行的古琴等级考试也颇受部分老一辈琴家的抗议,因为古琴艺术正是在古琴文化思想的基础上才找到一种使人通向更高人生境界的意义,脱离了中华优秀传统文化的土壤,仅通过技巧性的演奏是不能够传承保护其思想文化属性的。

　　纵观当代社会古琴文化艺术的传承,其方式主要分为两大类,第一类是个体传承与群体传承并存,其中个体传承又以家族与师徒传承为主,家族传承通常发生在琴学世家内,通过上一辈传承给下一辈这种世代延续的方式,师徒传承与家族传承的区别在于前者打破了血缘关系的限制,在琴师与学徒之间建立起一种传承。家族传承与师徒传承的共同点则体现在"一对一"的教学方式和"口传心授"的教学特点上,更加体现了古琴文化艺术传承的传统性特色。尤其是师徒传承更看重师傅对于学徒在正式入学前的人品考验,以琴求利者一概不收。群体传承产生于现代,主要指随着古琴"申遗"成功后应运而生的一批批教授古琴文化艺术的琴馆。这种琴馆,首先突破了传统的"一对一"和"口传心授"的教学方式,通常采用"一对多"式的教学方式,是一种停留在"技术"层面的教学,重点关注"音乐门类"或"艺术特长",多是教学弹琴的技法和具体的琴曲。

第二类是专业传承与业余传承并存。专业传承主要指依靠各类艺术专业院校的音乐专业从事规范教学,又敢于不拘传统,在琴技上追求创新的"学院派"教学,其特点是追求技法精准,注重舞台的表演性。业余传承通常被称为"民间派",主要指社会上教授古琴文化艺术的琴馆、琴社以及一些自发式古琴公益教学组织等,其特点是学员的来源多样、学习自主性强、学习时间短等。专业传承与业余传承的区别在于前者主要是娱人而非娱己,后者主要以个人的兴趣爱好为出发点,强调娱己而非娱人。在专业传承与业余传承的过程中,"民间派"琴人常质疑"学院派"受西方音乐专业教育的影响,认为其教学过于强调技巧而忽视了古琴所承载的文化内涵,也即琴以载"道"的功能;但"学院派"琴人通常则认为"民间派"琴人的音准不够,技艺不足,何谈古琴文化艺术? 何谈古琴哲学? 何谈琴以载"道"? 为此,对于古琴文化艺术传承保护的对策,建议可从以下几方面进行探索:

首先,加强古琴文化艺术的广泛传播,提高其认知度。在古琴3000多年的历史发展长河中,"曲高和寡"一直伴随着古琴文化艺术,也正因如此才有了伯牙子期高山流水觅知音的故事。时至今日,古琴文化艺术的"小众"特点仍然成为其向全社会普及的障碍,在见琴不识琴,见筝误识琴,许多人琴筝混淆的情况下,必须加强古琴文化艺术的广泛传播,提高其认知度。古琴文化艺术的传播必须要以人民喜闻乐见的方式进行,要坚持"以理服人,以文服人,以德服人","综合运用大众传播、群体传播、人际传播等多种方式展示中华文化魅力。"①古琴传播主要通过面向大众的媒介传播和普及教育为主的校园传播两条途径进行。由于学琴练琴在古代是文人士大夫修身养性以致于"道"的一条智慧之路,他们也时常以"雅集"这种小型文化聚会的形式邀上三五好友吟诗作赋、抚琴听琴并相互切磋"琴道"以陶冶情操,提升道德修养,这种古琴"雅集"的形式是古代的一种自然传播方式,当前社会也存有这种古琴"雅集"的传播形式,但此自然传播形式实属小众传播,且传播的范围仍然是在"琴友"之间。在当今信息化时代,古琴文化艺术的传播要超越传统小众形式的传播,寻求大众媒介传播,利用云时代互联网技术直面社会大众进行广泛直观的传播,此处的"大众"也正彰显了古琴文化艺术的传承保护还要突出人民的主体地位,"让13亿人的每一分子都成为传播中华美德、中华文化的主体"②。只有让社会公众以主体身份参与转化和发展的过程,才能真正形成人民对文化的价值认同,并形成强大的民族凝聚力。古琴文化艺术的广泛传播除了利用媒介面向大众传播,还需要走进校园开展以普及教育为主的校园传播,古琴是最具有中国传统文化气息的乐器,其所承载的源远流长的历史和博大浩瀚的中国文化应该走进大中小学的校园,因为学生是古琴文化艺术传承与发展的储备人才,让古琴文化艺术成为青少年学子所了解的必备文化常识,扩大

---

① 习近平:《习近平谈治国理政》,北京:外文出版社,2014 年,第 161 页。
② 习近平:《习近平谈治国理政》,北京:外文出版社,2014 年,第 160 页。

古琴文化艺术的普及范围,同时于学生自身而言,了解古琴文化艺术不仅可以充实内涵,还可以修身养性,提高审美能力并受用一生。在古琴文化艺术传播过程中需要坚持以下 3 项原则:不可忽视古琴文化艺术和琴以载"道"的内涵;不可缺乏以媒介为主的传播方式;不能中断古琴文化艺术的校园传播与教育。

其次,促进"学院派"与"民间派"传承的结合,充分发挥两者的各自特点与优势。两者最大的区别在于"琴艺"与"琴道"的传承,古琴音乐作为文人音乐的代表,主要以"文人琴"的形式呈现,是儒家乐教思想的载体,也是士志于"道",坚持道德情操的"道"器,故"文人琴"更注重把古琴当作儒家乐教的教化工具,以琴修养自身、依凭精神、寄托理想,也即将琴的艺术性和乐本体视为琴的附属物而注重"琴道"的传承。而"艺术琴"则主要注重古琴的演奏方法与技巧,以乐来表达自己的思想感情,从而使乐本体归位并肯定其艺术价值。通常"学院派"被认为重在传承"琴艺",而"民间派"或"山林派"则重在传承"琴道"。事实上,两者并不能孤立而看,两派还是同脉相承的。当音乐专业类院校还未曾设置古琴专业的时候,琴人们基本都属于"民间派"或"山林派",因而后来音乐专业院校的"学院派"古琴教师也基本源自"民间派"或"山林派"琴人,如张子谦、吴景略、顾梅羹等早期琴家。由此可见,"学院派""民间派"或"山林派"只是琴人的身份不同,并不是琴艺水平的高低之分。习近平总书记指出:"要坚持古为今用、以古鉴今,坚持有鉴别的对待、有扬弃的继承,而不能搞厚古薄今、以古非今,努力实现传统文化的创造性转化、创新性发展,使奕之与现实文化相融相通,共同服务以文化人的时代任务"①。因此,促进"学院派"与"民间派"传承的相融相通,充分发挥其优势,坚持继承与创新相统一,并且在

---

① 习近平:《在纪念孔子诞辰 2565 周年国际学术研讨会暨国际儒学联合会第五届全员大会开幕会上的讲话》,人民日报 2014 年 9 月 25 日(02 版)。

弘扬的过程中还要特别注重其时代转化性与创新性，"琴艺"与"琴道"的共同传承是古琴文化艺术纵深发展和古琴曲词伦理思想传承保护的一种思路。"学院派"与"民间派"传承的融合过程中，需要加强交流，取长补短，将"民间派"中注重"琴道"的传承与"学院派"中注重"琴艺"且科学规范的训练学习方法相结合，同时，也要兼采众家之长，吸收各个古琴流派（金陵派、虞山派、广陵派、浙派、蜀派、中州派、岭南派、九嶷派等）异彩纷呈的艺术风格，努力实现其传承保护。

最后，当下还应架起政府与琴人之间沟通的桥梁，建立合作关系。自古琴 2003 年"申遗"成功后，社会上琴馆与社团大量兴起，习琴者与斫琴者与日俱增，民间对于古琴乐器的保护与传承也做了大量的工作，这些都为推动古琴文化艺术的传承保护以及弘扬中华优秀传统文化作出了积极的贡献。但政府在此过程中不能仅限于口号式的呼吁，而是要切实拿出具体措施与方案为古琴文化艺术的转化与发展起到协调引导的作用，为此，本书建议在政府与琴人之间架起一座沟通的桥梁以建立合作关系，利于琴人寻求古琴文化艺术相关政策的保护。此条建议源于宋代皇室对于古琴文化艺术的喜好。2014 年，习近平总书记在文艺工作座谈会上讲到要"'以古人之规矩，开自己之生面'，实现中华文化的传承保护"①。古琴作为雅乐的代表深受宋代皇室喜好，因为"上之所好，下必从之"，在宋代朝廷的倡导与帝王的推崇之下，处处可见皇室贵族、名公巨卿、逸民隐士、道冠僧侣、寒门儒生在宫廷、江湖、山林、僧院抚琴的身影。由此可见，寻求政府与官方机构的庇护对于古琴文化艺术的传承保护具有重要意义。例如江苏常熟虞山琴派与当地政府建立了双赢的良好合作关系，获得了政府财力物力等方面的大

---

① 习近平：《习近平总书记在文艺工作座谈会上的重要讲话学习读本》，北京：学习出版社，2015 年，第 29 页。

力支持,虞山琴派因此焕然一新,而政府也借虞山琴派增强当地的文化信心,打造城市名片等。此外,还应寻求具有政治资本的庇护人,获得更多的发展资源。"因为只有拥有政治资本优厚的官方庇护人才能根据国家的方针政策、娴熟地运用政治话语,增大艺术存在的合法性砝码,将个体对某种艺术的特殊爱好转变为国家对这种艺术的肯定。"①

总之,重拾古琴优秀文化遗产,重新认识儒家乐教思想的意义,以琴为良师益友,陶冶情操,多维度传承保护有志向、有担当、有社会责任感的"士"精神,促进古琴文化艺术传承保护,有助于个人修身养性,提高道德品质,有助于社会主义道德的建设,有助于实现中华优秀传统文化的社会普及以及增强文化自信。

----

① 王 咏:《国家・民间・文化遗产——以古琴艺术的历史变迁为个案》,南京大学博士学位论文,2005年,第82页。

参考文献

一、学术著作

[1]《马克思恩格斯选集》,北京:人民出版社,1995版。

[2]《列宁全集》,北京:人民出版社,1988年。

[3]习近平:《习近平谈治国理政》,北京:外文出版社,2014年。

[4]郭广银:《伦理学原理》,南京:南京大学出版社,1995年。

[5]张晓东:《中国现代化进程中的道德重建》,贵阳:贵州人民出版社,2002年。

[6]杨明:《现代儒学重构研究》,南京:南京大学出版社,2002年。

[7]张锡勤,杨明:《中国伦理思想史》,北京:高等教育出版社,2015年。

[8]罗国杰:《伦理学》,北京:人民出版社,1989年。

[9]罗国杰:《伦理学名词解释》,北京:人民出版社,1984年。

[10]李承贵:《中国哲学与儒学》,南京:凤凰出版社,2011年。

[11]赖永海主编,刘鹿鸣译注:《楞严经》,北京:中华书局,2012年。

[12]梁漱溟:《中国文化要义》,上海:上海人民出版社,2005年。

[13]彭林:《儒家礼乐文明讲演录》,桂林:广西师范大学出版社,2008年。

[14]陈寅恪:《金明馆丛稿二编》,上海:上海古籍出版社,1980年。

[15]吕思勉:《中国文化史》,合肥:安徽人民出版社,2013年。

[16]钱穆:《国史大纲》,北京:商务印书馆,1996年。

[17]李泽厚:《中国思想史论》,北京:商务印书馆,2009年。

[18]张荫麟:《中国史纲》,北京:中华书局,2009年。

[19]陈寅恪:《魏晋南北朝史讲演录》,合肥:黄山书社,2000年。

[20]梁启超:《儒家哲学》,长沙:岳麓书社,2010年。

[21]冯友兰:《中国哲学简史》,北京:北京大学出版社,2010年。

[22]余英时:《现代儒学论》,上海:上海人民出版社,2010年。

[23]汤一介,李中华:《中国儒学史》9卷,北京:北京大学出版社,2011年。

[24]钱穆:《中国近三百年学术史》,北京:商务印书馆,1997年。

[25]钱穆:《论语新解》,成都:巴蜀书社,1985年。

［26］王国维：《人间词话》，北京：群言出版社，1995年。

［27］张岱年：《心灵长城—中华爱国主义传统》，合肥：安徽教育出版社，1995年。

［28］周振甫：《诗经译注》，北京：中华书局，2010年。

［29］杨国荣：《善的历程》，台北：五南图书出版有限公司，1996年。

［30］徐儒宗：《人和论》，北京：人民出版社，2006年。

［31］梁启超：《中国历史研究法》，上海：上海古籍出版社，1998年。

［32］朱本源：《历史学理论与方法》，北京：人民出版社，2006年。

［33］曾枣庄，刘琳主编：《全宋文》，上海：上海辞书出版社，2006年。

［34］余英时：《朱熹的历史世界—北宋士大夫政治文化的研究》，北京：三联书店，2011年。

［35］吴小如：《中国文化史纲》，北京：北京大学出版社，2002年。

［36］陈来：《宋明理学》，上海：华东师范大学出版社，2004年。

［37］朱汉民：《宋明理学通论——一种文化学的诠释》，长沙：湖南教育出版社，2000年。

［38］成中英：《从中西互释中挺立：中国哲学与中国文化的新定位》，北京：中国人民大学出版社，2005年。

［39］北京大学古文献研究所编：《全宋诗》，北京：北京大学出版社，1998年。

［40］唐圭璋编：《全宋词》，北京：中华书局，1997年。

［41］邓广铭：《邓广铭治史丛稿》，北京：北京大学出版社，2010年。

［42］钱穆：《现代中国学术论衡》，长沙：岳麓书社，1986年。

［43］杜维明：《东亚价值与多元现代性》，北京：中国社会科学出版社，2001年。

［44］朱承：《礼乐文明与生活政治》，北京：人民出版社，2019年。

二、 古籍著作

［1］(汉)郑玄注，(唐)孔颖达疏：《礼记正义》，李学勤主编：《十三经注疏》，北京：北京大学出版社，1999年。

［2］(汉)郑玄注，(唐)贾公彦疏：《周礼注疏》，李学勤主编：《十三经注疏》，北京：北京大学出版社，1999年。

［3］(汉)孔安国传，(唐)孔颖达疏：《尚书正义》，李学勤主编：《十三经注疏》，北京：北京大学出版社，1999年。

［4］(汉)宋衷：《世本》，北京：中华书局，2008年。

［5］(汉)郑玄笺：《毛诗传笺》，北京：中华书局，2018年。

［6］(魏)何晏注，(宋)邢昺疏：《论语注疏》，李学勤主编：《十三经注疏》，

北京:北京大学出版社,1999 年。

[7](魏)王弼注,(唐)孔颖达疏:《周易正义》,李学勤主编:《十三经注疏》,北京:北京大学出版社,1999 年。

[8](魏)嵇康,戴明扬校注:《嵇康集校注》,北京:人民文学出版社,1962 年。

[9](魏)阮籍,陈伯君校注:《阮籍集校注》,北京:中华书局,1978 年。

[10](汉)应劭撰,吴树平校释:《风俗通义校释》,北京:中华书局,1981 年。

[11](汉)刘安撰,张双棣校释:《淮南子校释》,北京:北京大学出版社,1997 年。

[12](汉)司马迁:《史记》,北京:中华书局,2011 年。

[13](汉)班固等撰,王云五主编:《白虎通》,上海:商务印书馆,1936 年。

[14](晋)陶潜撰,袁行霈著:《陶渊明集笺注》,北京:中华书局,2003 年。

[15](唐)魏徵等:《隋书》,北京:中华书局,1974 年。

[16](宋)苏轼:《苏轼诗集》,北京:中华书局,1999 年。

[17](宋)苏轼,孔凡礼点校:《苏轼文集》,北京:中华书局,1986 年。

[18](宋)朱熹,吕祖谦著:《朱子近思录》,上海:上海古籍出版社,2000 年。

[19](宋)朱熹著,柯誉整理:《周易本义》,北京:中华书局,2009 年。

[20](宋)周敦颐:《周子通书》,上海:上海古籍出版社,2000 年。

[21](宋)欧阳修:《欧阳修全集》,北京:中华书局,2001 年。

[22](宋)朱熹:《朱子全书》,上海:上海古籍出版社,2002 年。

[23](宋)朱熹:《四书章句集注》,北京:中华书局,2011 年。

[24](宋)朱熹:《朱子语类》,北京:中华书局,1986 年。

[25](宋)程颢,程颐:《二程遗书》,上海:上海古籍出版社,2000 年。

[26](宋)陆九渊:《陆九渊集》,北京:中华书局,1980 年。

[27](宋)郭茂倩:《乐府诗集》,北京:中华书局,1979 年。

[28](宋)孟元老:《东京梦华录》,郑州:中州古籍出版社,2010 年。

[29](宋)陆九渊,(明)王守仁:《象山语录》《阳明传习录》,上海:上海古籍出版社,2000 年。

[30](宋)沈括:《梦溪笔谈》,北京:中华书局,2016 年。

[31](宋)叶绍翁:《四朝闻见录》,北京:中华书局,1989 年。

[32](宋)李焘:《续资治通鉴长编》,北京:中华书局,1979 年。

[33](宋)薛居正等撰:《旧五代史》,北京:中华书局,1976 年。

[34](宋)晁公武著,孙猛校:《郡斋读书志校证》,上海:上海古籍出版社,2011 年。

［35］（宋）范仲淹：《范文正公文集》，北京：国家图书馆出版社，2016年。

［36］（宋）刘克庄撰，王秀梅点校：《后村诗话·前集》，北京：中华书局，1983年。

［37］（宋）蔡絛撰，沈锡麟校：《铁围山丛谈》，北京：中华书局，1983年。

［38］（宋）王应麟：《玉海》，扬州：广陵书社，2007年。

［39］（宋）周辉，刘永翔校注：《清波杂志校注》，北京：中华书局，1997年。

［40］（宋）魏泰：《东轩笔录》，北京：中华书局，1983年。

［41］（宋）吴处厚：《青箱杂记》，北京：中华书局，1985年。

［42］（宋）罗泌：《路史》，北京：国家图书馆出版社，2003年。

［43］（宋）程颢，程颐：《二程集》，北京：中华书局，1981年。

［44］（宋）范晔：《后汉书》，北京：中华书局，1965年。

［45］（宋）严羽：《沧浪诗话校释》，北京：人民文学出版社，1983年。

［46］（宋）王辟之：《渑水燕谈录》，钦定四库全书本。

［47］（宋）罗大经：《鹤林玉露》，上海：上海古籍出版社，2012年。

［48］（元）脱脱：《宋史》，北京：中华书局，2004年。

［49］（明）朱载堉撰，冯文慈校：《律吕精义》，北京：人民音乐出版社，1998年。

［50］（清）郭庆藩：《庄子集释》，北京：中华书局，2013年。

［51］（清）永瑢等：《四库全书总目》（上册），北京：中华书局，1965年。

［52］（清）黄以周等：《续资治通鉴长编拾补》，上海：上海古籍出版社，1986年。

［53］（清）王懋竑：《朱熹年谱》，北京：中华书局，1998年。

［54］（清）秦蕙田：《五礼通考》，钦定四库全书本。

［55］（清）徐松：《宋会要辑稿》，北京：中华书局，1957年。

［56］（清）严可均：《全后汉文》，北京：商务印书馆，1999年。

［57］（清）皮锡瑞：《经学历史》，北京：中华书局，2011年。

［58］王国轩，王秀梅译注：《孔子家语》，北京：中华书局，2009年。

［59］徐正英，常佩雨译注：《周礼》，北京：中华书局，2014年。

［60］洪亮吉：《春秋左传诂》，北京：中华书局，1987年。

［61］程俊英，蒋见元：《诗经注析》，北京：中华书局，2011年。

［62］束景南：《朱子大传》，北京：商务印书馆，2003年。

［63］王仲闻：《李清照集校注》，北京：人民文学出版社，2019年。

［64］刘扬忠：《唐宋词流派史》，福州：福建人民出版社，1992年。

［65］张惠民：《诗词曲新论·南宋儒家思想与爱国文学》，汕头：汕头大学出版社，2005年。

［66］逯钦立辑校：《先秦两汉魏晋南北朝诗》，北京：中华书局，1983年。

［67］袁行霈:《中国文学史》,北京:高等教育出版社,2002 年。

［68］缪钺等:《宋诗鉴赏辞典》,上海:上海辞书出版社,1987 年。

［69］陈子展:《唐宋文学史·宋代部分》,太原:山西人民出版社,2015 年。

［70］林语堂:《苏东坡传》,海口:海南出版社,2001 年。

［71］邹同庆,王宗堂:《苏轼词编年校注》,北京:中华书局,2002 年。

三、 艺术类著作

［1］叶郎:《中国美学史大纲》,上海:上海人民出版社,2005 年。

［2］朱光潜:《西方美学史》,北京:人民文学出版社,1979 年。

［3］李泽厚:《美的历程》,天津:天津社会科学院出版社,2001 年。

［4］徐复观:《中国艺术精神》,北京:九州出版社,2014 年。

［5］陈池瑜:《现代艺术学导论》,北京:清华大学出版社,2005 年。

［6］彭吉象:《中国艺术学》,北京:北京大学出版社,2007 年。

［7］钱锺书:《谈艺录》,北京:商务印书馆,2011 年。

［8］操奇,朱结:《艺术文化学》,北京:北京大学出版社,2011 年。

［9］黄永健:《艺术文化学导论》,武汉:华中科技大学出版社,2013 年。

［10］叶明媚:《古琴艺术与中国文化》,香港:中华书局香港有限公司,1994 年。

［11］葛翰聪:《中国琴学源流论述》,台北:中国文化大学出版部,1995 年。

［12］李明忠:《中国琴学》,西安:陕西省社会科学院杂志社,2000 年。

［13］葛翰聪:《中国古琴文化论述》,香港:科艺文化中心,2000 年。

［14］刘承华:《古琴艺术论》,南京:江苏文艺出版社,2002 年。

［15］李美燕:《琴道与美学:琴道之思想基础与美学价值之研究(自先秦两汉迄魏晋南北朝)》,北京:社会科学文献出版社,2002 年。

［16］苗建华:《古琴美学思想研究》,上海:上海音乐学院出版社,2006 年。

［17］范煜梅:《历代琴学资料选》,成都:四川教育出版社,2013 年。

［18］金文达:《中国古代音乐史》,北京:人民音乐出版社,1994 年。

［19］耿慧玲等:《琴学荟萃——第一届古琴国际学术研讨会论文集》,济南:齐鲁书社,2010 年。

［20］郑炜明等:《琴学荟萃——第二届古琴国际学术研讨会论文集》,济南:齐鲁书社,2011 年。

［21］耿慧玲等:《琴学荟萃——第三届古琴国际学术研讨会论文集》,济南:齐鲁书社,2012 年。

［22］吴钊,刘东升:《中国古代音乐史略》,北京:人民音乐出版社,2001 年。

［23］杨荫浏:《中国古代音乐史稿》,北京:人民音乐出版社,2011 年。

[24] 刘蓝辑：《二十五史音乐志》，昆明：云南大学出版社，2015年。

四、琴学类著作

[1] （汉）桓谭：《新论》，上海：上海人民出版社，1976年。

[2] （汉）蔡邕：《琴操》，南京：江苏古籍出版社，1988年。

[3] （宋）朱长文：《琴史》，钦定四库全书本。

[4] （汉）扬雄：《琴清英》，（范煜梅《历代琴学资料选》），成都：四川教育出版社，2013年。

[5] （明）蒋克谦辑，苏雨校：《琴书大全》，上海：上海古籍出版社，1995年。

[6] （明）朱载堉，冯文慈点注：《律吕精义》，北京：人民音乐出版社，1998年。

[7] （明）屠隆，王雲五辑：《考盘余事》，上海：商务印书馆，1985年。

[8] （清）杨宗稷：《杨氏琴学丛书》，长沙：湖南教育出版社，2007年。

[9] 李祥霆：《琴声十三象：唐代古琴演奏美学》，北京：中国人民大学出版社，2013年。

[10] 陈长林：《陈长林琴学文集》，北京：文化艺术出版社，2012年。

[11] 卓芬玲：《古琴弦音：抚琴幽歌，琼净细说琴的身世》，台北：希代出版公司，1987年。

[12] 叶明媚：《古琴音乐艺术》，台北：台湾商务印书馆，1992年。

[13] 易存国：《中国古琴艺术》，北京：人民音乐出版社，2003年。

[14] 章华英：《古琴》，杭州：浙江人民出版社，2005年。

[15] 郭平：《古琴丛谈》，济南：山东画报出版社，2006年。

[16] 葛斐尔：《清韵佩声：名画中的古琴》，北京：文化艺术出版社，2010年。

[17] 范煜梅：《琴与诗书同行》，成都：四川教育出版社，2010年。

[18] 朱慧鹏：《研琴法式》，北京：知识产权出版社，2011年。

[19] 严晓星：《民国古琴随笔集》，杭州：西泠印社出版社，2019年。

[20] 严晓星：《近世古琴逸话》，北京：中华书局，2013年。

[21] 殷伟：《中国琴史演义》，昆明：云南人民出版社，2001年。

[22] 许健：《琴史新编》，北京：中华书局，2012年。

[23] 林晨：《古琴》，北京：中国文联出版社，2009年。

[24] 施勇：《弦外之音：当代古琴文化传承实录》，北京：光明日报出版社，2011年。

[25] 施咏：《弦外之音—当代古琴文化传承实录》，北京：光明出版社，2011年。

[26] 李宏锋：《礼崩乐盛：以春秋战国为中心的礼乐关系研究》，北京：文化艺术出版社，2009年。

[27] 查阜西:《存见古琴曲谱辑览》,北京:人民音乐出版社,1958年。

[28] 吴文光:《神奇秘谱乐诠》,上海:上海音乐出版社,2008年。

[29] 马如骥:《潇湘水云及其联想》,上海:复旦大学出版社,2015年。

五、 琴谱类著作

[1] 中国文化部文学艺术研究院音乐研究所,北京古琴研究会编:《琴曲集成》,北京:中华书局,2010年。(此著作包含142部古琴曲谱)

六、 学位论文类

[1] 王建欣:《〈五知斋琴谱〉四曲研究》,中国艺术研究院博士学位论文,2002年。

[2] 张斌:《宋代的古琴文化与文学》,复旦大学博士学位论文,2006年。

[3] 章华英:《古琴音乐打谱之理论与实证研究》,中国艺术研究院博士学位论文,2006年。

[4] 司冰琳:《中国古代琴僧及其琴学贡献》,中国艺术研究院博士学位论文,2007年。

[5] 李小戈:《广陵琴派的文化生态研究》,南京艺术学院博士学位论文,2008年。

[6] 王姿妮:《浙地琴乐背景与"西湖琴社"》,南京艺术学院博士学位论文,2008年。

[7] 胡斌:《现代认同与文化表征中的古琴》,上海音乐学院博士学位论文,2009年。

[8] 傅暮蓉:《查阜西琴学研究》,中国艺术研究院博士学位论文,2009年。

[9] 赵春婷:《明代琴谱集考》,中央音乐学院博士学位论文,2010年。

[10] 李松兰:《穿越时空的古琴艺术》,上海音乐学院博士学位论文,2011年。

[11] 张娣:《中国古代琴道思想研究》,武汉大学博士学位论文,2011年。

[12] 闫志远:《古代琴律研究》,中国艺术研究院博士学位论文,2012年。

[13] 范晓利:《儒教与琴理》,中国艺术研究院博士学位论文,2015年。

[14] 余皓:《明末清初江南琴人研究》,华中师范大学博士学位论文,2015年。

[15] 赵頔:《中国古琴艺术的"天人合一"自然观研究》,山东大学博士学位论文,2016年。

[16] 郭艺璇:《古代琴论中的演奏美学研究》,南京艺术学院博士学位论文,2017年。

[17] 马俊国:《杨时百与近代琴学》,东方人文思想研究所硕士学位论文,

2000 年。

[18] 李跃:《论古琴艺术的现代传播》,天津音乐学院硕士学位论文, 2008 年。

[19] 刘琦:《琴与魏晋南北朝诗歌关系之研究》,河北师范大学硕士学位论文,2009 年。

[20] 陈衔:《论"和"在古琴艺术中的审美体现》,河南大学硕士学位论文, 2010 年。

[21] 许衔哲:《古琴艺术与当代受众的对接研究与思考》,中央音乐学院硕士学位论文,2011 年。

[22] 郭新云:《宋诗中的古琴艺术》,河南大学硕士学位论文,2012 年。

[23] 江雅心:《古琴艺术与中国士人审美情操研究》,四川师范大学硕士学位论文,2012 年。

七、期刊论文类

[1] 饶宗颐:《古琴的哲学》,《饶宗颐二十世纪学术文集(卷四:经术、礼乐)》,北京:中国人民大学出版社,2009 年。

[2] 叶明媚:《琴道——古琴艺术的美学反省》,《中国音乐》1988 年第 4 期。

[3] 费邓洪:《含蓄与弦外之音(上、下)》,《中国音乐学》1989 年第 1 期。

[4] 袁宏平:《琴的意味》,《音乐探索》1990 年第 2 期。

[5] 章华英:《古琴音乐与东方哲学》,《中国音乐》1991 年第 3 期。

[6] 声波:《从〈潇湘水云〉看中国古典音乐中的文学情绪与哲学沉思》,《民族艺术研究》1993 年第 2 期。

[7] 史弘:《手挥五弦,心游太玄——古琴艺术与中国道家思想》,《中国音乐学》1995 年第 2 期。

[8] 凌绍生:《古琴与中道——论含蓄与弦外之音美学的哲学内涵》,《中国音乐学》1996 年第 3 期。

[9] 温增源:《古代隐士与古琴》,《艺苑》1996 年第 3 期。

[10] 刘明澜:《孔子的理想人格与中国传统琴乐的文化底蕴》,《中国音乐学》1997 年第 3 期。

[11] 王秀明:《孔子和古琴》,《黄钟(武汉音乐学院学报)》1999 年第 2 期。

[12] 刘承华:《古琴的文化审美内涵》,《黄钟(武汉音乐学院学报)》1999 年第 2 期。

[13] 苗建华:《古琴美学中的儒道佛思想》,《音乐研究》2002 年第 2 期。

[14] 秦序:《琴乐是一个不断变革发展的多元开放系统—兼及中国文化传统的传承与发展》,《中国音乐学》2004 年第 3 期。

［15］李晓源：《浅论道家思想在"古琴文化"中的体现》，《陕西广播电视大学学报》2006 年第 4 期。

［16］王知正：《古琴艺术与儒道精神探微》，《安徽文学（文教研究）》2007 年第 6 期。

［17］孙秋雪：《古琴与禅》，《电影评介》2007 年第 5 期。

［18］罗筠筠：《孔子与琴道》，《中山大学学报（社会科学版）》2008 年第 6 期。

［19］陈昀：《古琴艺术的人文精神》，《大众文艺（理论）》2009 年第 15 期。

［20］王咏：《古琴："士"政治职能的审美外化》，《云南社会科学》2009 年第 2 期。

［21］南鸿雁：《当代琴人的"文人"认同论析》，《南京艺术学院学报》2009 年第 2 期。

［22］刘笑岩：《古琴音乐与宋代"士群体"的人格精神》，《西华师范大学学报（哲学社会科学报）》2010 年第 1 期。

［23］王娟：《中国古代琴乐艺术中"和"之理念研究》，《山西大学学报（哲学社会科学版）》2010 年第 9 期。

［24］汪宇飞：《浅论儒道释思想对古琴文化的影响》，《大舞台》2011 年第 6 期。

［25］潘怡：《浅谈古琴美学中的儒道思想》，《文艺生活》2011 年第 2 期。

［26］于珊珊：《古琴音乐中所呈现的佛禅"顿悟"思想》，《歌海》2011 年第 1 期。

［27］施彼萌：《浅谈古琴艺术中的"真""善""美"精神》，《大众文艺》2011 年第 7 期。

［28］江玲昕：《嵇康与古琴文化》，《东京文学》2011 年第 8 期。

［29］唐建军：《"古琴"之称的源流考辨及成因探微》，《四川文理学院学报》2012 年第 5 期。

［30］王莉楠：《论古琴对修身养性的作用》，《大众文艺》2012 年第 6 期。

［31］崔朝辅：《古琴与中国传统礼乐文化》，《北京青年政治学院学报》2013 年第 1 期。

［32］李修建：《重情·崇雅·尚逸：六朝古琴的审美特征》，《山东社会科学》2015 年第 5 期。

［33］施咏：《对当代古琴文化保护传承的几点思考》，《当代音乐》2016 年第 10 期。

［34］周嬝：《中国古琴流传日本考》，《音乐研究》1988 年第 3 期。

［35］佐田茂，黄启善，黄天来：《日本出土的古琴》，《乐器》1988 年第 Z1 期。

［36］晓龙：《欧洲人眼中的中国古琴》，《音乐研究》1989 年第 1 期。

［37］戴晓莲：《荷兰存见的古琴谱与高罗佩》，《音乐艺术》1992 年第 2 期。

［38］宫宏宇：《荷兰高罗佩对中国古琴音乐的研究》，《中国音乐》1997 年第 2 期。

［39］田可文：《隐逸之风与魏晋南北朝琴人》，《黄钟（武汉音乐学院学报）》1992 年第 2 期。

［40］田可文：《古代文人心中的"琴"》，《中国音乐》1992 年第 3 期。

［41］李方元，俞梅：《唐代文人音乐探析》，《中央音乐学院学报》1998 年第 3 期。

［42］高兴：《试论文人音乐的艺术特征》，《交响（西安音乐学院学报）》1999 年第 1 期。

八、外国文献著

专著类：

［1］（美）刘子健著，赵冬梅译：《中国转向内在—两宋之际的文化内向》，南京：江苏人民出版社，2002 年。

［2］（瑞典）林西莉著，许岚、熊彪等译：《古琴》，北京：三联书店，2009 年。

［3］（美）杜维明著，彭国翔编译：《儒家传统与文明对话》，北京：人民出版社，2010 年。

［4］（荷兰）高罗佩著，宋慧文等译：《琴道》，上海：中西书局，2013 年。

［5］（比利时）阿理嗣：《中国音乐》，上海：上海海关总署出版，1993 年。

［6］Amiot, Joseph Marie. *Mémoires sur la musique des Chinois*, *tant anciens que modernes*, Paris：Nyon l'Aine, 1776—1814, Vol. VI, pp. 1—254.

［7］A. C. Moule. "A List of the Musical and Other Sound-Producing Instruments of the Chinese", Journal of the North China Branch of the Royal Asiatic Society 39, 1908, pp. 1—160.

［8］Laloy, Louis. *La Musique Chinoise*. Paris：Henri Laurens diteur, 1903.

论文类：

［1］（德）沙敦如，王印泉译：《琴操一种思想体系的开端》，南京艺术学院学报（音乐与表演版）1991 年第 4 期。

［2］（日）牛岛忧子：《日本人眼中的中国古琴——成公亮古琴独奏会给当代日本人的印象》，《人民音乐》1997 年第 5 期。

［3］（美）唐世璋：《翻译、阐释 饶宗颐〈宋季金元琴史考述〉》，耿慧玲等：《琴学荟萃——第一届古琴国际学术研讨会论文集》，济南：齐鲁书社，2010 年，第 6—19 页。

[4](越南)阮瑞鸾:《越南的古琴音乐》,耿慧玲等:《琴学荟萃——第一届古琴国际学术研讨会论文集》,济南:齐鲁书社,2010年,第113—116页。

[5](英)黄琼慧:《古琴音乐传统中的"无声"与中国水墨山水艺术传统中的"留白"之比较》,耿慧玲等:《琴学荟萃——第一届古琴国际学术研讨会论文集》,济南:齐鲁书社,2010年,第117—131页。

[6](加拿大)黄树志:《从文字学看古琴减字谱之创制原理与文化涵义》,耿慧玲等:《琴学荟萃——第一届古琴国际学术研讨会论文集》,济南:齐鲁书社,2010年,第132—45页。

[7](日)梅尾亮子:《琴乐打谱的调查报告》,耿慧玲等:《琴学荟萃——第一届古琴国际学术研讨会论文集》,济南:齐鲁书社,2010年,第187—193页。

[8](加拿大)黄树志:《回回堂琴弦考》,耿慧玲等:《琴学荟萃——第二届古琴国际学术研讨会论文集》,济南:齐鲁书社,2011年,第268—284页。

[9](意大利)吕卡:《成玉纲〈琴论〉漫谈》,耿慧玲等:《琴学荟萃——第三届古琴国际学术研讨会论文集》,济南:齐鲁书社,2012年,第174—193页。